Jerry Dennis

Wenn es Frösche und Fische regnet

Unglaubliche Phänomene zwischen Himmel und Erde

Mit Illustrationen von Glenn Wolff

Deutsch von Sebastian Vogel

Wunderlich

Die Originalausgabe erschien
1992 unter dem Titel «It's Raining Frogs and Fishes.
Four Seasons of Natural Phenomena and Oddities of the Sky»
bei HarperCollins Publishers, Inc., New York

1. Auflage August 1994

Schutzumschlag- und Einbandgestaltung Glenn Wolff
Satz aus der Palatino (Linotronic 500)
Gesamtherstellung Clausen & Bosse, Leck
Printed in Germany
ISBN 3 8052 0544 9

Für Gerald und Eva Dennis,
die ihren gierigen Nestlingen einen guten Start gaben.
J. D.

Für Gene und Patricia Wolff,
zwei Saxophonisten, die sich verliebten.
G. W.

Inhalt

Frühling

Sommer

HERBST

WINTER

Einleitung

Die Welt ist seltsam und voller Wunder, daran gibt es keinen Zweifel; dennoch vergißt man manchmal nur allzu leicht, wie seltsam sie ist und wie groß die Wunder sind, es sei denn, man hat Kinder, die einen daran erinnern. Genau wie sie die Sprache neu erfinden, wenn sie sprechen lernen, so entdecken sie auch die Welt mit dem klarblickenden Staunen des Entdekkers, der seinen Fuß auf Neuland setzt. Kinder schauen unvoreingenommen hin, und was sie sehen, erfüllt sie mit Fragen.

Glenn Wolff und ich haben den größten Teil unseres etwas mehr als dreißigjährigen Lebens im Norden Michigans verbracht, einer Gegend, in der die Natur voller Reize ist. Abgesehen von neun Jahren, in denen Glenn in Manhattan, jenem Zentrum der Naturwunder, lebte, und den zwei Jahren, die ich in Louisville in Kentucky verbrachte, sind wir die meiste Zeit in den Wäldern herumgestromert; wir sind Kanu gefahren, haben geangelt, den Vögeln, Hirschen und Schlangen zugesehen und waren ganz einfach in der freien Natur. Zwar sind wir keine ausgebildeten Naturwissenschaftler – unsere Abschlüsse haben wir in Kunst und Literatur gemacht –, aber wir haben uns immer als Naturforscher im ursprünglichen Sinn des Wortes betrachtet, als begeisterte Laien, die ihre Studien in Tuchfühlung mit der Natur betreiben.

Aber dann stellten unsere Kinder ein paar wirklich gute Fragen über diese Welt: Warum ist der Himmel blau? Wie können die Vögel in einem Schwarm alle gleichzeitig die Richtung wechseln? Warum fliegen die Blauhäher nicht wie die Rotkehlchen im Winter in den Süden? Bist du sicher, daß es tatsächlich keine gleichen Schneeflocken gibt? Und plötzlich wurde uns klar, daß unser Wissen bei weitem nicht vollständig war. Von unseren Kindern angeregt, wurden wir immer neugieriger. Vielleicht lag es daran, daß wir als Kinder selbst so oft auf dem Rücken gelegen und den Wolken, den Vögeln und den Sternen zugesehen hatten – jedenfalls richtete sich unsere Neugier am stärksten auf alles, was sich am Himmel abspielt, auf Fragen, mit denen sich Astronomen, Meteorologen, Ornithologen und Insektenforscher beschäftigen. Als wir uns mit diesen Gebieten beschäftigten, um unsere Wissenslücken zu schließen, erkannten wir irgendwann, daß wir ein Buch schreiben mußten.

Zu Beginn des 19. Jahrhunderts beklagte sich der englische Dichter John Keats, die Naturforscher würden «einen Regenbogen auseinandernehmen», wenn man ihnen nur die Gelegenheit dazu gäbe. Und damit hatte er recht. Man kann zuviel erklären, die Schönheiten und Geheimnisse der Dinge weganalysieren. Und doch werde ich nie vergessen, wie ich einmal einen Naturwissenschaftler sah, einen leidenschaftlichen Ornithologen, der sich mit einer mühsamen Aufgabe beschäftigte: Er wollte alle Populationen der Möwen, Seeschwalben und Kormorane katalogisieren, die an den fünf Großen Seen nisteten. Ich begleitete ihn ein paar Tage lang, nachdem er schon zwei Jahre an dem Projekt gearbeitet hatte, und ich erlebte seine freudige Faszination, als Hunderte von Silbermöwen aufflogen, jene «fliegenden Ratten», die sich auf Müllkippen um die Abfallstücke streiten; klagend und flatternd umkreisten sie ihn, als er zwischen ihren Nestern hindurchging. Offensichtlich verminderte es keineswegs seine Freude an den Möwen, wenn er ihre Geheimnisse ergründete. Man könne sogar die Ansicht vertreten, daß Forschen die Freude vermehrt.

Wir wollen wissen, wie die Welt ist und wie sie funktioniert – nicht um sie uns untertan zu machen, sondern weil das Wissen die Freude vermehrt und die Wertschätzung steigert. Jemand hat einmal gesagt, die Natur zu beobachten sei ein Fest für das Herz und sie zu verstehen sei ein Fest für den Verstand. Kinder, Dichter und Wissenschaftler haben uns gezeigt, daß die Menschen ein hungriges Herz und einen hungrigen Verstand haben. Beobachten ist nicht genug. Wir streben nach Antworten.

Dieses Buch ist unser Versuch, einige Fragen zu beantworten, die Kinder stellen und die Erwachsene stellen würden, wenn sie nicht soviel Angst hätten, kindlich zu erscheinen. Wir haben uns bemüht, das Buch so nützlich wie möglich zu gestalten und es nach den Jahreszeiten in vier Abschnitte geteilt, so daß man es als eine Art Leitfaden benutzen kann. Wir hoffen, daß es einige gute Fragen provoziert, und vielleicht macht es manche Eltern zu Helden. Mit ein wenig Glück wird es zur Begeisterung über den Reichtum der Natur beitragen.

Frühling

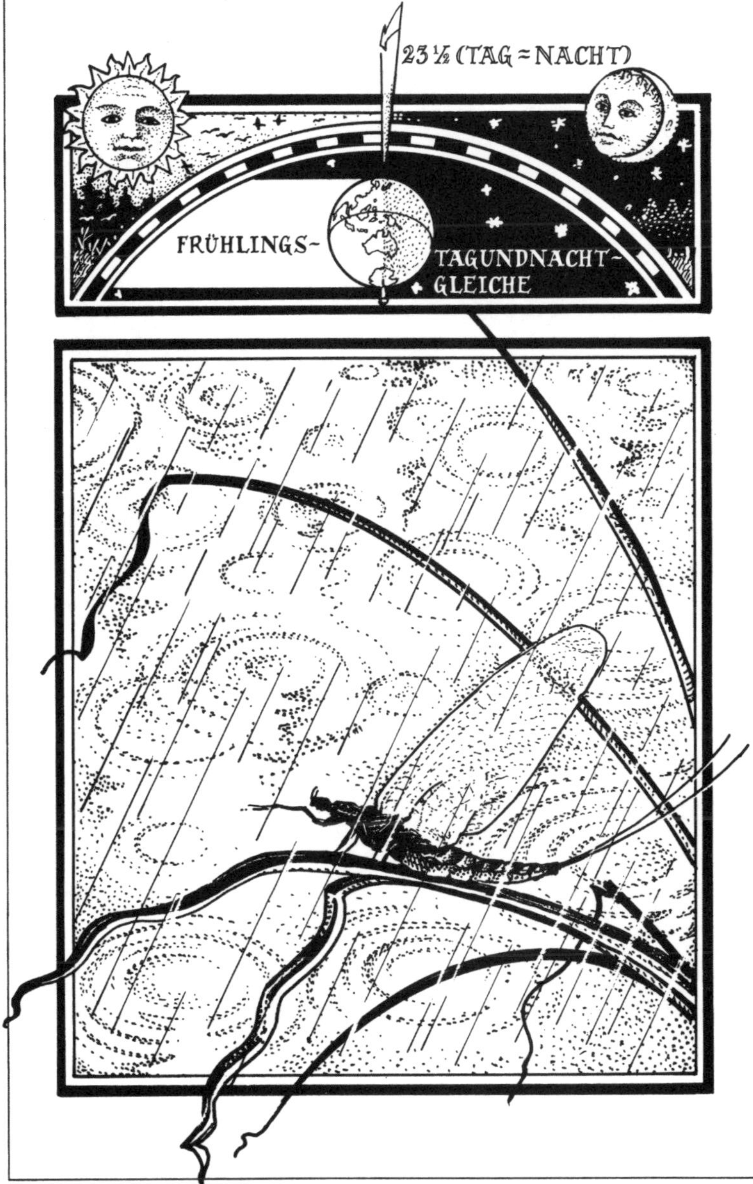

Einleitung

Überall, wo es vier Jahreszeiten gibt, ist der Frühling gleichbedeutend mit Hoffnung, Jugend und Neubeginn. Die Welt erwacht aus dem tiefen Schlaf des Winters, und neues Leben bricht aus der Erde hervor. Es ist die Jahreszeit des Erschaffens und Erneuerns, der Lebenskraft und der Fruchtbarkeit. *Spring*, das englische Wort für den Frühling, hat alte Wurzeln: In frühen Texten bezeichnet es sowohl die Quelle eines Flusses als auch das Springen oder Hüpfen. Schon 1398 verwendete man das Wort *springtime* für die Jahreszeit, in der die Welt auf die Füße springt und der Erde neues Leben entsprießt. Später tauchte der Name «spring of the leaf» (Ursprung des Blattes) auf, der dann zu *spring* verkürzt wurde.

In den meisten Kulturen feiert man das Ende des Winters als Erneuerung oder Auferstehung der Erde, und man begeht den Anlaß mit Musik, Tanzen und Fasten. Seit vorgeschichtlicher Zeit versuchten die Menschen, die Fruchtbarkeit anzuregen, indem sie Liebesrituale vollzogen oder Scheinkämpfe ausfochten, um den Winter zu vertreiben. Die Babylonier setzen jedes Frühjahr ihren Schöpfungsmythos in die Tat um. Die alten Griechen feierten zu Ehren des Gottes Dionysos ein Blumenfest mit Trinken, Fasten und Tieropfern. Später wurden daraus die Großen Dionysien im März, eine Gelegenheit für grenzenloses Vergnügen und für die Aufführung der großen Dramen in Athen. Jahrhunderte später machten die Römer es den Griechen nach: Sie feierten eine Reihe von Frühlingsfesten, darunter Parilia, den Schäferritus im April, und Floralia zur Feier von Blume und Sexualität. In den Jahren, als das Römische Reich sich im Niedergang befand, gab es die Bacchanalien zu Ehren von Bacchus, dem griechisch-römischen Gott des Weins und der Fruchtbarkeit; sie waren eine ins Verrückte übersteigerte Form der griechischen Dionysien. Die christliche Tradition der vierzigtägigen Fasten- und Bußezeit vom Aschermittwoch bis Ostern hat ihren Ursprung in heidnischen Bräuchen der Selbstverleugnung, von denen man glaubte, sie trügen zur Auferstehung der Erde im Frühjahr bei. Einem skandinavischen Brauch zufolge standen sich in einem Scheinkampf zwei Gegner gegenüber, von denen einer den Frühling, der andere den Winter darstellte, und der Frühling blieb jedesmal Sieger.

Die Tradition des Maifeiertags geht wahrscheinlich auf die Fruchtbarkeitsfeste im alten Indien und Ägypten zurück; es war ein Tag der Freude mit Tanz, Gesang und dem symbolischen Sammeln von Pflanzen, die der Gemeinschaft Glück und Fruchtbarkeit bringen sollten. Im mittelalterlichen England begannen die Feiern früh am Morgen: Die jungen Leute liefen in den Wald, um symbolisch Blüten und Zweige zu sammeln – und sich vielleicht mit dem zu beschäftigen, was eine alte Schrift «ausgelassene Spielereien» nannte. Zu einem großen Teil konzentrierten sich die Feiern dieses Tages auf einen Maibaum, den man in der Mitte des Dorfes aufstellte; er war mit Blumengirlanden und flatternden Bändern geschmückt, welche die Tänzer festhielten, so daß sie sich beim Tanzen um den Maibaum immer stärker verwickelten. In manchen Orten wurde der Maibaum von einem echten Baum abgelöst, in England beispielsweise von einem Weißdorn und in Amerika vom Erdbeerbaum – von beiden glaubte man, sie besäßen magische Kräfte.

Die Leidenschaft bei diesen alten Festen hatte ihre Ursache zum Teil wahrscheinlich in einem weit verbreiteten und wohlbekannten Zustand, dem Frühlingsfieber. Heutige Wissenschaftler haben die Vermutung geäußert, die gesteigerte Energie und Produktivität, die unerklärliche Fröhlichkeit und die Neigung zum Singen seien Reaktionen auf die zunehmende Zahl der Sonnenstunden im Frühjahr. In dieser Jahreszeit werden mehr Kinder gezeugt als in jeder anderen, vielleicht ein Überbleibsel aus einer Zeit, als die Menschen wie die meisten Säugetiere nur in dieser Phase der länger werdenden Tage und der reichlicher vorhandenen Nahrung empfängnisbereit waren.

Es ist leicht, unsere Begeisterung für den Frühling auch auf die Tiere zu übertragen und sich vorzustellen, daß die Fohlen mit ihrem Herumtollen und die Vögel mit ihren Balzritualen ebenfalls ein Fest feiern. Wenn die Vögel aus dem Süden zurückkehren, ist das ein untrügliches Zeichen, daß der Frühling tatsächlich da ist. In manchen Kulturen gelten die Vögel nicht nur als Boten für den Wechsel der Jahreszeiten, sondern als seine *Ursache*. Eingeborenenstämme in Sibirien ehrten jahrhundertelang die zurückkehrenden Gänse, indem sie ihnen Nester bauten; so wollte man sicherstellen, daß sie auch in den folgenden Jahren wiederkamen und den Frühling mitbrachten.

In den gemäßigten Klimazonen, wo die meisten Vögel der Welt nisten, beginnt jeder Tag mit einer Symphonie komplizierter, melodischer Vogelgesänge. In Zeiten, in denen man egozentrischer war, dachten die Menschen gerne, die Vögel sängen ausschließlich zu ihrer Unterhaltung oder zumindest als freudige Reaktion auf die Jahreszeit. Die Biologen geben im allgemeinen weniger poetische Erklärungen für die Stimmäußerungen der Vögel und erläutern, der Gesang der Vögel diene ausschließlich dem Anlocken von Paarungspartnern, der Warnung von Rivalen und dem Abstecken von Nahrungsrevieren.

Die meisten Wirbeltiere paaren sich im Spätwinter oder im Vorfrühling. Bei größeren Säugetieren mit längerer Tragezeit fällt die Paarung in den Herbst, damit die Jungen im Frühjahr geboren werden. Daß der Frühling die beste Zeit für die Geburt des Nachwuchses ist, hat einen einfachen Grund: Die Nahrungssuche ist für die meisten Tierarten in Frühling, Sommer und

Frühherbst am einfachsten. Auch die zusätzlichen Tageslichtstunden sind von entscheidender Bedeutung, insbesondere für Vögel, die jeden verfügbaren Augenblick nutzen, um ihre hungrigen Jungen zu füttern.

Der Frühling ist die Zeit des Übergangs zwischen den Extremen von Sommer und Winter. Auf der Nordhalbkugel fällt die Tagundnachtgleiche, die den offiziellen Frühlingsbeginn darstellt, in den meisten Jahren auf den 21. März. Auf der Südhalbkugel findet sie am 22. September statt. An diesen Tagen durchquert die Sonne den Himmelsäquator, jene gedachte Linie durch die imaginäre Kugel, die man um die Erde in den Himmel projiziert; die Welt erlebt einen Augenblick des Gleichgewichts, bei dem Tag und Nacht überall auf dem Planeten gleichermaßen zwölf Stunden lang sind. Dieses Gleichgewicht würden wir jeden Tag und jede Nacht erleben, wenn die Erde entlang ihrer Achse gerade stünde.

Die Tagundnachtgleiche ist der offizielle Frühlingsanfang, aber der eigentliche Beginn, der Tag, an dem neue Pflanzen zu wachsen beginnen und Zugvögel zurückkehren, ist von Ort zu Ort unterschiedlich. Mit der höher steigenden Sonne wandert die Jahreszeit nach Norden, wobei sie nach einer alten Faustregel etwa 150 Kilometer in der Woche vorankommt. Für viele Menschen, besonders für jene im Norden, wo der Winter lang und hart ist, kann der Frühling gar nicht schnell genug kommen.

Wenn Winde wehen

Blast, Stürme, und zersprengt eure Backen!
Tobt! Blast! Ihr Katarakte und Hurrikane, speit,
bis ihr unsre Kirchtürme überschwemmt habt,
die Hähne ertränkt!

Shakespeare, König Lear

Anfang März liegt da, wo ich wohne, noch alter Schnee in den Wäldern, und am Ufer des Michigansees stapeln sich die Eisschollen; aber irgendwann kommt der Tag, an dem der Wind auf Süd dreht und den köstlichen Duft neuen Wachsens und frischgepflügten Bodens heranträgt. Er ist zwar noch nicht warm, aber er riecht, als werde er es bald sein. In den nächsten Tagen oder Wochen mag es noch Kälte und Schnee geben, aber diese südliche Brise ist der Wendepunkt des Winters. Sie hat den Wechsel der Jahreszeiten mitgebracht – und genauso sicher wird sie Kanada in ein paar Wochen Gänse und Rotkehlchen und sanften Regen bringen.

Seit die Menschen auf Hügeln stehen und die Kraft der bewegten Luft spüren, haben sie sich gefragt, wie diese Bewegung entsteht. In frühen Kulturen war Wind der Atem der Götter, sanft bei freundlicher Stimmung und stürmisch, wenn die Unsterblichen zürnten. In der griechischen Mythologie unterstand er dem rachsüchtigen Meeresgott Poseidon und dem Äolus, der ihn zur Sicherheit in einer riesigen Höhle eingesperrt hielt. Wenn Äolus auf seiner Harfe spielte, hörten die Menschen die Musik der Brise in den Bäumen; blies er aber auf seiner Muschelschale, verwüsteten gewaltige Stürme das Land, und der Ozean wurde zur tödlichen Gefahr. Die vier Winde Boreas, Zephyr, Notus und Argestes waren die Kinder von Eos, der Göttin der Morgenröte. Eurynome, eine andere Göttin, soll durch ih-

Vorherrschende Winde
VORHERRSCHENDE WESTWINDE
ROSS-
BREITEN
NORDOST-
PASSAT
KALMENZONE
SÜDOST-
PASSAT
ROSS-
BREITEN
ROSS-
BREITEN
NORDOST-
PASSAT
KALMENZONE
SÜDOST-
PASSAT
ROSS-
BREITEN
ROSS-
BREITEN
KALMENZONE
ROSS-
BREITEN
VORHERRSCHENDE WESTWINDE

ren Tanz den Nordwind aufgewirbelt haben; anschließend vereinigte sie sich mit ihm und gebar die Welt. Homer zufolge übergab Äolus die vier Winde, eingeschlossen in einen Lederbeutel, an Odysseus, damit sie ihm auf seinen Reisen halfen, aber als die Gefährten des Odysseus den Beutel öffneten, entkamen die Winde; sie wirbelten davon und brachten Unheil über die Welt.

Als einer der ersten im Abendland behauptete der griechische Astronom Anaximander, Wind sei keine übernatürliche, von den Göttern ausgeübte Macht, sondern ein natürliches «Fließen von Luft», das man untersuchen und studieren könne. Ein Jahrhundert später stelle Anaxagoras die Theorie auf, daß Wärme die Luft aufsteigen läßt, die sich dann in größerer Höhe abkühlt, so daß Wolken entstehen. Aristoteles war der Ansicht, Winde seien trockene Ausdünstungen der Sonne, im Gegensatz zu den feuchten Ausdünstungen, die den Regen verursachten. Der römische Naturforscher Plinius der Ältere äußerte im ersten Jahrhundert in seiner *Naturgeschichte* die Meinung, stetiger Wind könne von den Sternen herunterfallen oder «durch die ständige Bewegung der Welt und die Wirkung der Sterne, die in die andere Richtung wandern», entstehen, oder aber er sei «ein Atem, der das Weltall hervorbringt, weil er wie in einer Art Mutterleib hin- und herfließt». Plötzliche Windstöße, so Plinius, haben ihren Ursprung auf der Erde: Sie entstehen, «wenn Wassermassen einen Dampf ausatmen, der weder zu Nebel kondensiert noch sich zu Wolken verfestigt», oder sie waren einfach «der trockene und ausgedörrte Atem der Sonne».

Wind ist eine komplizierte Mischung von Kräften mit einem gemeinsamen Ursprung: der Sonne. Wo die Sonne am längsten und unmittelbarsten auf die Erde scheint, erwärmt sich der Boden, die darüberliegende Luft steigt auf, und kühlere Luft nimmt ihren Platz ein. Diese Luftströmung von kälteren in wärmere Gebiete nehmen wir als Wind wahr. Im Frühjahr läßt die langsam hochsteigende Sonne die neu erwärmten Regionen nach Norden wandern, wo sie die kalte Zone verdrängen, die sich dort während des Winters gebildet hat. Wenn die Sonne von Tag zu Tag höher am Himmel steht, steigt neu erwärmte Luft auf, so daß von Nord nach Süd ein starkes Luftdruckgefälle entsteht, das die kalte Luft aus dem Norden an die Stelle der aufsteigenden warmen Luft fließen läßt. Diese Luft heizt sich nun ebenfalls auf, steigt in die Höhe und wird durch weitere Kaltluft ersetzt.

Die gleichen Winde sind auch von großer Bedeutung für das Schmelzen des im Winter angehäuften Schnees. Die verbreitete Ansicht, wonach der Frühjahrsregen den Schnee schnell verschwinden läßt, stimmt nicht. Regen allein kann zwar dafür sorgen, daß der Schnee sich setzt, aber er schmilzt die weiße Pracht erst, wenn er von einem warmen Wind begleitet ist. Selbst die Sonne läßt alles nur langsam schmelzen – mit Ausnahme von schmutzigem Schnee. Der Schmutz absorbiert viel Wärme, das heißt, jeder Schmutzfleck und jede Kruste zieht die Wärme wie eine Solarzelle in den Schnee. Aber am besten läßt der Wind den Schnee schmelzen. Warme, feuchte Winde lassen an der Schneeoberfläche Kondenswasser entstehen, das seinerseits Wärme abgibt und die Temperatur des Windes weiter ansteigen läßt; manchmal schmilzt der Schnee dabei so schnell, daß der vollgesogene Boden das Wasser nicht rasch genug aufnehmen kann, um eine Überschwemmung zu verhindern. Warmer und trockener Wind, beispielsweise der Chinook in den amerikanischen Rocky Mountains, kann gewaltige Schneemengen fast über Nacht schmelzen lassen, aber dabei entsteht keine Überflutung, weil der Schnee zu einem großen Teil unmittelbar in die trockene Luft sublimiert, ohne zuerst zu Wasser zu schmelzen.

In einer weniger komplizierten Welt würde die Warmluft am Äquator aufsteigen, so daß kalte Luft von den Polen zum Äquator fließen kann, und alle Winde würden genau aus Süden oder Norden wehen. Es gibt dabei aber eine Fülle von Unregelmäßigkeiten, denn die Luft heizt sich über Landflächen schneller auf als über dem Meer, und wieder anders verhält sie sich über bestimmten Arten von Land wie asphaltierten Parkplätzen, Golfplätzen oder Wüsten. Die ungleichmäßige Erwärmung der Erdoberfläche läßt Wind entstehen, denn die Luft ist unentwegt bestrebt, ein Temperaturgleichgewicht zu erreichen.

Den stärksten Einfluß auf die weltweiten Luftströmungen hat die Drehung der Erde selbst. Wenn unser Planet um seine Achse rotiert, bewegt sich ein Punkt auf dem Äquator mit etwa 1600 Kilometern pro Stunde, so daß eine Umdrehung nach 24 Stunden vollendet ist. Wenn man sich aber den Polen nähert, werden die Umlaufbahnen der Punkte auf der Oberfläche immer kleiner, und der gleiche Umlauf von 24 Stunden vollzieht sich mit geringerer Geschwindigkeit. Verdeutlichen läßt sich dieses Prinzip, das man nach dem französischen Physiker, der es Anfang des 19. Jahrhunderts nachwies, Corioliseffekt nennt, an einer rotierenden Schallplatte. Die Mitte macht ihre 33 Umdrehungen in der Minute recht gemächlich, ein Punkt am äußeren Rand dagegen muß sich schnell bewegen, um in der gleichen Zeit die gleiche Anzahl an Umdrehungen hinter sich zu bringen.

Wenn Luftströmungen vom Äquator aus nach Norden fließen, wird die Erde unter ihnen wegen des Corioliseffekts immer langsamer, und deshalb machen die Winde einen Bogen nach Osten. Und Luft, die in Richtung des Äquators nach Süden fließt, strömt über immer schneller wandernden Boden und wird deshalb nach Westen abgelenkt. Sturmsysteme rotieren auf der Nordhalbkugel gewöhnlich im Gegenuhrzeigersinn, südlich des Äquators dagegen drehen sie sich wie ein Uhrzeiger.

In höheren Luftschichten weht der Wind über großen Teilen der Erde vorwiegend aus Westen, am Boden dagegen gibt es von Ort zu Ort beträchtliche Unterschiede. *Anabatische* Winde, auch Aufwinde genannt, findet man häufig in Tälern, wo die Luft sich tagsüber durch die Erwärmung ausdehnt und nach oben getrieben wird. Nach Sonnenuntergang kühlt sie sich ab: Jetzt ändert sie die Richtung und strömt als *katabatischer* Wind oder Abwind wieder ins Tal hinab.

Wie Wasser, das durch ein Flußbett strömt, wird auch der

Wind von Reibungskräften beeinflußt. Hügel, Bäume und Gebäude sorgen dafür, daß Wind über Land noch nicht einmal halb so stark ist wie der entsprechende Wind über einer Wasserfläche. Und wie die Steine in einem Fluß an der Wasseroberfläche Wellen erzeugen können, so zerteilen auch Hindernisse an Land den Wind zu Böen. Auf dem Meer sind plötzliche Windstöße seltener, sie können allerdings auch durch hohe Wellen entstehen. In Höhen über 600 Metern spürt man die Auswirkungen der Oberflächenreibung nicht mehr, sondern der Wind weht stetig.

Wer sich schon einmal längere Zeit an der Küste des Meeres oder am Ufer eines großen Sees aufgehalten hat, dem ist wahrscheinlich aufgefallen, daß sich die Windrichtung über dem Wasser jeden Tag drastisch ändert. Bei warmem Wetter heizt das Sonnenlicht das Land tagsüber stärker auf als das Wasser. Die Warmluft steigt über dem Land nach oben, und ihren Platz nimmt kühlere Luft ein, die vom Wasser nachströmt. Im Laufe des Tages verstärkt sich der Wind immer mehr, und die Temperatur über dem Land steigt bis auf einen Spitzenwert am Spätnachmittag. Nachts sind die Verhältnisse umgekehrt. Das Wasser hält die Wärme, die es während des Tages aufgenommen hat, zum größten Teil fest, während sich das Land schnell abkühlt. Die über dem Wasser aufsteigende Warmluft läßt ein Druckgefälle entstehen, das kühlere Luft anzieht, so daß der Wind vom Land zum Meer weht. An Küsten herrscht deshalb nachts im typischen Fall ablandiger Wind vom Land zum Wasser; tagsüber ist der Wind dagegen auflandig, das heißt, er weht vom Wasser zum Land. Ungefähr zur Zeit von Sonnenaufgang und Sonnenuntergang sorgen die ausgeglichenen Temperaturen über Wasser und Land für eine Phase der Windstille. In den Zeiten der Segelschiffe meinten die Seeleute dieses Verhalten des Windes, wenn sie sagten, «tagsüber rein, nachts nach draußen».

Überall, wo starke und ungewöhnliche Winde auftreten, hat man ihnen auch Namen gegeben. Der *blue norther* ist ein winterlicher Wind in Texas, der eine schnell wandernde Kaltfront ankündigt; er verdrängt warme, feuchte Luft mit einem heftigen, schneidend kalten Nordwind, der die Temperatur innerhalb von zwei bis drei Stunden um bis zu 25 Grad sinken lassen kann.

Der *Chinook*, der nach den Chinook-Indianern auf der Westseite der nördlichen Rocky Mountains benannt wurde, ist ein starker, warmer Westwind, der jeden Winter mehrmals im östlichen Vorgebirge der Rockies von Colorado bis nach Alberta in Kanada aus heiterem Himmel auftritt. Er läßt die Temperatur oft über Nacht um 20 bis 25 Grad steigen. Wenn der Chinook die Hochebene erreicht, hat er auf seinem Weg über das Gebirge schon so viel Feuchtigkeit verloren, daß die Luftfeuchtigkeit bei 40 Prozent oder noch weniger liegt. Diese trockene, relativ warme Luft kann bis zu zweieinhalb Zentimeter Schnee in einer Stunde verdunsten lassen – deshalb nannten die Schwarzfußindianer solche Winde auch «Schneefresser». Einer der heftigsten Chinook-Winde, die jemals beobachtet wurden, fegte am 22. Januar 1943 von den Black Hills bis nach Rapid City in South Dakota hinunter; er ließ die Temperatur innerhalb von zwei Minuten von −23 auf +5 Grad ansteigen.

Ein anderer Schneefresser ist der *Föhn* in den Alpen; sein Name geht auf das lateinische *Favonius* (Südwind) oder das gotische Wort *fon* für «Feuer» zurück. Der Föhn, ein warmer, trockener Wind, der die Alpentäler hinunterfegt, führt zu so plötzlichem Tauwetter, daß sich oft Lawinen bilden. Wie der Chinook in Amerika, so kann auch der Föhn die Temperatur schnell um 20 Grad oder mehr ansteigen lassen, und die Luft ist so warm und trocken, daß der Schnee unmittelbar zu Wasserdampf sublimiert. Der Föhn kann auch Gehölze so austrocknen, daß leicht Waldbrände entstehen. Seine Ursache sind Tiefdruckfronten aus Nordwesten, die über dem Gebirge hochsteigen und sich dabei abkühlen und kondensieren. Auf der anderen Seite des Gebirgskammes erwärmt sich die Luft auf ihrem Abwärtsweg etwa alle 100 Meter um ein Grad, und wenn sie die Talsohle erreicht, ist sie warm und sehr trocken.

Der *Monsun* (nach dem arabischen *mausim* für «Jahreszeit») ist ein kräftiger Wind, der sich im Rhythmus der Jahreszeiten genauso verhält wie die kleineren Küstenwinde im Tagesverlauf. In Südostasien, Arabien und Australien steigt die warme Luft über dem Land während des heißen Sommers auf, so daß monatelang ununterbrochen kühlere Luft vom Meer angezogen wird. Dieser Wind, der nach seinem Weg über das Wasser mit Feuchtigkeit gesättigt ist, bringt wolkenbruchartigen Regen mit. Im Winter kehrt sich die Windrichtung um, und der Regen hört auf.

Der *Mistral* oder «Meisterwind» ist ein plötzlicher, heftiger Nordwind, der mit bis zu 130 Stundenkilometern das Rhonetal hinunterfegt und so Südfrankreich und der Mittelmeerküste kaltes Wetter beschert.

Mindestens 40 Tage im Jahr heult die *Bora*, ein katabatischer Wind, durch die Alpentäler hinab an die nördliche Adriaküste. Der französische Romanschriftsteller Stendhal beklagte sich, weil Triest 1831 fünf Tage in der Woche von heftigem Wind und an den beiden übrigen Tagen von der Bora heimgesucht wurde. «Von starkem Wind», so schreibt er, «spreche ich, wenn ich meinen Hut festhalten muß, und von Bora, wenn ich Gefahr laufe, mir dabei den Arm zu brechen.»

Die *Zonda*, ein heißer, trockener Sommerwind, rast an den Hängen der Anden hinab und über die argentinischen Pampas; *Tourments* sind quälende Schneestürme, die dasselbe Gebiet im Winter heimsuchen. In einer ganz anderen Gegend, nämlich in Rußland, gibt es den *Buran*, einen kräftigen Wind, der im Winter Schneestürme und im Sommer Gewitter mitbringt. Weiterhin gibt es in Gibraltar den *Datoo*, der aus Osten weht, in Griechenland die erfrischende Sommerbrise des *Etesian*, in Schweden den sturmstarken *Frisk vind*, in den Bergen in der Nähe der Magellanstraße den *Williwaw*, der böig durch die Täler zum Meer fegt, und in Südamerika die *Vrazones*, wirbelbildende Land- und Meerwinde.

Der Wind gilt oft als Kraft, vor der man sich fürchten muß. Bei den äthiopischen Stämmen glaubte man, in Wirbelstürmen wohnten böse Geister, und man verfolgte sie mit Messern. Eskimofrauen schwangen im 19. Jahrhundert Knüppel, um den Wind von ihren Häusern zu vertreiben. Der griechische Historiker Herodot beschreibt Tunesier, die mit Trommeln und Becken in die Wüste zogen, um einen Wind zurückzuschlagen, der ihre Wasservorräte ausgetrocknet hatte; sie gingen zugrunde, als der Wind wiederkam und sie unter Sand begrub.

Von «schlechten Winden» spricht auch Voltaire; er bemerkte eine «schwarze Melancholie über dem ganzen Land», sobald ein Ostwind über Frankreich wehte; George Eliot schrieb: «Bestimmte Winde machen das Gemüt des Menschen schlecht»; Shakespeare berichtete, der Nordwind verursache «Gicht, die Fallsucht, Ausschlag und Fieber»; und Hippokrates, der Vater der modernen Medizin, machte den Westwind dafür verantwortlich, daß Menschen blaß und kränklich wurden. Heute beschäftigen sich manche Wissenschaftler mit der Frage, ob Wind bei Menschen und Tieren seelische und körperliche Reaktionen auslösen kann. Wenn jemand sich in einer Zeit mit heißem, trockenem Wind ruhelos und reizbar fühlt, kann das daran liegen, daß der Wind ein Ungleichgewicht im Ionengehalt der Atmosphäre erzeugt. Bei einem Überschuß an positiven Ionen produziert der Körper wahrscheinlich in großen Mengen das Serotonin, eine Neurotransmittersubstanz im Gehirn, die ihrerseits bewirkt, daß der Betreffende sich nervös, deprimiert und reizbar fühlt. Umgekehrt haben die gleichen Untersuchungen auch gezeigt, daß eine zu hohe Konzentration negativer Ionen, wie sie zum Beispiel bei Niederschlag entsteht, ein Gefühl des Wohlbefindens und der Ruhe erzeugt.

Zu den unangenehmsten aller bösartigen Winde gehören diejenigen, die über die Wüsten der Erde hinwegfegen. In Israel, im Sudan, in Turkestan, im Südwesten der USA und in anderen Trockengebieten ist kräftiger Wind meist etwas Schlechtes, und er verursacht viele Unannehmlichkeiten und Gefahren. Die Bewohner solcher Gegenden treten den gewaltigen, ausdörrenden Winden und Sandstürmen mit Respekt und Angst gegenüber, und sie suchen Schutz davor, selbst wenn dieser Schutz nur darin besteht, sich auf den Boden zu legen und Turban oder Mantel über den Kopf zu ziehen, damit man den heißen Sand nicht einatmet. Je nachdem, in welcher Region man sich befindet, läuft man mit ein wenig Pech in den isarelischen *Sharav*, den man für über 25 Prozent aller Atembeschwerden, Kopfschmerzen, Übelkeit und Reizbarkeit in der dortigen Bevölkerung verantwortlich macht, in den *Scirocco*, einen drückend heißen, trockenen, staubgeschwängerten Südwind aus der nordafrikanischen Wüste, der Italien und das Mittelmeergebiet heimsucht, in den *Tebbad* («Fieberwind») Turkestans, in den *Simum* («Giftwind») Arabiens und Libyens, der einen großen Teil des Staubs in der Luft Europas liefert, in den *Harmattan* Algeriens und Marokkos, einen Nordwestpassat in der westlichen Sahara, in den ägyptischen *Khamsin*, in den *Santa Ana* in Südkalifornien oder in die *Habub*-Sandstürme des Sudans und des amerikanischen Südwestens, an dessen Vorderseite sich der Staub manchmal über einen Kilometer hoch auftürmt und wie eine undurchdringliche Wand aussieht.

Wie stark kann Wind werden? Über die großen Ebenen Nordamerikas, die sich wellenförmig und ohne Unterbrechung durch Bäume oder höhere Berge über Hunderte von Kilometern erstrecken, weht der Wind im Durchschnitt mit 16 bis 20 Kilometern pro Stunde – Tag für Tag, das ganze Jahr über, und während winterlicher Schneestürme sowie bei Sommergewittern erreicht er häufig Sturmstärke. Die ersten amerikanischen Siedler, die in der gewaltigen Weite der Ebenen wohnten, witzelten über ein «Brechstangenloch», das sie an der Seitenwand ihrer Häuser anbringen wollten, damit sie das Wetter prüfen konnten, ohne nach draußen gehen zu müssen. Wenn sich ein durch das Loch geschobenes Brecheisen im Wind verbog, so sagte man, war das Wetter normal; brach es ab, blieb man an diesem Tag besser im Haus.

Der stärkste jemals gemessene Wind – abgesehen vielleicht

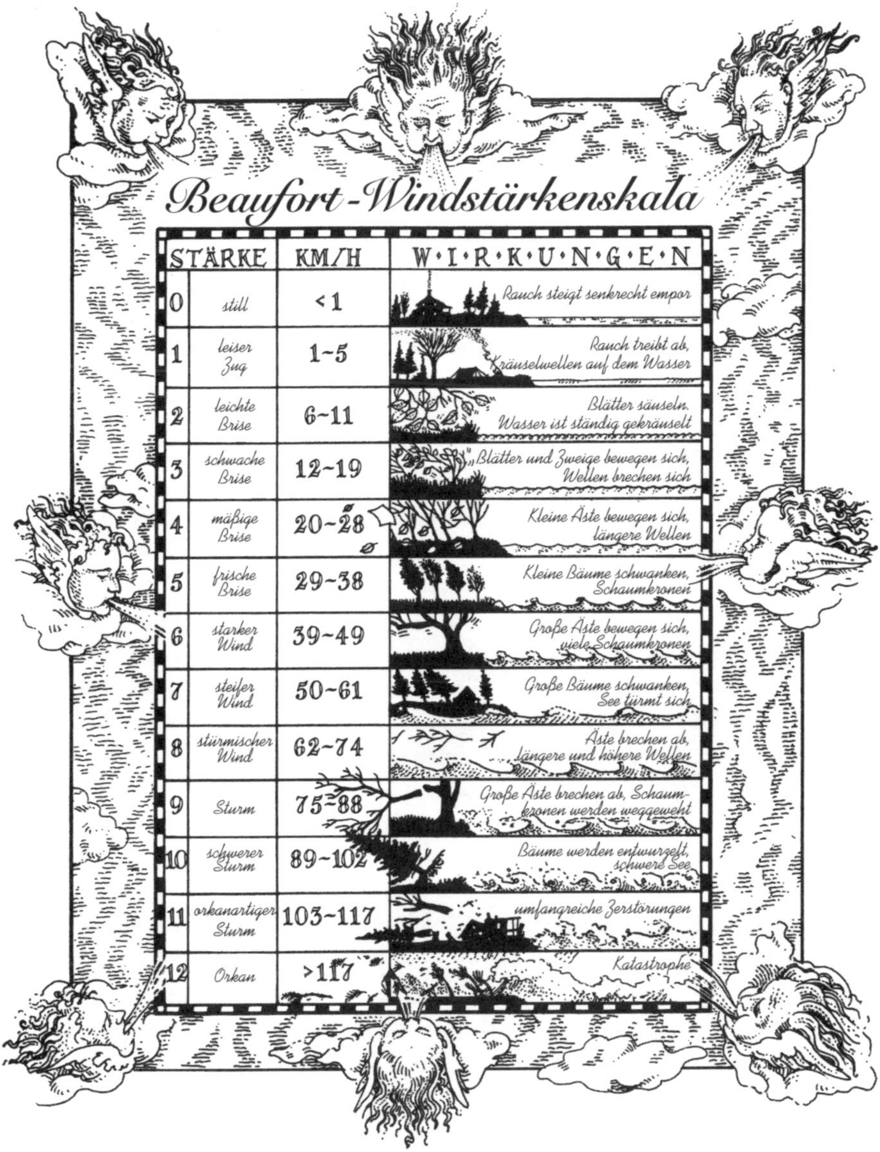

Beaufort-Windstärkenskala

STÄRKE		KM/H	WIRKUNGEN
0	still	<1	Rauch steigt senkrecht empor
1	leiser Zug	1~5	Rauch treibt ab, Kräuselwellen auf dem Wasser
2	leichte Brise	6~11	Blätter säuseln. Wasser ist ständig gekräuselt
3	schwache Brise	12~19	„Blätter und Zweige bewegen sich, Wellen brechen sich
4	mäßige Brise	20~28	Kleine Äste bewegen sich, längere Wellen
5	frische Brise	29~38	Kleine Bäume schwanken, Schaumkronen
6	starker Wind	39~49	Große Äste bewegen sich, viele Schaumkronen
7	steifer Wind	50~61	Große Bäume schwanken, See türmt sich
8	stürmischer Wind	62~74	Äste brechen ab, längere und höhere Wellen
9	Sturm	75~88	Große Äste brechen ab, Schaumkronen werden weggeweht
10	schwerer Sturm	89~102	Bäume werden entwurzelt, schwere See
11	orkanartiger Sturm	103~117	umfangreiche Zerstörungen
12	Orkan	>117	Katastrophe

Die Skala, die Sir Francis Beaufort für die britische Marine entwickelte, ist noch heute die Grundlage der Windmessung für Seeleute und Piloten.

von den stärksten Winden in Tornados – war ein Sturm von 370 Stundenkilometern, der am 12. April 1934 über den Gipfel des Mount Washington in New Hampshire fegte. Der gleiche Berggipfel erlebt mindestens einmal im Monat einen «Hundertertag» mit Wind von über 160 Stundenkilometern (100 Meilen), und im Winter erreicht der Wind fast jeden Tag Orkanstärke mit 120 Stundenkilometern. Damit sind der Mount Washington und das östliche Adelieland in der Antarktis vermutlich die windigsten Stellen der Erde. An beiden Orten liegt die durchschnittliche Windgeschwindigkeit das ganze Jahr über Tag und Nacht bei 64 Stundenkilometern.

Oft stellen wir uns den Wind zwar als zerstörerische Kraft vor, aber er dient auch vielen lebenspendenden Zwecken. Er reinigt die Atmosphäre, streut Samen aus, sorgt rund um die Welt für gemäßigte Temperaturen und verteilt den Regen, der sonst nur über Meere und Küstenregionen fallen würde.

Außerdem hinterläßt er überall da, wo er weht, seine Spuren. Er fällt von oben auf die Oberfläche eines Sees, kräuselt das Wasser in Ringen und Wirbeln, türmt schließlich die Wellen auf und läßt an ihrer Spitze weiße Schaumkronen entstehen. Er formt Sanddünen zu eleganten, wandernden Kunstwerken. Die Bäume in offenem Hügelgelände verdreht er zu natürlichen Bonsai-Kreationen. Auf Schneeflächen baut er Kanten aus *Sastrugi*, und wenn er um Steine und Bäume wirbelt, gräbt er raffinierte Pfade.

Wir halten den Wind für unsichtbar, aber das ist er nicht. Als mein Sohn zusah, wie Böen, Ozeanwogen gleich, über ein Weizenfeld rollten, konnte er über die eleganten Wellen nur verblüfft den Kopf schütteln und sagen: «*So* sieht also der Wind aus.»

Wind- und Wettervorhersage

Am besten ist Westwind, jedenfalls in den meisten Teilen der Erde, wo westliche Winde vorherrschen und auf stabile Wetterverhältnisse hinweisen. Ostwind entsteht dagegen meist durch ein im Gegenuhrzeigersinn rotierendes Tiefdruckzentrum und kündigt meist unfreundliches Wetter an. Der Ostwind hat einen so schlechten Ruf, daß er einen dauerhaften Platz in der volkstümlichen Wetterkunde gefunden hat. In Neuengland sagt man: «Wenn aus Osten kommt der Wind, ist das schlecht für Mann und Kind.» Die Bibel erwähnt das Übel des Ostwindes mehrfach: «Gott ließ einen heißen Ostwind aufkommen» (Jona 4, 8); «ein Ostwind wird dich mitten auf dem Meer zerschmettern» (Hesekiel 27, 26); «am Morgen führte der Ostwind die Heuschrecken herbei» (2. Mose 10, 13).

Stetiger Wind ist ein Anzeichen für eine stabile Wetterlage; wechselnde Winde kündigen Veränderungen an. Die alte Regel, wonach schwächer werdender Wind für die Nacht einen Sturm ankündigt, während wechselnde Winde den Himmel aufklaren lassen, stimmt oft. Um sie zu überprüfen, kann man sich einen Kompaß mit einem Uhrzifferblatt vorstellen, auf dem Norden bei 12 Uhr liegt. Dreht sich der Wind im Uhrzeigersinn, beispielsweise von Nord auf Ost, folgt wahrscheinlich klares Wetter. Verläuft die Drehung im Gegenuhrzeigersinn von Nord auf West, kann man mit schlechtem Wetter rechnen.

EIN STÜCK HIMMEL

Eine Sphäre aus Luft

Alles in allem ist der Himmel
eine wunderbare Errungenschaft.

Lewis Thomas, The Lives of a Cell

Wenn wir die Erde im Querschnitt betrachten könnten, wäre die Haut aus Gasen und Wolken, die sie einhüllt, im Verhältnis zum Durchmesser so dünn wie eine Apfelschale. In dieser Haut sind fast alle Bestandteile enthalten, die für das Leben auf unserem Planeten unentbehrlich sind. Sie ist der Raum, in dem wir wohnen. Ohne sie hätten wir keine Chance zu überleben.

Die Atmosphäre wird oft beschrieben, als sei sie eine Ansammlung gut geölter Teile, die durch ihr Zusammenwirken Regen, Schnee, Graupel und Wirbelstürme entstehen lassen – eine Maschine zur Herstellung der Wettererscheinungen. Dabei ist die Atmosphäre selbst wahrscheinlich das großartigste aller meteorologischen Phänomene. Sie ist ein so kompliziertes Gebilde, daß mechanische Vergleiche für ihre Wirkungsweise immer an irgendeiner Stelle hinken. Die Meteorologen, die versuchen, aus ihr einen Sinn und eine Ordnung herauszulesen, haben nur in knapp der Hälfte der Fälle recht, wenn sie das Wetter für mehr als zwei oder drei Tage vorhersagen wollen. Meteorologie ist eine ungenaue Wissenschaft, nicht wegen mangelhafter Computer oder fehlender Daten, sondern weil die Atmosphäre so vielen verschiedenen Einflüssen ausgesetzt ist, daß sie sich einem einfachen Verständnis entzieht.

Vor 150 Jahren schrieb der englische Amateurmeteorologe Luke Howard, der später für sein System der Wolkeneinteilung weltberühmt wurde: «Das Meer aus Luft, in dem wir leben und uns bewegen, in dem der Blitzstrahl geschmiedet wird und der fruchtbringende Regen kondensiert, kann für den eifrigen Naturforscher niemals ein Gegenstand der Zähmung und der gefühllosen Betrachtung sein.» Eifrige Naturforscher wie Luke Howard sehen zum Himmel hinauf und müssen sich einfach fragen, warum sie nicht in den Weltraum gewirbelt werden, wie sich die Luft von Rauch, Staub und Giftgasen reinigt, warum der Himmel am Tag blau und nachts schwarz erscheint. Wie zahllose Menschen vor und nach ihm muß auch Luke Howard sich gefragt haben, was das eigentlich genau war, was die Griechen eine «Sphäre aus Luft» nannten.

Nach der Definition in den Lehrbüchern ist eine Atmosphäre einfach eine gasförmige Hülle, die von der Schwerkraft um einen Planeten herum festgehalten wird. Es kann sich, wie auf der Venus, um ein giftiges Gemisch aus Kohlendioxid und Schwefeldioxid handeln oder um eine scheinbar bodenlose Wolke aus Methan und Ammoniak wie auf dem Jupiter. Die Erdatmosphäre erstreckt sich bis in mehrere hundert Kilometer Höhe, aber 90 Prozent der in ihr enthaltenen Luft sind auf den untersten 15 Kilometern zusammengepreßt. Am Erdboden besteht die Luft aus etwa 78 Prozent Stickstoff und 21 Prozent Sauerstoff; das restliche eine Prozent bilden Gase wie Argon, Kohlendioxid, Krypton, Neon und Xenon. Die Wasserdampfmenge schwankt stark, aber im Durchschnitt macht sie zwei Prozent des Volumens der anderen Gase aus. Darüber hinaus enthält die Atmosphäre eine reichhaltige, veränderliche Mischung aus Staub, Rauch, Vulkanasche, Salzpartikeln aus dem Meer, Pollen, Samen, Bakterien und Insekten.

Solche Analysen geben kaum Hinweise auf das komplizierte Wesen der Erdatmosphäre oder über ihre Bedeutung für das tägliche Wettergeschehen, die Jahreszeiten und das langfristige Weltklima. Sie ist in drei Dimensionen aktiv, beeinflußt von senkrechten und waagerechten Winden (auf die sie umgekehrt ebenfalls einwirkt) sowie von der ungleichmäßigen Erwärmung der Erdoberfläche durch die Sonne, durch die Bewegung der Erde um die Sonne und durch Katastrophen wie Vulkanausbrüche und Atombombenexplosionen.

Nennenswerte Fortschritte in der Erforschung der Atmosphäre gab es erst zu Beginn des 20. Jahrhunderts, als der französische Meteorologe Léon-Philippe Teisserenc de Bort die ersten unbemannten Ballons mit Barometern, Thermometern und anderen wissenschaftlichen Instrumenten aufsteigen ließ. Zuvor hatte man die Atmosphäre nur mit bemannten Ballons erkundet, die höchstens zehn Kilometer Höhe erreichten, denn in größerer Höhe wurden weitere Forschungen wegen der Kälte und des Sauerstoffmangels gefährlich. Jahrhundertelang hatte man angenommen, die Temperatur sinke in größerer Höhe stetig ab, bis die Atmosphäre sich mit der unvorstellbaren Kälte des Weltalls vermische. Wie Teisserenc de Bort jedoch entdeckte, wird die Temperatur nur vom Erdboden bis in etwa elf Kilometer Höhe kontinuierlich geringer; dann bleibt sie bis in die größten Höhen, die seine Ballons erreichen konnten, konstant. Auf der Grundlage dieser Beobachtungen äußerte er 1902 die Vermutung, daß die Atmosphäre in mehrere Schichten unterteilt ist. Die unterste Schicht vom Boden bis in etwa elf Kilometer Höhe nannte er *Troposphäre* (griechisch für «Sphäre des Wandels»), denn in diesem Bereich schwanken die Temperaturen, und hier entstehen Wind und Wolken. Die Region über der Troposphäre, in der die Temperatur gleich bleibt, bezeichnete er als *Stratosphäre* nach dem griechischen «Sphäre der Schichten», denn nach seiner Theorie sollte es in dieser Höhe wegen der gleichbleibenden Temperaturen keinen Wind geben, so daß die Gase sich schichtweise ablagerten, die schwereren unter den leichteren.

In den Jahren seit jener Zeit hat man Teisserenc de Borts Beobachtungen verfeinert und korrigiert, und mit Ballons für große Höhen, Flugzeugen und Satelliten wurden weitere atmosphärische Schichten nachgewiesen und untersucht, aber seine Vorstellungen über die unteren Regionen der Lufthülle haben sich weitgehend als richtig erwiesen. Wie wir heute wissen, schwankt die Höhe der Troposphäre zwischen 16 Kilometern am Äquator über 11 Kilometer in den gemäßigten Breiten bis zu etwa 8 Kilometer an den Polen, und sie enthält die gesamte Warmluft, den größten Teil von Wolken, Wasserdampf und Wind, den Löwenanteil an Sauerstoff und anderen Gasen sowie die meisten Lebewesen, die sich in der Atmosphäre befinden.

Wenn «Blasen» aus Warmluft von der Erdoberfläche aufsteigen, dehnen sie sich auf ihrem Weg durch die Troposphäre aus; gleichzeitig kühlen sie sich ab, und am oberen Rand der untersten Atmosphärenschicht, der sogenannten *Tropopause*, werden sie fast immer festgehalten. Die Tropopause ist die Ursache der charakteristischen Amboßform an der Spitze der gewaltigen, turmartig aufragenden Gewitterwolken. Die Temperaturen in der Troposphäre schwanken von 40 Grad und mehr am Erdboden bis zu etwa −57 Grad in der Tropopause, und dabei nimmt sie etwa alle 1000 Meter um sechs Grad ab.

Über der Tropopause liegt die Stratosphäre, die sich bis in eine Höhe von etwa 50 Kilometern erstreckt. Die Temperatur liegt in ihren meisten Bereichen zwischen −40 und −70 Grad, und es ist dort windstill, mit Ausnahme der wellenförmigen Strahlströme, die manchmal bis in ihre unteren Schichten reichen.

Der Bereich zwischen 50 und etwa 80 Kilometern über dem Meeresspiegel ist die *Mesosphäre*. In dieser Höhe gibt es nur noch so wenig Gase, daß kaum Sonnenwärme absorbiert wird. Die Temperatur sinkt mit zunehmender Höhe wiederum ab und liegt am oberen Ende der Mesosphäre bei −140 Grad. Paradoxerweise findet man in der Mesosphäre die niedrigsten Temperaturen im Sommer und die höchsten im Winter; die Ursache ist vielleicht ein noch nicht erforschter weltweiter Austausch von Kalt- und Warmluft. In dieser Schicht verglühen die meisten Meteore.

Die nächsthöhere Schicht der Atmosphäre, *Thermosphäre* genannt, nimmt den Bereich von 80 bis 290 Kilometer über dem Erdboden ein und enthält weniger als 1/100000 der gesamten Luftmenge. Dennoch absorbiert diese Schicht mit äußerst dünner Luft einen Großteil der Sonnenstrahlung – immerhin so viel, daß die Temperatur zwischen Tageshöchstwerten um 2000 Grad und etwa 500 Grad niedrigeren Nachtwerten schwankt. Da es weder Wind noch Konvektionsströmungen gibt, entspricht die Thermosphäre Teisserenc de Borts ursprünglicher Theorie für den Aufbau der Stratosphäre: Die Gase ordnen sich zu abgegrenzten Schichten an, mit dem schweren Stickstoff und Sauerstoff ganz unten und dem leichteren Helium und Wasserstoff in größerer Höhe.

Ganz oben in der Atmosphäre liegt die letzte Schicht: die *Exosphäre*, eine finstere, öde Region, die sich bis in 500 Kilometer Höhe oder mehr erstreckt. Hier gibt es nur noch vereinzelte Helium-, Wasserstoff- und Sauerstoffatome, die durchschnittlich zehn Kilometer weit treiben müssen, bevor sie mit anderen Atomen oder Molekülen zusammenstoßen. Dagegen treffen Atome in Meereshöhe durchschnittlich nach 8/1000000 Zentimetern mit anderen Atomen zusammen. Ein paar von diesen verstreuten Luftatomen der äußeren Exosphäre entschwinden, von der Sonne auf bis zu 2000 Grad aufgeheizt, mit 40000 Kilometern pro Stunde von der Erde in den Weltraum.

Es gibt zwischen Atmosphäre und Weltraum keine klare Grenze. Irgendwo im Bereich zwischen 500 und 1300 Kilometern über der Erde werden Moleküle so selten, daß man verläßlich behaupten kann, es gebe überhaupt keine mehr.

Starkwind in großer Höhe: die Strahlströmungen

Bomberpiloten, die im Zweiten Weltkrieg in großer Höhe über Japan flogen, bemerkten hoch oben in der Atmosphäre überraschende und bis dahin unbekannte starke Windströmungen. Nach dem Krieg fand man mit Hilfe von Ballons und Düsenflugzeugen heraus, daß diese «Ströme der Luft» mit 100 bis 250 Stundenkilometer fließen, und gelegentlich erreichen sie sogar Geschwindigkeiten bis zu 450 Stundenkilometer. Meist waren sie 290 bis 500 Kilometer breit und zwei bis drei Kilometer dick; sie lagen über subtropischen und polaren Regionen in der oberen Troposphäre und der unteren Stratosphäre.

Wie sich herausstellte, entstehen die Strahlströmungen, wie man sie jetzt nannte, durch Veränderungen der Lufttemperatur, wenn kalte Luft auf ihrem Weg von den Polen zum Äquator auf Warmluft trifft, die in der entgegengesetzten Richtung fließt. Die so entstehenden Winde ziehen sich mehrfach um die Erde, und zwar immer von West nach Ost, sie dienen dazu, die Wärme vom Äquator wegzutransportieren und so das Klima auszugleichen; gelegentlich vereinigen sie sich auch, und dann lassen sie gewaltige Stürme entstehen. Auf Langstreckenflügen nutzen die Piloten die Strahlströmungen aus, um Zeit und Treibstoff zu sparen: Sie fliegen mit ihnen von West nach Ost und vermeiden sie bei Flügen in westlicher, südlicher und nördlicher Richtung.

Ein Selbstreinigungssystem

Wie jeder weiß, der schon einmal an einem sonnigen Morgen nach einer regnerischen Nacht ins Freie getreten ist, reinigt ein starker Regenguß den Himmel. Regentropfen und Eiskristalle bilden sich um winzige Materiepartikel in der Atmosphäre herum, sei es nun Asche aus einem Vulkan, Rauch aus einem Schornstein oder Salz aus der Gischt des Meeres. Auch fertige Regentropfen und Schneeflocken sind wirksame Luftreiniger, denn sie halten auf ihrem Weg zur Erde noch mehr feine Teilchen fest.

Luftverschmutzungen wie beispielsweise Vulkanasche, die bis hoch in die fast windstille und wasserfreie Stratosphäre aufsteigen, werden erst nach sehr viel längerer Zeit ausgewaschen. Solche Schadstoffe kreisen zwei bis fünf Jahre lang in Richtung der Pole und sinken dann in die Troposphäre hinab. Von dort fallen die Verunreinigungen zu Boden (allerdings langsam, denn am Nord- und Südpol schneit es nur wenig), oder die Winde der tieferen Schichten tragen sie in gemäßigte Zonen, wo Regen und Schnee sie zur Erde spülen.

Was ist die Ozonschicht, und warum ist sie wichtig?

Wie der französische Physiker Charles Fabry 1913 entdeckte, sind in einer Schicht von zehn bis 50 Kilometer über der Erde beträchtliche Mengen Ozon verteilt. Ozon entsteht, wenn ultraviolette Strahlung ein aus zwei Atomen bestehendes Sauerstoffmolekül spaltet; die beiden Einzelatome lagern sich dann zu dritt zu neuen Sauerstoffmolekülen zusammen. Ihre größte Dichte haben diese Moleküle in Höhen zwischen 19 und 29 Kilometern, und deshalb bezeichnet man diese Schicht der Atmosphäre auch als *Ozonosphäre*. Selbst im Bereich ihrer größten Dichte sind die Ozonmoleküle relativ dünn gesät: Eine Schicht, in der alle Ozonmoleküle der Atmosphäre zusammengepreßt sind, wäre nur zweieinhalb Millimeter dick.

Aber diese dünne Schicht erfüllt eine lebenswichtige Aufgabe. Ozonmoleküle absorbieren ultraviolette Strahlung und sorgen dafür, daß der größte Teil der gefährlichen Sonnenstrahlen die Erde nicht erreicht. Bisher weiß man noch nicht genau, wie die Abnahme der Ozonschicht das Leben auf der Erde beeinflußt, aber die Menschen müssen sich mit Sicherheit auf mehr Hautkrebs- und Augenerkrankungen gefaßt machen, und möglicherweise werden auch lebenspendende Organismen wie das Plankton in den Ozeanen und Bakterien im Erdboden von zuviel ultraviolettem Licht zerstört. Selbst die skeptischsten Wissenschaftler räumen inzwischen ein, daß die Fluorchlorkohlenwasserstoffe, die als Treibgas in Spraydosen und als Kühlmittel in Kühlschränken und Klimaanlagen eingesetzt werden, das Ozon in der Atmosphäre zerstören und wahrscheinlich die Ursache des alarmierenden Rückgangs der Ozonschicht sind, den man weltweit in den letzten Jahren beobachtet und der über der Antarktis praktisch zu einem «Ozonloch» geführt hat.

Warum ist der Himmel blau?

Auf dem Mond gibt es keinen blauen Himmel. Stünde man im Tageslicht auf seiner luftleeren Oberfläche, so würde man die weiß leuchtende Sonne vor einem tiefschwarzen, sternenübersäten Hintergrund erkennen. Ohne Atmosphäre gibt es bei Tag und bei Nacht nichts, was den Blick auf den Weltraum verhüllt.

Auf der Erde streut unsere reichhaltige Atmosphäre das Sonnenlicht: Es prallt von Staubteilchen und Gasmolekülen ab, bis es sich gleichmäßig über den Himmel verteilt hat. Durch diesen

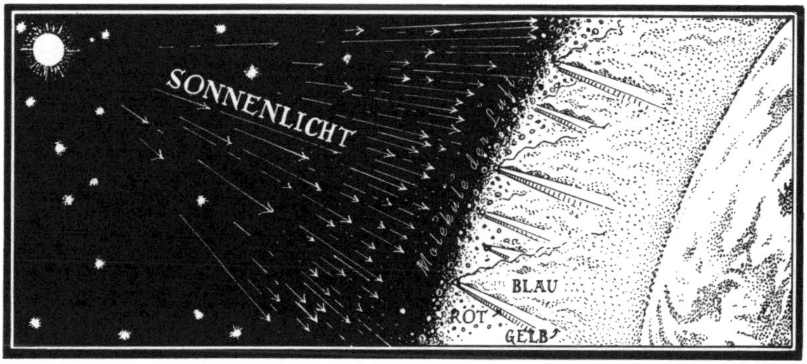

Teilchen in der Luft streuen blaues Licht stärker als die anderen Farben; deshalb herrscht Blau am Himmel vor.

blauen Schleier hindurch sind nur die hellsten Himmelskörper zu erkennen: der blasse Glanz eines Viertelmondes, nach Sonnenuntergang auch die Venus und gelegentlich ein Meteor, der so groß ist, daß er über den taghellen Himmel schießt wie ein Unglücksflugzeug in lautlosen Flammen.

Sonnenlicht ist weiß: Es besteht aus einem gleichmäßigen Spektrum aller sichtbaren Farben. Wenn weißes Licht durch ein Prisma fällt, wird es in die einzelnen Farben zerlegt, von denen jede eine andere Wellenlänge und Intensität hat. Rotes Licht mit seiner großen Wellenlänge ist im sichtbaren Bereich am energieärmsten und wird durch die Wechselwirkungen mit den Molekülen der Atmosphäre am wenigsten gestreut. Blaues Licht hat von allen Farben, die wir sehen können, die meiste Energie, und deshalb wird es durch die Zusammenstöße mit den Atomen und Molekülen der Luft am stärksten abgelenkt. Wenn Licht von der Sonne durch unsere Atmosphäre fällt und schließlich den Erdboden erreicht, ist ein großer Teil des blauen Lichtes bereits ausgefiltert, so daß uns nur die gelben und roten Anteile unmittelbar erreichen, und deshalb sieht das Sonnenlicht für uns meist gelblich aus. Der blaue Anteil des Spektrums wurde inzwischen gestreut, und seine Strahlen laufen durch die Zusammenstöße mit den Partikeln im Zickzack, bis sie sich über die ganze Atmosphäre verteilt haben und unsere Augen als vorherrschende Farbe des Himmels erreichen. Wenn das Licht noch stärker gestreut und mehr Farbe ausgefiltert wird, beispielsweise wenn die Sonnenstrahlung morgens und abends waagerecht durch die Atmosphäre scheint oder wenn die Luft durch Vulkanasche oder den Rauch eines Waldbrandes verunreinigt ist, sieht die Sonne rot aus, weil nur der rote Anteil des Spektrums der zusätzlichen Filterung entgeht.

Es regnet, es schüttet

Kräftiger Regen ist ein Grund zum Feiern. Wasser ist der kostbarste Stoff der Erde, und doch fällt es im Überfluß und umsonst vom Himmel. Wir sollten es in Silberschalen auffangen und jeden Tropfen zählen. Es sollte uns veranlassen, wie Kinder Ringelreihen zu tanzen, durch Pfützen zu stapfen und vor Dankbarkeit zu singen.

Das Wasser, das so reichlich zu Boden fällt, gibt es schon seit Jahrmilliarden. Woher es ursprünglich stammt, kann man nur vermuten, aber wahrscheinlich entstand es, weil Wasserstoff und Sauerstoff sich verbinden mußten, als die Gase, aus denen später die Erde hervorging, sich verdichteten. Als der Planet sich zusammenzog, wurde das Wasser an die Oberfläche gepreßt, und dort sammelte es sich in den am tiefsten gelegenen Bereichen – die ersten Ozeane waren entstanden. Ein wenig Wasser stammt wahrscheinlich auch aus den zahlreichen Kometen, die unseren Planeten in seiner Frühgeschichte trafen.

Wasser ist auf der Erde immer in praktisch gleichbleibender Gesamtmenge vorhanden. Kleine Mengen gehen in der oberen Atmosphäre verloren, wenn Wasserdampf sich zu seinen atomaren Bestandteilen zersetzt, so daß aktiver Wasserstoff ins Weltall entschwinden kann. Und ein wenig Wasser, von den Geologen *Tiefenwasser* genannt, dringt durch Vulkane und andere Öffnungen, die bis tief unter die Erdkruste reichen, ständig

KONDENSATIONSKEIME
Wärmer
Kälter
Wasser-dampf
Eis-kristalle
BILDUNG VON SCHNEE-FLOCKEN, DIE ZU REGEN SCHMELZEN
KONDENSATION ZU SCHWEREN, FALLENDEN TROPFEN
KÜHLERE SCHICHTEN HALTEN WASSER FEST ODER VERWANDELN ES WIEDER IN SCHNEE
WOHER KOMMT DER REGEN?
KONDENSATION
KREISLAUF DES WASSERS
NIEDERSCHLAG
SCHNEE
REGEN
VERDUNSTUNG
SUBLIMATION
EIS
VERDUNSTUNG
VERSICKERN
OBERFLÄCHENWASSER
GRUNDWASSER
SPIEGEL
GRUNDWASSER

aus dem Erdinneren an die Oberfläche. Manchen Hinweisen zufolge entstehen geringe Wassermengen auch durch Protonen von der Sonne, die sich als geladene Wasserstoffatomkerne mit den freien Sauerstoffatomen in der oberen Atmosphäre verbinden. Dennoch waren die Moleküle in dem Regentropfen, der einem auf die Stirn klatscht, mit großer Wahrscheinlichkeit schon vorhanden, lange bevor die ersten Menschen voller Staunen zu einem wolkenverhangenen Himmel aufsahen, lange bevor die ersten Blattpflanzen ihre Wurzeln in den Boden streckten und lange bevor die ersten einzelligen Lebewesen den entscheidenden Schritt vollzogen und sich durch Zweiteilung fortpflanzten.

Wasser ist eine ruhelose Substanz. Seine Moleküle trennen sich leicht, so daß es seine Form ändern kann: Es verdunstet zu Wasserdampf, kondensiert zu Tropfen oder gefriert zu Eis. Wenn es in Form von Regentropfen auftritt, befindet es sich nur auf einer Stufe eines ständigen Zyklus von Verdunstung, Kondensation und Niederschlag, den man insgesamt als *Kreislauf des Wassers* bezeichnet. Dieser Kreislauf und das Verhalten des Wassers auf der Erde sind offenbar einzigartig. Auf keinem anderen Himmelskörper in unserem Sonnensystem herrschen alle Voraussetzungen, damit Wasser in seiner lebenspendenden Form erhalten bleibt. Kleinere Planeten und Monde besitzen keine ausreichende Schwerkraft, um Wasser und Wasserdampf an ihrer Oberfläche festzuhalten. Auf heißeren Planeten verdampft es, und auf kälteren bleibt es in Eiskappen eingeschlossen.

Regentropfen entstehen in einer Wolke, wenn Tausende von winzigen Wassertröpfchen, die jeweils um ein mikroskopisch kleines Staubkorn oder einen anderen festen «Kondensationskeim» herum entstanden sind, sich zu so großen und schweren Gebilden zusammenfinden, daß sie zur Erde fallen können, ohne auf dem Weg zu verdunsten. Beim Fallen haben Regentropfen nicht die klassische Form von Tränen, in der sie so oft dargestellt werden, sondern sie sind oben und unten abgeflacht wie winzige Hamburgerbrötchen. In den Tropen, wo die Wolken auch in großer Höhe noch warm sind, handelt es sich bei den Tropfen von Anfang an um große Gebilde; sie treffen beim Fallen mit kleineren Tröpfchen zusammen, wachsen und teilen sich auf ihrem Weg zur Erde wieder auf. In anderen Regionen der Erde hat Niederschlag anfangs fast immer die Form von Eiskristallen, die sich in den kalten oberen Abschnitten der feuchtigkeitsgesättigten Wolken befinden. Die Kristalle werden rasch größer, weil sich der unterkühlte Wasserdampf der Wolke anlagert, und dann fallen sie als Schneeflocken, die beim Durchqueren wärmerer Luftschichten zu Regentropfen schmelzen.

Ein durchschnittlicher Regentropfen ist fünfzehnmillionenmal größer als ein Tröpfchen in der Wolke und besteht aus vielen Billionen H_2O-Molekülen. Fällt das Wasser aus einer wandernden Regenwolke, durchqueren die ersten Tropfen warme, trockene Luft, in der nur die größten von ihnen nicht vollständig verdunsten. Wenn diese wenigen großen Tropfen auf den Erdboden treffen, kühlen und befeuchten sie die Luft, so daß die nächsten Tropfen weniger stark verdunsten; auf diese Weise wird der Weg frei für einen Regenguß. Bei sehr trockenem und heißem Wetter, zum Beispiel in Wüsten, verdunsten unter Umständen alle Regentropfen, so daß in der Luft ein sichtbarer Regenvorhang entsteht, der sich aus einer Wolke nach unten erstreckt, den Erdboden aber nicht erreicht.

Warum regnet es an manchen Orten mehr als an anderen? Am größten ist die Niederschlagsmenge im allgemeinen an Küstenabhängen, die auf der Windseite in der Nähe warmer, tropischer Gewässer liegen, und die geringsten Regenfälle gibt es auf der Windschattenseite von Gebirgen, im Inneren der Kontinente und in hohen Breiten. Wenn der Wind über Gebirgen aufsteigen muß wie beispielsweise im Westen der USA, dehnt sich die feuchte Luft wegen des geringeren Luftdrucks in großer Höhe aus, und dabei kühlt sie sich ab, bis das Wasser kondensiert; das kann auf der Windseite zu Regenmengen von über 2500 Millimetern im Jahr führen, während die windabgewandte Seite – die Meteorologen sprechen vom «Niederschlagsschatten» – noch nicht einmal 250 Millimeter abbekommt. Die meisten großen Wüsten der Erde liegen in dem Bereich von 30 oder 35 Grad beiderseits des Äquators, denn dort verhindern ständiger hoher Luftdruck und wechselnde Winde die Ansammlung feuchtigkeitsbeladener Luft. Die Seeleute bezeichneten die gleiche Zone auf dem Meer als Roßbreiten, vielleicht weil die häufige Windstille und das heiße Wetter oftmals tödlich für die Pferde waren, die man in die Neue Welt bringen wollte, oder weil der Wind, wenn er einmal wehte, so wechselhaft und unberechenbar war, daß er die Seefahrer an eine unruhige Tierherde erinnerte.

In manchen Gegenden regnet es nicht nur, sondern es schüttet. Der feuchteste Ort der Erde ist der Mount Waialeale auf Hawaii: Dort fielen in den letzten 32 Jahren durchschnittlich 12000 Millimeter Niederschlag im Jahr. Am 4. Juli 1956 fielen in Unionville im US-Bundesstaat Maryland die Picknicks zum Unabhängigkeitstag ins Wasser: Ein Sturm brachte in einer einzigen Minute 31,2 Millimeter Niederschlag. Eine ähnliche Überschwemmung erlebte Rockport in West Virginia am 18. Juli 1889, als in zwei Stunden und zehn Minuten 483 Millimeter Regen niedergingen. Der größte einzelne Regen, der jemals innerhalb von 24 Stunden gemessen wurde, fiel auf der Insel Réunion im Indischen Ozean: Dort gab es am 15. und 16. März 1952 insgesamt 1880 Millimeter Niederschlag. In einem unglaublich nassen Jahr vom August 1860 bis zum August 1861 wurden in der indischen Stadt Cherrapunji insgesamt 26466 Millimeter gemessen.

Das andere Extrem ist Arica in Chile, wo über 14 Jahre lang, nämlich vom Oktober 1903 bis zum Januar 1918, kein einziger Tropfen Regen fiel. Die bisher längste Trockenperiode in den USA erlebte Bagdad in Kalifornien mit 767 Tagen ohne Regen, vom 3. Oktober 1912 bis zum 8. November 1914. Langfristig ist das Tal des Todes mit nur 30 Millimeter Niederschlag im Jahr der trockenste Punkt der Vereinigten Staaten. Aber das Tal des Todes ist ein tropfender Regenwald im Vergleich zu dem zuvor erwähnten Arica, wo die Niederschlagsmenge über eine Zeit von 59 Jahren nur bei durchschnittlich 0,76 Millimetern im Jahr lag. Es würde dort also über 13 Jahre dauern, bis zehn Zentimeter Regen erreicht sind, und über 14 Jahrhunderte müßten vergehen, bis die 1100 Millimeter gefallen sind, die in New York jedes Jahr niedergehen.

Menschen, die in Trockengebieten wohnen oder für ihren Unterhalt ausschließlich auf Landwirtschaft angewiesen sind, waren immer den Launen des Regens preisgegeben. Zuviel oder zuwenig Niederschlag konnte eine Katastrophe bedeuten, und deshalb war der wetterkundige Weise, der Zauberer oder Schamane, der den Regen vorhersagen konnte, immer eine höchst angesehene Gestalt. Die Vorhersage des Regens war eine der wichtigsten Aufgaben für die Schamanen der Puebloindianer in Arizona, der Massai in Afrika und anderer Völker in den Wüstengebieten der Erde. Für die Azteken, die in der mexikanischen Halbwüste lebten, war Regen so wichtig, daß sie Tlaloc, den Herrn über Regen und Donner, der Leben und Fruchtbarkeit auf die Erde brachte, zu einer ihrer bedeutendsten Gottheiten machten. Tlalocs Heimat war ein Paradies des sanften Regens, wo sich stets Regenbogen über den Himmel spannten, wo immer Schmetterlinge flatterten und Blumen blühten. Die Zauberkraft des Schamanen gründete sich ohne Zweifel zu einem beträchtlichen Teil auf eine gute Beobachtungsgabe. Er konnte auf einer Bodenerhebung sitzen und die Wolkenfetzen über weit entfernten Bergen, die Windrichtung, die Farbe der auf- und untergehenden Sonne sowie den Vogelflug betrachten und dann ziemlich verläßlich ankündigen, wann mit Regen zu rechnen war.

Wir tanzen oder beten oder bezahlen Regenmacher, damit der Regen kommt, und dann sagen wir Zauberformeln auf, damit er wieder aufhört. «Regen, mach uns keine Sorgen und komm lieber wieder morgen!» wird in unterschiedlicher Form seit Jahrhunderten gesungen. Im Jahr 1659 findet sich in einer Sammlung englischer Sprichwörter der Satz «Raine, raine, goe to Spaine; faire weather come againe.» («Regen, Regen, geh nach Spanien; schönes Wetter, komm zurück.») Gedruckt erschien es später als «Raine, raine, goe away, Come again a Saterday» («Regen, Regen, geh, komm am Samstag wieder») und als «Rain, rain, pour down, And come na' mair to our towne.» («Regen, Regen, fall herab, komm nicht mehr in unsre Stadt.») Als noch wirkungsvoller galten solche Sprüche, wenn man beim Aufsagen unverwandt einen Regenbogen ansah, und dieser Trick funktionierte oftmals tatsächlich, denn der Anblick eines Regenbogens ist zumindest nachmittags und abends, wenn der Wind aus Westen weht, ein ziemlich sicheres Anzeichen, daß der Regen bald aufhört und daß klares Wetter in Sicht ist.

Wahrscheinlich war es unausweichlich, daß sich der Aberglaube im Zusammenhang mit dem Regen auch auf ein so naheliegendes Symbol wie den Regenschirm übertrug. Viele Menschen halten es noch heute für ein schlechtes Omen, wenn man den Schirm im Haus aufspannt, und wenn sie ihn fallenlassen, bitten sie jemand anderes, ihn aufzuheben, statt es selbst zu tun und damit das Schicksal herauszufordern. Bei gutem Wetter, so glaubt man, muß der Regenschirm geschlossen bleiben: Öffnet man ihn, verursacht er Regen.

Es riecht nach Regen

Zu meiner Kinderzeit sagte man mir, der seltsam frische, angenehme Duft, der immer vor einem Regenguß die Luft durchzog, sei Ozon. Nach dieser Theorie, wie ich sie verstand, nahmen die Regentropfen das Ozon mit zur Erde, wo es für den charakteristisch frischen Geruch des Regenschauers verantwortlich war. Wie so viele Vorstellungen, die wir uns als Kinder machten, war auch diese bezaubernd, aber falsch. Das Ozon der Atmosphäre befindet sich zum größten Teil in Schichten, die weit über dem Bereich der Regenwolken liegen. Der Name «Ozon» kommt zwar von dem griechischen Wort für «Geruch», denn das Gas sorgt für einen charakteristischen Duft, wenn es bei einer elektrischen Entladung erhitzt wird, aber solange es nicht verbrennt, ist es geruchlos.

In der Antike glaubte man, der Regen nehme den süßen Duft auf seinem Weg durch den Himmel auf, und man schrieb sogar dem Regenbogen einen Geruch zu. In Wirklichkeit hat der Duft, den wir mit Regen in Verbindung bringen, seine Ursache nicht in der Atmosphäre, sondern auf der Erde. Wenn wir den bevorstehenden Regen riechen, nehmen wir in Wirklichkeit Öle wahr, die von Pflanzen in den Boden abgegeben werden, wo sie sich mit dem Geruch der Erde vermischen. Diese Öle und Gerüche gelangen in die Luft, wenn die relative Feuchtigkeit am Erdboden über 80 Prozent steigt. Und da feuchte Luft Gerüche besser transportiert als trockene, sind wir empfänglicher für den berauschenden, würzigen Duft der Erde. Auf diesen Duft folgt häufig Regen, und deshalb lernen wir schon jungen Jahren, beides in Verbindung zu bringen.

Tödlicher Regen

Regen ist für die meisten Lebewesen auf der Erde lebenswichtig, und deshalb kann man sich kaum vorstellen, daß er auch töten kann. Wenn Wasserdampf und Regentropfen sich mit bestimmten von Menschen produzierten Giftstoffen mischen – vor allem mit Schwefeldioxid und Stockoxiden –, entsteht durch chemische Umwandlung ein Höllenregen: Schwefel- und Salpetersäure fallen auf die Erde, lassen Wälder krank werden, lö-

Schon bei leicht erhöhtem Säuregehalt der Seen und Flüsse sterben Forellen und andere Wassertiere.

sen steinerne Bauwerke und Denkmäler auf und machen Seen und Flüsse für Lebewesen unbewohnbar.

Die Giftstoffe, die für den sauren Regen verantwortlich sind, stammen zu etwa zehn Prozent aus natürlichen Quellen, beispielsweise aus Vulkanen, Waldbränden und der normalen Zersetzung organischer Substanzen. Der große Rest gelangt in die Atmosphäre durch Autoabgase, Heizungen von Fabriken und Privathäusern, Industriefeuerung und Kraftwerke, die mit Kohle oder anderen fossilen Energieträgern betrieben werden. Man hat zwar schon eine Menge getan, um diese Schadstoffemissionen zu begrenzen, aber wenn man sie endgültig unter Kontrolle bringen will, stellt sich unter anderem das Problem, daß der Wind sie oft über Hunderte oder sogar Tausende von Kilometern transportiert, bevor sie sich mit Regen mischen und zur Erde fallen. Zu den am stärksten säuregeschädigten Gewässern gehören Seen und Flüsse tief in den Wäldern des nordöstlichen Neuengland und im Osten Kanadas, obwohl in diesen Gegenden fast keine Luftverschmutzung entsteht. Und während die USA, Kanada, England, Deutschland und andere führende Industrienationen strenge Vorschriften eingeführt haben, um die Schadstoffmengen zu begrenzen, entlassen viele Entwicklungsländer immer noch gewaltige Mengen von Schwefeldioxid und Stickoxid in die Atmosphäre.

Regen, Sprühregen oder Nebel?

Die Meteorologen teilen den Regen nach der Größe und Dichte der Tropfen in mehrere Typen ein:

	Menge (mm/h)	Tropfen- durchmesser (mm)	Tropfenzahl (je m^2 und sec)
Nebel	0,125	0,01	67 400 000
Sprühregen	0,25	0,96	150
leichter Regel	1,0	1,24	280
mäßiger Regen	3,75	1,60	495
starker Regen	15	2,05	495
sehr starker Regen	40	2,40	818
Wolkenbruch	100	2,85	1216

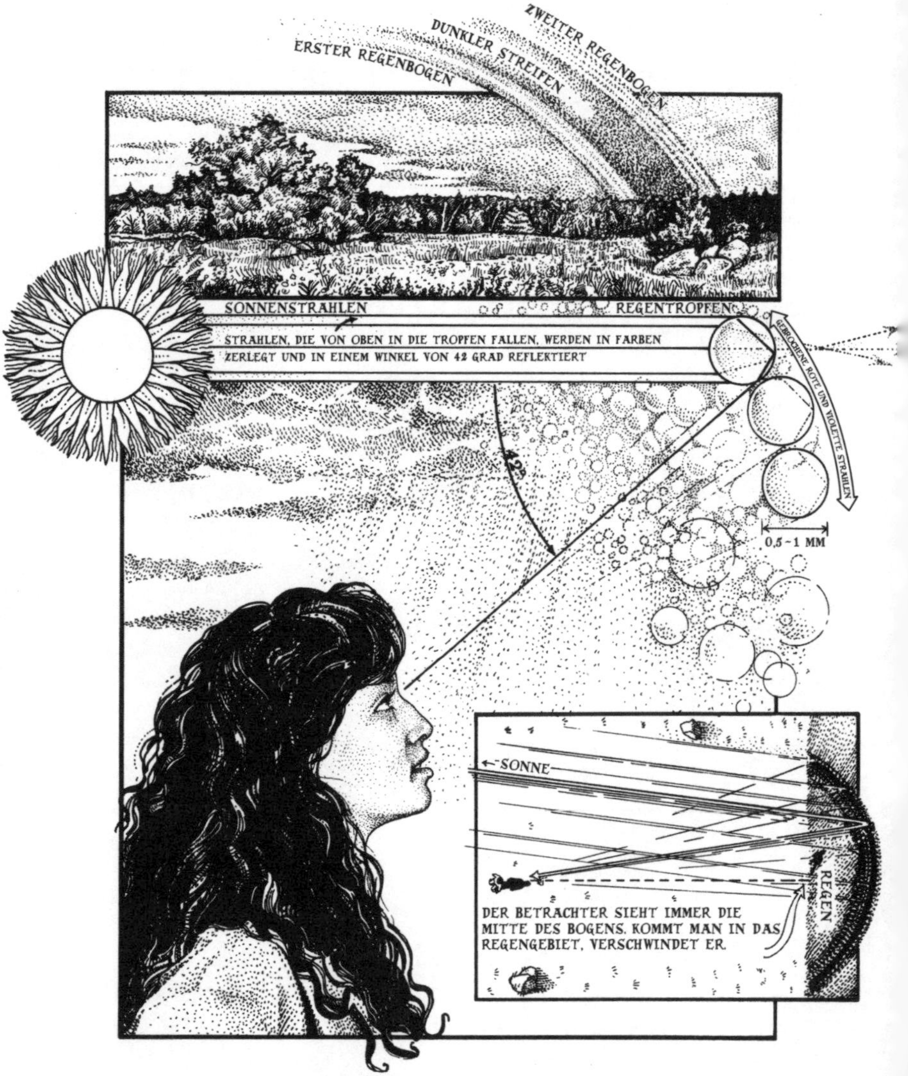
ERSTER REGENBOGEN
DUNKLER STREIFEN
ZWEITER REGENBOGEN
SONNENSTRAHLEN
REGENTROPFEN
STRAHLEN, DIE VON OBEN IN DIE TROPFEN FALLEN, WERDEN IN FARBEN ZERLEGT UND IN EINEM WINKEL VON 42 GRAD REFLEKTIERT
GEBROCHENE ROTE UND VIOLETTE STRAHLEN
42°
0,5 - 1 MM
SONNE
REGEN
DER BETRACHTER SIEHT IMMER DIE MITTE DES BOGENS. KOMMT MAN IN DAS REGENGEBIET, VERSCHWINDET ER.

Nach dem Aprilschauer: der Regenbogen

Wohl kaum eine andere Naturerscheinung war der Anlaß zu soviel Dichtung und Liedern wie der Regenbogen. Anders als die meisten ungewöhnlichen Himmelserscheinungen hat man den Regenbogen meist nicht mit Furcht, sondern mit Staunen und Freude betrachtet, vielleicht weil er sofort nach einem Unwetter auftaucht, so daß man ihn leicht mit Optimismus, Fröhlichkeit und Glück in Verbindung bringen kann. Er war oft ein Symbol für ein gnädiges Schicksal – nach der Sage sollte man zum Beispiel an den Stellen, wo seine flüchtigen Enden den Boden berühren, einen Topf mit Gold finden –, aber auch für göttlichen Segen, wie in der biblischen Geschichte von der Sintflut, als Gott den Regenbogen zum Zeichen des Bundes mit Noah und seinen Nachkommen machte:

«Meinen Bogen habe ich in die Wolken gesetzt; der soll das Zeichen sein des Bundes zwischen mir und der Erde. Und wenn es kommt, daß ich Wetterwolken über die Erde führe, so soll man meinen Bogen sehen in den Wolken. Alsdann will ich gedenken an meinen Bund zwischen mir und euch und allem lebendigen Getier unter allem Fleisch, daß hinfort keine Sintflut mehr komme, die alles Fleisch verderbe» (1. Mose 9, 13–15).

Allerdings stehen nicht alle Kulturen mit dem Regenbogen auf so gutem Fuß wie wir im Abendland. Die Karens in Birma sahen im Regenbogen gefährliche Dämonen, die den menschlichen Geist verschlingen konnten. Sie machten ihn für den plötzlichen Tod durch Ertrinken oder Stürzen verantwortlich und meinten, er sei nach der schweren Arbeit, jemandem das Leben zu nehmen, so durstig, daß er am Himmel auftauchen und Wasser trinken müsse. Außerdem hielt man ihn auch für einen Vorboten weiterer Todesfälle. Die Zulus im Südosten Afrikas brachten den Regenbogen mit Schlangen in Verbindung und fürchteten sich vor ihm. Nach ihrer Überzeugung trank er aus Wassertümpeln, wenn seine Enden die Erde berührten, und er konnte diese Tümpel auch bewohnen und Menschen packen und fressen, wenn sie das Pech hatten, darin zu baden. Und wer auf dem Trockenen mit dem Regenbogen in Berührung kam, wurde nach dieser Legende mit Krankheit oder einem anderen Übel geschlagen. Aus North Carolina wird über einen modernen Aberglauben berichtet: Danach wird sich in einem Haus, das von einem Regenbogen überspannt wird, bald ein Todesfall ereignen, und wenn man durch das Ende eines Regenbogens geht, wird in der Familie mit Sicherheit im kommenden Jahr jemand sterben.

Die Kaitish, ein Stamm in Zentralaustralien, sahen im Regenbogen eher einen Störenfried als einen bösartigen Geist. Nach ihrer Mythologie war er der Sohn des Regens, der für Dürre sorgte, wenn er seinen Vater aus Pflichterfüllung daran hinderte, auf die Erde zu fallen. Damit der Regenbogen den Regen nicht aufhielt, vollzog man ein kompliziertes Ritual, bei dem man Regenbogen auf die Erde, auf den Körper eines «Regenmachers» und auf einen Schild malte. Den Schild versteckte man an einem sicheren Ort, und damit, so meinte man, hatte man den Regenbogen eingefangen, so daß er die Schauertätigkeit nicht mehr stören konnte.

In manchen Kulturen ließ die charakteristische Form des Regenbogens an Waffen denken. Stammesangehörige in Westsibirien, Finnland und Lappland glaubten, er sei der Bogen, mit dem der Donnergott die Blitzpfeile abschoß. Ein ähnliches Bild gibt es auch in der hinduistischen Mythologie, wo der Gott Indra mit dem Regenbogen Pfeile verschießt.

In der griechischen Sagenwelt war der Regenbogen das Symbol von Iris, der Gattin Zephyrs und Tochter von Elektra und Thaumas, deren Aufgabe es war, als Sendbotin zwischen Sterblichen und Göttern zu dienen. Iris kleidete sich in vielfarbige Umhänge und lief den Regenbogen entlang, um ihre Botschaften zu überbringen. Ihr langlebigstes Vermächtnis ist unser Wort «irisieren».

Einen ähnlichen Mythos gab es auch im alten Norwegen: Dort galt die Regenbogenbrücke als Verbindung zwischen dem Reich der Götter und der Welt der Sterblichen. Manche Völker Polynesiens hielten den Regenbogen nicht für eine Brücke, sondern für eine Leiter, auf der ihre Helden in den Himmel klettern konnten.

Die Aborigines, Australiens Ureinwohner, hatten zum Regenbogen ein zwiespältiges Verhältnis; sie sahen in ihm eine riesige Schlange, die über den Himmel kroch, und sie beschrieben die Regenbogenschlange unterschiedlich – als Schöpfer oder Zerstörer der Welt, als Geist, der in Strömen und Quellen lebte und den Regen entstehen ließ, oder als schmalen Weg für Schamanen auf ihren spirituellen Reisen über den Himmel.

Die Vorstellung, daß man an den Enden eines Regenbogens Gold und andere Schätze finden kann, geht mindestens bis auf die Mitte des 19. Jahrhunderts zurück, so jedenfalls E. C. Krupp in *Beyond the Blue Horizon*, seiner faszinierenden Studie über Himmelsmythen und -legenden. Jacob Grimm erwähnt die Legende in seiner *Deutschen Mythologie*: «Wo der Regenbogen die Erde berührt, steht eine goldene Schale.» Aber wenn man Gold am Ende des Regenbogens finden will, stellt sich natürlich die Schwierigkeit, das Ende des Regenbogens zu finden. Der Versuch, dorthin zu gehen, kann sich als einmalig nutzlos erweisen – es entfernt sich um so mehr, je weiter der Wind die Regenwolken wegtreibt. Und selbst wenn man es schafft, den Regen einzuholen, bleibt der Regenbogen flüchtig, denn die Lichtbrechung erzeugt ihn nur dann, wenn der Beobachter sich zwischen der Sonne und den Regentropfen befindet: Sobald man den Regen erreicht, wo der Effekt entsteht, sieht man das reflektierte Licht nicht mehr – der Regenbogen verschwindet. Es sieht aus, als ob er sich verflüchtigt: Er wird immer schwächer und zieht sich weiter in das Regengebiet zurück, weil die Regentropfen im Rücken des Betrachters das Sonnenlicht reflektieren. Im besten Fall kann man einen Teil eines Hügels oder Feldes ausmachen, wo der Regenbogen den Boden zu berühren scheint.

Zwar waren Regenbogen zweifellos seit Jahrtausenden Gegenstand geistreicher Diskussionen, aber einer der ersten, die dieses Phänomen im Abendland einer ernsthaften analytischen Prüfung unterzogen, war Aristoteles. Seine Überlegungen über Ursachen und Entstehungsweise des Regenbogens waren sorgfältig durchdacht und gründeten sich auf die richtige Annahme, daß es sich um die Reflexion des Sonnenlichts durch die Regentropfen handelt. Plinius ging die Angelegenheit mehr mit dem gesunden Menschenverstand (und weniger wissenschaftlich) an und erklärte mit dem für ihn typischen Selbstbewußtsein: «Die bekannte Erscheinung, die wir Regenbogen nennen, hat nichts Wundersames oder Verhängnisvolles, denn sie kündigt nicht einmal verläßlich Regen oder schönes Wetter an. Ihre offenkundige Erklärung lautet, daß die Spitze eines Sonnenstrahls, der eine hohle Wolke trifft, zurückgestoßen und wieder zur Sonne reflektiert wird, und daß die vielfältige Färbung durch eine Mischung aus Wolken, Feuer und Luft entsteht.»

Im Jahr 1304, lange bevor man viel von der Wissenschaft der Optik verstand, experimentierte ein deutscher Dominikanermönch namens Theodorik mit Licht, das er durch eine wassergefüllte Glaskugel fallen ließ; er stellte über Reflexion und Brechung einige Theorien auf, die erstaunlich genau waren. Er ging davon aus, daß seine Glaskugel einem riesigen Regentropfen entsprach, und wie er entdeckte, wurde ein Teil des Lichts, das in dieses Gefäß fiel, außen an der Oberfläche abgelenkt oder gebrochen, auf die konkave Innenseite reflektiert und dann beim Austreten erneut gebrochen. Wie er feststellte, hatte das Licht beim Verlassen der Kugel immer nur eine Farbe, die sich aber veränderte, wenn er das Ganze von einer anderen Stelle aus betrachtete. Daraus zog Theodorik eine Schlußfolgerung, die zu seiner Zeit verrückt geklungen haben muß: Seiner Theorie zufolge wird jede Farbe, die man in einem Regenbogen beobachtet, von einer anderen Gruppe der Regentropfen reflektiert, und der ganze Regenbogen entsteht durch das Zusammenwirken von Millionen und aber Millionen Tropfen, die jeweils ihre charakteristische Farbe beisteuern. Als nächstes widmete Theodorik sich der Frage nach dem zweiten Regenbogen, den man manchmal über dem ersten erkennt. Ausgehend von der Beobachtung, daß die Farbenskala des ersten Regenbogens oben immer mit Rot endet, während der rote Streifen beim zweiten stets unten liegt, äußerte er die Vermutung, daß das Licht manchmal in einem ganz bestimmten Winkel in die Regentropfen einfällt und deshalb an der Rückseite der einzelnen Tropfen zweimal zurückgeworfen wird, so daß eine Doppelreflexion entsteht. In einem solchen Fall werden die Strahlen, die von oben auf die Tropfen fallen, als unterer Regenbogen sichtbar, und diejenigen, die von unten auf die Tropfen treffen, lassen den oberen Bogen entstehen. Nach Theodoriks Überlegungen ist der zweite Regenbogen schwächer als der erste, weil ein Teil des Lichts bei der Doppelreflexion verlorengeht, und die umgekehrte Farbenreihenfolge zeigt er aus dem gleichen Grund, der auch ein Spiegelbild immer verkehrt herum erscheinen läßt.

Mehr als drei Jahrhunderte später, als René Descartes und Isaac Newton wiederum mit Lichtstrahlen und Glaskugeln experimentierten, erwiesen sich viele von Theodoriks Vermutungen als richtig. Descartes bestätigte, daß Regenbogen durch Sonnenstrahlen entstehen, die von den fallenden Regentropfen gebrochen und reflektiert werden. Newton konnte zeigen, daß Sonnenlicht, das durch einen Regentropfen fällt, nach der Wellenlänge aufgespalten wird, wobei jede Farbe den Tropfen in einem etwas anderen Winkel verläßt. Deshalb gelangen aus Tropfen, die sich hoch am Himmel befinden, die roten Strahlen zum Beobachter, die darunter schicken gelbes Licht aus, und

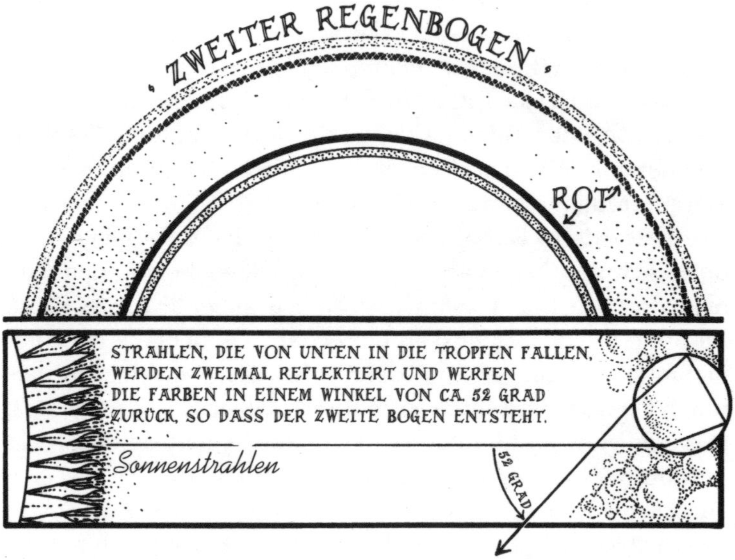

aus noch geringerer Höhe erreichen blaue Wellenlängen den Betrachter.

Viele Jahre lang nahm man an, daß große Regentropfen die leuchtendsten und am lebhaftesten gezeichneten Farben entstehen lassen, während kleine Tropfen trübe oder – wie der Nebel – überhaupt keine Farben erzeugen. Forschungsarbeiten aus neuerer Zeit legen jedoch den Verdacht nahe, daß große Tropfen beim Fallen eine abgeflachte, veränderliche Form annehmen, die nur wenig oder gar nicht zum Regenbogen beiträgt. Im Gegensatz zu früheren Theorien sieht es deshalb heute so aus, als ob die leuchtendsten Farben eines Regenbogens von winzigen, fast kugelförmigen Regentropfen erzeugt werden, die ihre Form nicht verändern und nur ein bis zwei Zehntelmillimeter messen – kaum mehr als bei Nieselregen.

Gewölbt sieht der Regenbogen aus, weil er der sichtbare Teil eines vollständigen Kreises ist. Der Mittelpunkt dieses Kreises,

Gegenpunkt der Sonne genannt, liegt unter dem Horizont an einer Stelle, die der Höhe der Sonne über dem gegenüberliegenden Horizont entspricht. Bei Sonnenauf- oder -untergang ist der Bogen hoch: Er bildet einen fast vollkommenen Halbkreis, dessen Mittelpunkt am Horizont oder nur knapp darunter liegt. Steht die Sonne höher am Himmel, liegt der Gegenpunkt der Sonne tiefer, und man erkennt nur den oberen Abschnitt des Kreises, so daß die Wölbung des Regenbogens viel geringer erscheint.

Einen vollständigen halbkreisförmigen Regenbogen sieht man nur selten. Oft fehlen Abschnitte des Bogens, weil es in dem betreffenden Bereich nicht regnet oder weil Wolken, Hügel oder andere Hindernisse einen Teil der Sonnenstrahlen abschirmen.

Die beste Gelegenheit, einen Regenbogen zu beobachten, hat man unmittelbar nach einem Regenschauer, wenn die Wolken hinter dem Unwetter gerade aufreißen, so daß die Sonne hindurchscheint. In den meisten Gegenden der Welt treten Regenbogen im typischen Fall am Spätnachmittag auf, wenn die vorherrschenden Winde die Wolken nach Osten treiben, während die Sonne aus Westen auf ihre dunkle Rückseite scheint. Wenn man mit der Sonne im Rücken und dem Gesicht in Richtung des abziehenden Regengebietes steht, trifft das Sonnenlicht von hinten auf die Tröpfchen, die aus den Regenwolken fallen; dort wird es in seine Farbbestandteile zerlegt und zum Betrachter zurückgeworfen. Je höher der eigene Standpunkt ist und je tiefer die Sonne am Himmel steht, desto höher und vollständiger sieht der Regenbogen aus. Einen ununterbrochenen Kreis sieht man nie, wenn man auf der Erde steht: Der Bogen scheint immer mit dem Boden verbunden zu sein. Den vollständigen Ring des Regenbogens kann man aber erkennen, wenn man in einem Flugzeug sitzt, das über regengefüllte Wolken fliegt, während die Sonne von oben darauf herunterscheint.

Wie jedes Kind bestätigen kann, das schon einmal einen Rasen gesprengt hat, läßt sich ein Regenbogen am einfachsten mit einem Gartenschlauch erzeugen. Man hält den Daumen über die Düse, so daß ein feiner, nebelartiger Sprühregen entsteht, und dann stellt man sich so, daß man sich zwischen der Sonne und dem fallenden Wasser befindet. Auf diese Weise sollte man zumindest einen deutlich erkennbaren Teil des Regenbogens sehen. Wer an sein Glück glaubt, kann seine Position so lange verändern, bis ein Ende des Regenbogens im Sprühregen den Boden erreicht. Markieren Sie die Stelle, und fangen Sie an zu graben!

Mond-Regenbogen

Bevor Aristoteles die *Meteorologica* schrieb, seine umfassende Untersuchung der Wettererscheinungen, galt die Vorstellung, ein Regenbogen könne auch nachts entstehen, als Aberglaube. Das änderte sich durch die gelehrte Meinung von Aristoteles:

> Der Regenbogen tritt bei Tag auf, aber auch in der Nacht, wenn er durch den Mond erzeugt wird, obwohl frühere Denker nicht glaubten, daß dies jemals geschieht. Ihre Meinung entstand durch die Seltenheit dieser Erscheinung, die deshalb ihrer Beobachtung entging: Denn sie kommt zwar vor, aber nur selten. Das liegt daran, daß die Dunkelheit die Farben verbirgt, und außerdem ist eine Verbindung vieler anderer Umstände notwendig, die alle an einem einzigen Tag des Monats, nämlich bei Vollmond, zusammentreffen müssen. Denn wenn das Phänomen überhaupt eintritt, muß es an diesem Tag eintreten, und auch dann nur bei Mondauf- oder -untergang. Deshalb sind uns in über 50 Jahren nur zwei Fälle begegnet.

Daß das Phänomen so selten ist, läßt sich sehr einfach erklären. Der Vollmond geht im Osten auf, während die Sonne gleichzeitig im Westen untergeht. In den gemäßigten Klimazonen ziehen die meisten Unwetter von West nach Ost. Damit ein Regenbogen erscheint, muß aber die Lichtquelle – in diesem Fall der Mond – genau auf die Regenwolken scheinen, und das geschieht nur selten, wenn das Regengebiet näher kommt, denn dann ist sie meist von Wolken bedeckt. Die beste Zeit zur Beobachtung von Mond-Regenbogen ist die Morgendämmerung (zu früh für die meisten von uns), wenn der untergehende Mond tief im Westen steht und auf die Rückseite der abziehenden Regenwolken scheinen kann.

Nebel-Regenbogen

Häufiger als Mond-Regenbogen sind farblose Regenbogen, die sich auf der Vorderseite dichter Wolkenbänke bilden. Ein aufsehenerregendes Beispiel begegnete mir vor ein paar Jahren in einem engen Flußtal in Neufundland. Ich fuhr in östlicher Richtung, die Sonne des Spätnachmittags stand im Westen tief am Himmel, und als ich hinunterkam, war das Tal fast bis zum oberen Rand mit einer scheinbar undurchdringlichen Nebelmasse gefüllt. Zu meiner Verblüffung sah ich einen hervorragend ausgebildeten Nebel-Regenbogen, der beiderseits den Boden berührte und sich über die Vorderseite des Nebels erstreckte. Bemerkenswerterweise führte die Straße geradewegs durch den Bogen, weil die Sonne genau hinter mir stand. Je mehr ich mich der Nebelbank näherte, desto kleiner und schärfer begrenzt wurde der Bogen, bis er schließlich, etwa drei Meter hoch, quer über der Straße aufragte, und es sah fast aus, als würde ich unmittelbar hindurchfahren wie durch ein Tor zum Land der Wolken. Aber es war nicht möglich, dieses Tor zu durchqueren, denn einen Nebel-Regenbogen sieht man nur, wenn das Licht die Wassertropfen *vor* dem Beobachter trifft. In dem Augenblick, als ich scheinbar durch den Bogen fuhr – und ich kroch jetzt auf der Straße nur noch voran –, wurde er schwächer, um schließlich ganz zu verschwinden.

In einem Nebel-Regenbogen gibt es keine Farben, weil die Wassertröpfchen im Nebel so klein sind – sie messen weniger als einen Zehntelmillimeter –, daß die Tönungen sich völlig mischen, so daß man nur noch Weiß erkennt. Es ist ein seltsamer, unheimlicher und unvergeßlicher Effekt, als hätte man den Geist eines Regenbogens gesehen.

Es regnet Frösche und Fische

Wenn das Wetter wirklich seltsam wird, suchen wir meist irgendwo Unterschlupf. Deshalb haben wir höchstwahrscheinlich noch nichts Merkwürdigeres aus dem Himmel fallen sehen als Schneeflocken und Hagelkörner. Natürlich haben wir gelernt, daß Niederschlag meist recht ordnungsgemäß und vorhersagbar fällt.

Im Jahr 1921 stellte ein Fischfachmann des American Museum of Natural History jedoch alle diese festen Vorstellungen in Frage: In einem Artikel, der in der Zeitschrift *Natural History* erschien, beschäftigte er sich eingehend mit einem Gesichtspunkt des Wetters, der zuvor kaum einmal ernsthaft behandelt worden war. Der Fischforscher E. W. Gudger nannte seinen Aufsatz «Fischregen». Wer ihn gelesen hatte, empfand bei wolkigem Himmel nie mehr das gleiche wie zuvor.

Gudger, Mitherausgeber der *Bibliography of Fishes*, war auf einen Zeitungsbericht gestoßen, demzufolge man im Sommer 1824 nach einem heftigen Regenschauer auf den Straßen New Yorks viele verstreute kleine Fische gefunden hatte. Die Beschreibung verblüffte ihn. Bei weiteren Nachforschungen entdeckte er den Bericht einer Frau aus Indiana, die behauptete, sie habe in dem Regenwasser in einer Vertiefung ihres Hackklotzes eine lebende Elritze gefunden. Schließlich sammelte Gudger ähnliche Berichte, die über mehrere hundert Jahre zurückreichten: Immer hatte jemand behauptet, er sei Zeuge geworden

SCHLAMMSPRINGER
KATZENFISCH
WURMFÖRMIGE ECHSE

(oder Beinahe-Zeuge – in vielen Fällen handelte es sich um Berichte aus zweiter oder dritter Hand), wie bei Unwettern Fische vom Himmel gefallen seien.

In seinem Artikel in *Natural History* führte Gudger 44 derartigte Schilderungen an, darunter solche aus ganz unterschiedlichen Quellen, beispielsweise von dem griechischen Autor Athenäus, der im zweiten Jahrhundert v. Chr. gelebt hatte: Er schrieb in *Deipnosophistes*: «Ich weiß auch, daß es an vielen Orten Fische geregnet hat... In Chersonissos regnete es drei volle Tage lang Fische... bestimmte Menschen haben an vielen Stellen den Fischregen gesehen, und das gleiche geschieht oft mit Kaulquappen.» Ein freiwilliger Wetterbeobachter in Tiller's Ferry im US-Bundesstaat South Carolina berichtete im Juni 1901 in der *Monthly Weather Review*: «Während eines starken örtlichen Regens um den 27. Juni fielen Hunderte von kleinen Fischen (Petermännchen, Barsche, Forellen usw.); man fand sie später schwimmend in den Pfützen zwischen den Baumwollreihen in einem nahe gelegenen Feld.» Unter den von Gudger gesammelten Vorkommnissen war ein «stürmischer» Heringsregen in Schottland 1821 mit so vielen Fischen, daß die Pächter der Äcker gezwungen wurden, die Beute ihren Grundbesitzern abzuliefern; im indischen Jelalpur sagten zehn Einwohner unter Eid aus, sie hätten an einem Mittag im Februar 1830 das Fallen von Fischen beobachtet und von Boden und Dächern viele davon mit einem Gewicht von bis zu sechs Pfund eingesammelt; und 1861 berichtete Sir J. Emerson Tennent, der Autor von *Sketches of the Natural History of Ceylon*, er habe auf der Straße vor sich einen heftigen Regenschauer erlebt, und anschließend habe er dort zahlreiche silbrige Fische gefunden, «von eineinhalb bis zwei Zoll Länge, die auf dem Kies der Straße herumsprangen, und von denen ich eine Anzahl einsammelte und mitnahm... Der Ort war etwa eine halbe Meile vom Meer entfernt und mit keinerlei Wasserlauf oder Tümpel verbunden.»

Eine andere typische Schilderung erschien am 17. Juli 1841 in der Zeitschrift *The Athenaeum*:

> Donnerstag abend, während eines heftigen Gewitters, rauschte der Regen in Güssen und vermischt mit halbgeschmolzenem Eis herunter, und so unglaublich es auch erscheinen mag, mit den Regengüssen fielen auch Hunderte von kleinen Fischen und Fröschen herab. Die Fische waren einen halben bis zwei Zoll lang, ein paar auch beträchtlich größer, einer wog drei Unzen; manche Fische hatten Stacheln mit sehr harten Spitzen auf dem Rücken... Viele wurden lebend eingesammelt. Die Frösche waren von der Größe einer Pferdebohne bis zu einer Gartenbohne; eine große Zahl von ihnen kam lebend herab, und sie sprangen davon, so schnell sie konnten, aber der größte Teil war nach dem Sturz auf das harte Pflaster tot. Ein paar haben wir heute lebend gesehen; sie saßen in einem Glas mit Wasser und Blättern und schienen sich des Lebens zu freuen.

In neuerer Zeit, nämlich 1931, berichtete die *New York Times*, in Bordeaux habe es einen so heftigen Regen mit Barschen gegeben, «daß die Automobile anhalten mußten».

In der Überzeugung, daß diese Hinweise unwiderleglich waren, zählte Gudger vier mögliche Erklärungen für das Phänomen des Fischregens auf. Zunächst einmal hatten manche Zeugen ganz bestimmte Arten beobachtet, die bekanntermaßen über Land wandern, wie zum Beispiel der *Clarias batrachus*, der «wandernde Katzenfisch» aus Asien. Zweitens könnte überfließendes Wasser aus Tümpeln, Strömen und Abflußrinnen gestrandete Fische an Land zurückgelassen haben. Drittens könnten Fische, die einen Sommerschlaf halten, durch den heftigen Regen geweckt werden und sich an die Oberfläche graben. Und viertens könnten Fische, die eine Wasserhose oder ein Tornado aus einem nahe gelegenen Meer oder See hochgewirbelt hat, über das Land transportiert werden und dort zur Erde fallen.

Wasserhosen sind dazu sicher in der Lage. Wie Gudger bemerkte, erwähnten die meisten Augenzeugenberichte von fallenden Fischen auch benachbarte oder kürzlich vorübergegangene Gewitter, Monsunregen oder Wasserhosen, die alle von starkem Wind begleitet waren. Es gibt zahlreiche belegte Fälle von Wasserhosen, die große Gegenstände in die Luft hoben, unter anderem 1968 in Dinner Key bei Miami ein fünf Tonnen schweres Hausboot. Ein paar Stunden nachdem sich am 19. August 1896 eine 1000 Meter hohe Wasserhose über Martha's Vineyard aufgelöst hatte, regnete Niederschlag aus Salzwasser auf die Insel. Wie Fotos beweisen, kann eine Wasserhose große Wassermengen von der Oberfläche eines Meeres oder Sees in die Höhe heben. Dabei ist es durchaus möglich, daß auch ein dicht unter der Oberfläche schwimmender Fischschwarm mit hochgerissen und von dem rotierenden Auftrieb bis in die Wolken transportiert wird; anschließend gelangt er ein paar Kilometer landeinwärts, und wenn die Kraft des Windes nachläßt, fallen die Fische mit dem Regen zu Boden. Wie man aus theoretischen Berechnungen und Messungen weiß, braucht ein golfballgroßes Hagelkorn einen Auftrieb von über 160 Stundenkilometern, und solche Kräfte sind auch mehr als ausreichend, um kleine Fische in eine Gewitterwolke zu heben. Gudger war überzeugt, daß Wasserhosen und andere Auswirkungen des Windes mit ziemlicher Sicherheit für einen Teil der Fälle von Fischregen verantwortlich waren, und deshalb, so verkündete er, sei jeder, der Zweifel an den von ihm gesammelten Belegen äußerte, «eindeutig unfähig, Indizien richtig zu bewerten».

Eine fünfte Theorie vertrat Charles Fort, ein abtrünniger Wissenschaftler, der praktisch sein ganzes Leben der Aufgabe widmete, Berichte über ungewöhnliche Naturerscheinungen wie den Fischregen zu suchen. In *The Book of the Damned* zählt er Belege für Regenfälle mit einem Dutzend Fisch- und Reptilienarten auf, aber auch mit anderen Gegenständen wie Pilzen, Steinen (manche mit geheimnisvollen Botschaften beschriftet), Äxten, Masken und Protoplasmamassen. Um solche Vorfälle zu erklären, behauptete Fort, es gebe eine «Super-Sargassosee», die ein paar Kilometer über der Erde – «knapp oberhalb des Schwerkraftbereichs» – aufgehängt sei und in der sich interstellares Treibgut sammle, das gelegentlich herausfalle. Fort zog eine kleine, aber überzeugte Gefolgschaft an – die Zeitschrift

INFO Journal, die seiner Philosophie gewidmet ist, erscheint noch heute –, aber aus naheliegenden Gründen wurden seine Theorien von der Hauptströmung der Wissenschaft nie anerkannt.

Es blieb Gudger überlassen, die wissenschaftliche Welt zum erstenmal auf die Möglichkeit aufmerksam zu machen, daß die Vorstellung, es könne Lebewesen regnen, eine wahre Grundlage hat. Zuvor hatte man den Regen von Fröschen und Fischen meist mit Themen wie Teleportation, Irrlichtern und dem plötzlichen Verglühen von Menschen in einen Topf geworfen. Als erster Wissenschaftler von unbestrittenem Ruf beschäftigte Gudger sich ernsthaft mit der Möglichkeit, daß es solche Vorkommnisse tatsächlich gibt.

Nicht alle waren überzeugt. Der lautstärkste Skeptiker war der Wissenschaftler Bergen Evans, ein überzeugter Gegner der Pseudowissenschaft; er verwickelte Gudger 1946 in der Zeitschrift *Science* in einen Briefwechsel und stellte darin die Glaubwürdigkeit von Gudgers Augenzeugenberichten in Frage. In seinem Buch *The Natural History of Nonsense* vermutet Evans, Geschichten von Regen mit Lebewesen (und auch Charles Forts seltsame Theorien) hätten ihre Wurzel in der antiken Mythologie und biblischen Hinweisen auf die himmlischen «Wasser über dem Firmament». Ihm fiel auf, daß die in den letzten beiden Jahrhunderten aufgezeichneten Augenzeugenberichte in ihrer Mehrzahl aus der zweiten Hälfte des 19. Jahrhunderts stammten, also aus einer Zeit, als sich die Paläontologen heftig darum stritten, warum man fossile Überreste von Meerestieren auf Berggipfeln finden kann. Eine Theorie in dieser Diskussion sprach von einem Ozean in den Lüften.

Trotz Evans' Skepsis sind einige Berichte über fallende Lebewesen kaum anzuzweifeln. A. D. Bajkov, ein Biologe des Jagd- und Fischereiministeriums von Louisiana, wurde am 23. Oktober 1947 in Marksville (Louisiana) Zeuge eines solchen Vorfalls, wie er kurz darauf in der Zeitschrift *Science* berichtete:

> Am Morgen jenes Tages zwischen sieben und acht Uhr fielen Fische von zwei bis neun Zoll Länge auf die Bäume und in Hinterhöfe, was die Einwohner dieser Stadt im Süden [Marksville] sehr verwirrte. Ich saß mit meiner Frau in einem Restaurant beim Frühstück, als die Kellnerin uns mitteilte, es fielen Fische vom Himmel. Wir gingen sofort nach draußen und sammelten ein paar Fische ein. Die Menschen in der Stadt waren aufgeregt. J. M. Bahram, der Direktor der Bank von Marksville, sagte, er habe beim Aufstehen bemerkt, daß Hunderte von Fischen in seinen Hof und in den der Nachbarin Mrs. J. W. Joffrion gefallen waren. J. E. Gremillon, der Kassierer derselben Bank, sowie die beiden Kaufleute E. A. Blanchard und J. M. Brouillette wurden von fallenden Fischen getroffen, als sie etwa um 7 Uhr 45 zu ihren Geschäftsräumen gingen. An manchen Stellen der Hauptstraße in der Nähe der Bank (einen halben Häuserblock von dem Restaurant entfernt) lag im Durchschnitt ein Fisch pro Quadratmeter. Automobile und Lastwagen fuhren darüber hinweg. Auch auf die Dächer der Häuser fielen Fische.
>
> Es handelte sich um Süßwasserfische, wie sie in den hiesigen Gewässern zu Hause sind, und zwar um die Arten Schwarzbarsch, Glotzauge und Süßwasserhering. Die letztgenannte Art war am häufigsten. Ich persönlich sammelte auf der Hauptstraße und auf den ersten Metern der Monroe Street ein großes Gefäß voller hervorragender Exemplare ein und konservierte sie in Formalin, um sie dann an verschiedene Museen zu verteilen...

Plötzlich erscheinen Regenschirme schrecklich unpassend. Gerade wenn man denkt, es sei ungefährlich, singend durch den Regen zu laufen, wird man von einem Süßwasserhering am Kopf getroffen. Oder, wie Mark Twain gerne sagte: Wenn du mit dem Wetter nicht zufrieden bist, warte fünf Minuten. Wer weiß, was der Regen bringen wird?

Andere seltsame Regenfälle

Fische sind nicht die einzigen Lebewesen, die den Berichten zufolge mit dem Regen zur Erde gefallen sind. Athenäus gab vor fast 1800 Jahren folgenden bedrückenden Bericht:

> In Päonien und Dardania regnete es Frösche, und ihre Zahl war so groß, daß sie Häuser und Straßen füllten. Nun ja, in den ersten Tagen brachten die Menschen sie um, sie verschlossen ihre Häuser und machten das Beste daraus. Aber schon bald konnten sie nichts mehr dagegen tun; alle Gefäße waren mit Fröschen gefüllt, man fand sie gekocht oder gebacken im Essen. Außerdem war auch das Wasser nicht mehr zu verwenden, und man konnte zwischen den aufgetürmten Haufen von Fröschen keinen Fuß mehr auf den Boden setzen; als der Ekel vor dem Geruch der toten Geschöpfe sie überwältigte, flohen sie aus dem Land.

Plinius der Ältere führt in seiner *Naturgeschichte* eine ganze Reihe unerklärlicher Regenfälle auf:

> Wie in die Berichte aufgenommen wurde, regnete es während des Konsulats von Manius Acilius und Gaius Porcius [114 v. Chr.] Milch und Blut, und bei anderen Gelegenheiten regnete es häufig Fleisch... und nichts von dem Fleisch, das nicht von den Raubvögeln geplündert wurde, verfaulte; ganz ähnlich regnete es in der Gegend von Lucania Eisen... in seiner Form ähnelte das fallende Eisen Schwämmen. Aber während des Konsulats von Lucius Pallus und Gaius Marcellus [49 v. Chr.] regnete es Wolle... in den Annalen dieses Jahres ist verzeichnet, daß es Backsteine regnete, während Milo vor Gericht einen Prozeß führte.

Im Laufe der Jahrhunderte geisterten zahlreiche Berichte über Regen mit Fröschen, Kröten und anderen Tieren durch die Presse. In Chester im US-Bundesstaat Pennsylvania sollen 1870

Schnecken vom Himmel gefallen sein, und 1953 wurde aus Algier über Regen mit «Hunderttausenden» von Schnecken berichtet. Im Jahr 1954 verstreute ein Regenschauer Krebse über Florida, und 1896 fielen Hunderte von toten Enten, Spechten und Spottdrosseln auf die Stadt Baton Rouge in Louisiana. Ungarn erlebte 1922 einen Regen mit Spinnen, und Raupen – Hunderttausende von Raupen – gingen 1968 über Acapulco nieder. Die *New York Post* berichtet über eine herabregnende Muschel, die einen Jungen 1941 in Yuma (Arizona) während eines Regengusses an der Schulter traf.

Nach Augenzeugenberichten soll in der Nähe von Dubuque in Iowa am 16. Juni 1882 ein Hagelkorn niedergegangen sein, das zwei lebende Frösche enthielt (die Tiere hüpften hinweg, nachdem das Eis geschmolzen war), und ein großes Hagelkorn mit einer 15 Zentimeter langen Gopherschildkröte fiel 1894 bei Vicksburg in Mississippi.

Symons Monthly Meteorological Magazine gab 1871 bekannt:

> Ein gewaltiger Sturm mit Regen, Hagel und Blitzen zog Samstag abend über Bath (England) hinweg. Der Regen fiel wolkenbruchartig... Der Sturm war von einem ähnlichen Phänomen begleitet wie am vorigen Sonntag; unzählige kleine Ringelwürmer, eingeschlossen in Klumpen einer gelatineartigen Substanz, fielen mit dem Regen und bedeckten die Erde. Man hat sie mikroskopisch untersucht, und unter starker Vergrößerung erkennt man Tiere mit tonnenförmigem Körper, bei denen die Bewegung der Eingeweide vollkommen sichtbar ist, mit heuschreckenähnlichem Kopf und langen Antennen sowie mit fußähnlichen Brust- und Rückenflossen. Sie sind etwa vier Zentimeter lang, und Neugierige können sie bei Mr. Butler, the Derby and Midland Tavern, betrachten; dort haben Männer der Wissenschaft sie betrachtet und als Meeresinsekten bezeichnet, die vermutlich durch eine Wasserhose im Kanal von Bristol in die Wolken gewirbelt wurden.

Einer Ausgabe der Zeitschrift *Nature* von 1893 zufolge fielen am 9. August 1892 bei einem Gewitter in Paderborn lebende Süßwassermuscheln: «Eine gelbliche Wolke erregte sowohl wegen ihrer Farbe als auch wegen ihrer schnellen Bewegung die Aufmerksamkeit mehrerer Personen, als plötzlich mit einem klappernden Geräusch ein wolkenbruchartiger Regen einsetzte, und unmittelbar danach war das Pflaster mit Hunderten von Muscheln bedeckt... Die einzig mögliche Erklärung lautet wahrscheinlich, daß das Wasser eines nahe gelegenen Flusses von einem Tornado nach oben gezogen wurde und später seine lebende Last an der fraglichen Stelle ablud.»

Mehrere Zeitungen und Zeitschriften berichteten über einen Regen aus Haselnüssen, der 1867 über Dublin in Irland fiel; eine große Menge Getreide, die im März 1840 auf ein indisches Dorf regnete, erschreckte die Dorfbewohner; und ein Sturm lud eine Schicht aus teilweise gekeimten Samen des Judasbaums, der in Zentralafrika zu Hause ist, über einer Kleinstadt in Italien ab.

Eine immer wieder aufgewärmte Geschichte über einen Schlangenregen, der im Januar 1877 über Memphis (Tennessee) niedergegangen sein soll, ist anscheinend – glücklicherweise – von zweifelhafter Glaubwürdigkeit. In einem Bericht des *Memphis Public Ledger* heißt es: «Eine eindeutige Sensation ereignete sich im Süden von Memphis durch einen heftigen Regenfall mit kleinen lebenden Schlangen, von denen man heute morgen viele tausend auf dem Erdboden fand... Noch jetzt liegen Millionen von ihnen herum – kein erfreulicher Anblick.» Nach den Beobachtungen anderer Zeugen handelte es sich bei den Reptilien nicht um Schlangen, sondern um gewöhnliche Wurmechsen, die der heftige Regen aus einem neu ausgehobenen Straßengraben gespült hatte.

Hagel: harter Regen

Aristoteles, der erste große Naturwissenschaftler, wunderte sich über den Hagel. Die Vorgänge beim Regen verstand er relativ gut: Seine Ursache, so meinte er, sei «Dampf», der in den Himmel steigt und sich dort «abkühlt und kondensiert, weil er in der Höhe Wärme verliert und von Luft zu Wasser wird, und nachdem er Wasser geworden ist, fällt er zur Erde». Aber der Hagel widersetzte sich einer so einfachen Erklärung. In einer Zeit, als griechische Bauern Hagelschauer verhindern wollten, indem sie mit Menstruationsblut getränkte Lorbeerblätter vergruben, suchte Aristoteles nach vernünftigen Antworten. Hagel war Eis, das stand außer Frage, aber er fiel meist bei warmem Wetter. Wie konnte Wasser in warmer Luft gefrieren? Aristoteles fand nur eine Erklärung: Danach sollte die warme Luft in einer Wolke die Kaltluft «zusammenpressen», so daß der Regen schnell zu Hagelkörnern gefror. Er wußte, daß winzige Wassertröpfchen in einer Wolke schweben können, genau wie Sandkörner, die wegen der Oberflächenspannung auf dem Wasser liegenbleiben, und ihm war auch bekannt, daß mehrere Tröpfchen sich zu großen Regentropfen vereinigen können. Aber «gefrorene Tropfen können sich nicht so verbinden wie flüssige», sagte er. Deshalb, so seine Annahme, müssen sich Hagelkörner – auch die größten – aus Regentropfen gleicher Größe bilden.

Was Aristoteles nicht wissen konnte: Manchmal werden Was-

MÖGLICHER WEG
DER HAGELKÖRNER
Wind
QUERSCHNITT DURCH EIN HAGELKORN

sertropfen bei Temperaturen weit unter dem Gefrierpunkt «unterkühlt», und solche Tröpfchen können sich tatsächlich zu gefrorenen Tropfen verbinden. In hohen Sturmwolken ist der Auftrieb manchmal so stark, daß er das Fallen dieser Tropfen verlangsamt und sie unter Umständen wieder nach oben treibt wie Popcorn im heißen Topf; dabei durchqueren sie abwechselnd Bereiche mit kalter und warmer Luft, so daß sich Eisschichten wie Zwiebelschalen übereinanderlagern, bis das Hagelkorn schließlich so schwer wird, daß es zu Boden fällt.

Hagel entsteht meist bei warmem Wetter, aber nicht weil warme Luft das Wasser schneller gefrieren läßt als kalte, wie Aristoteles vermutete, sondern weil die vom Erdboden aufsteigende Wärme unruhige Haufen-Regenwolken entstehen läßt, in denen starke Aufwärtsströmungen herrschen. Die Oberseite dieser turmartigen Gewitterwolken kann bis an die obere Grenze der Troposphäre reichen, wo man schon Temperaturen bis zu −80 Grad gemessen hat. Nach der heute am meisten anerkannten Theorie bildet sich Hagel, weil die Eisklümpchen, die oben in einer Wolke entstanden sind, bis fast zu ihrer Untergrenze fallen und dabei eine Eisschicht anlagern; anschließend werden sie von einer Aufwärtsströmung erfaßt und wieder nach oben transportiert, wo sich der ganze Vorgang wiederholt. Nach einer neueren Theorie fällt jedes einzelne Hagelkorn nur einmal von der Oberseite der Wolke bis zum Boden, aber dieser Fall wird von Aufwärtsströmungen verlangsamt, so daß die unterkühlten Wassertröpfchen Zeit haben – nach manchen Schätzungen zehn bis 20 Minuten –, sich an den ständig wachsenden Eiskern anzulagern. Viele Meteorologen sind heute der Ansicht, daß möglicherweise beide Theorien stimmen.

Die kräftigen, unberechenbaren Winde in einem Gewitter lassen normalerweise Hagelkörner mit rundlicher Form entstehen, aber manchmal bringen sie auch kegel-, scheiben- oder pyramidenförmige oder solche mit unregelmäßiger Form und seltsamen Auswüchsen hervor; in einigen Fällen wurde über Hagelkörner berichtet, die in der Mitte ein Loch hatten und wie

Rettungsringe aussahen. Die meisten Hagelkörner, die in Nordamerika fallen, haben einen Durchmesser von weniger als zweieinhalb Zentimetern, und meist messen sie sogar nur höchstens einen Zentimeter. Sie können aber auch beträchtlich größer werden. Das größte verläßlich vermessene Hagelkorn aller Zeiten fiel am 3. September 1970 auf die Stadt Coffeyville in Kansas. Man bewahrte es in einer Kühltruhe auf und schickte es zum National Center of Atmospheric Research in Boulder (Colorado); wie sich dort herausstellte, wog es 757 Gramm, und sein Umfang betrug 44,5 Zentimeter – etwa die Größe einer Pampelmuse.

Es gab in der Vergangenheit immer wieder zahlreiche, gewöhnlich unbestätigte Berichte über Hagelkörner – oder meist über Klumpen aus vielen zusammengefrorenen Hagelkörnern –, neben denen sich das Fundstück aus Coffeyville recht klein ausnimmt. Eines, das in Schottland niedergegangen sein soll, wurde 1849 im *Edinburgh New Philosophical Journal* so beschrieben:

> Unmittelbar nach einem der lautesten Donnerschläge, die dort zu hören waren, fiel eine unregelmäßig geformte Eismasse mit einem Umfang von schätzungsweise 20 Fuß und entsprechender Dicke neben das Farmhaus. Sie sah wunderbar kristallisch aus und war fast völlig durchsichtig, mit Ausnahme eines kleinen Bereichs, der aus aneinanderklebenden Hagelkörnern von ungewöhnlicher Größe bestand. Der Klumpen setzte sich im wesentlichen aus kleinen Quadraten von einem bis drei Zoll Größe zusammen, die alle fest verschmolzen waren. Das Gewicht dieses großen Eisstücks konnte nicht sicher ermittelt werden; aber es ist ein glücklicher Umstand, daß es nicht auf Mr. Moffats Haus fiel, das es ansonsten zerschmettert hätte, und zweifellos hätte es dann den Tod mehrerer Bewohner verursacht.

Über ähnlich gewaltige fallende Eismassen wurde im 18. und 19. Jahrhundert mehrmals aus Indien berichtet. Eine soll so groß wie ein Elefant gewesen sein; eine andere hatte den Berichten zufolge einen Durchmesser von sechs Metern.

Einer der ersten Berichte darüber, daß Hagel Menschenleben fordert, ist die Beschreibung eines Hagelunwetters im biblischen Buch Josua: «Und als sie vor Israel flohen... ließ der HERR große Steine vom Himmel auf sie fallen... daß sie starben. Und von ihnen starben viel mehr durch die Hagelsteine, als die Israeliten mit dem Schwert töteten.»

Unwetter mit golf-, tennis-, oder sogar baseballgroßen Hagelkörnern sind keine Seltenheit. Weniger häufig, aber durchaus nicht ausgeschlossen sind Todesfälle durch diesen heftigen Niederschlag. Hagelkörner mit der Größe von Gänseeiern fielen 1360 bei Paris auf die englische Armee und töteten mehrere hundert Soldaten und Pferde – nach manchen Quellen sollen es sogar einige tausend gewesen sein, und das rührte den bis dahin siegreichen König Edward III. so, daß er dem Vertrag von Brétigny zustimmte. Britische Journalisten berichteten im 19. Jahrhundert über einen Hagelschauer mit Körnern von über acht Zentimeter Durchmesser, die am 12. Mai 1853 im Himalaja 84 Menschen und 3000 Rinder töteten. Hagel in der Größe von «Kricketbällen» fiel den Berichten zufolge am 30. April 1888 auf ein Gebiet von 15 oder 18 Quadratkilometern in der Nähe der indischen Stadt New Delhi, und dabei kamen 246 Menschen sowie über 1600 Rinder, Schafe und Ziegen ums Leben. Ein Hagelschauer in der chinesischen Provinz Hunan kostete am 19. Juni 1932 über 200 Menschen das Leben, und Tausende wurden verletzt. Hühnereigroße Hagelkörner gingen am 1. Mai 1928 über Klausenburg in Rumänien nieder und forderten sechs Todesopfer. In Griechenland kamen am 13. Juni 1930 22 Menschen ums Leben. Und Hagelkörner, die ein halbes bis ein Kilo gewogen haben sollen, töteten am 10. Juli 1923 in der russischen Stadt Rostow 23 Menschen. In den USA war der einzige bekannte Todesfall durch Hagel ein 39jähriger Farmer, der im Mai 1930 in der Nähe von Lubbock in Texas ums Leben kam, als er im Freien in einen heftigen Hagelschauer geriet.

Die Zeitschrift *Nature* berichtete 1936, am 1. Februar habe ein Hagelunwetter in der südafrikanischen Region Transvaal 19 Men-

schen das Leben gekostet: «In wenigen Minuten fielen etwa acht Zentimeter Regen, und dann kam der Hagel, der aus gezackten Eisklumpen bestand. Nach 30 Minuten lag der Hagel überall 60 Zentimeter hoch, und in einigen Fällen mußte man die toten Eingeborenen ausgraben. Es wurden viele Rinder getötet, welche die Eingeborenen hinterher auf Schlitten wegschleiften. Die gesamte Ernte wurde vernichtet, und insgesamt sollen in der Gegend über 1000 Familien betroffen sein.»

Haus- und Wildtiere, die im Freien bleiben, sterben durch Hagel manchmal in großer Zahl. Als Biologen die Spur eines Hagelunwetters zurückverfolgten, das im Juli 1953 eine acht Kilometer breite Schneise durch die kanadische Provinz Alberta geschlagen hatte, zählten sie mehr als 36000 tote Enten und Entenjunge. Nur vier Tage später suchte erneut ein Hagelschauer die gleiche Gegend heim, und dabei kamen mindestens 27000 weitere Wasservögel ums Leben. Im Juli 1978 starben 200 Schafe, als Hagelkörner bis zur Größe von Basebällen über Teilen von Montana niedergingen.

In den USA gibt es ein Gebiet von etwa 1600 Quadratkilometern, das als «Hagelallee» bekannt ist; seine Mitte ist ungefähr die Stelle, wo die Grenzen von Nebraska, Colorado und Wyoming aufeinandertreffen, und dort gibt es jedes Jahr an durchschnittlich neun oder zehn Tagen Hagel, häufiger als an jedem anderen Ort Nordamerikas. Die Farmer in dieser Gegend sind es gewohnt, daß ihre Weizen- und Maisernten von so schweren Unwettern verwüstet werden, daß die Hagelkörner wie Schneeverwehungen auf der Erde liegenbleiben. Vor etwa hundert Jahren versuchten italienische Winzer, die in ihren Weinbergen häufig ähnliche Verwüstungen erlebten, die Gewitterwolken mit Kanonen auseinanderzutreiben, um die Entstehung des Hagels zu verhindern. Die Kanonen konnten den Hagel nicht unterbinden, aber sie vermittelten den Bauern zweifellos ein besseres Gefühl.

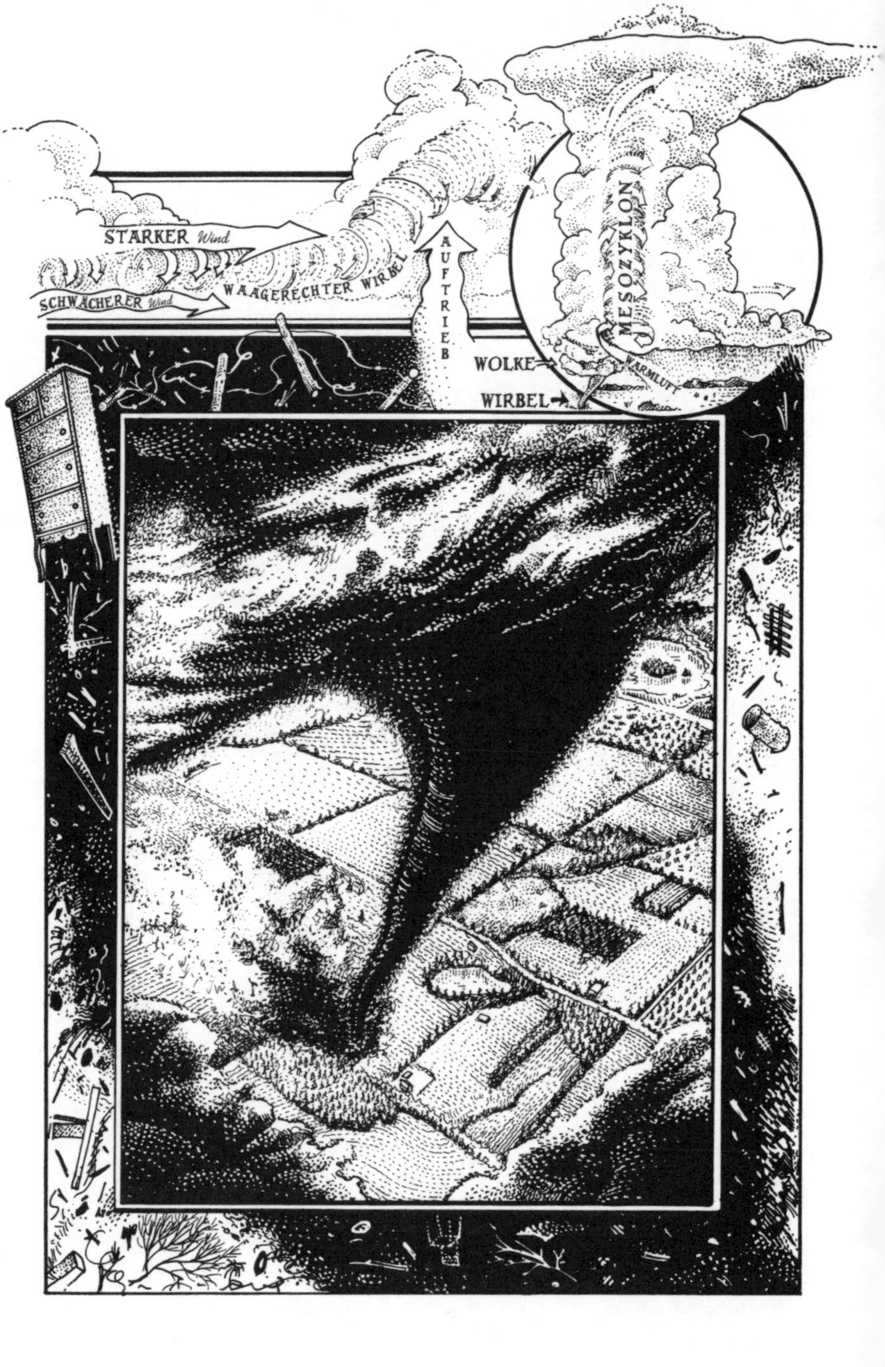
STARKER Wind
SCHWÄCHERER Wind
WAAGERECHTER WIRBEL
AUFTRIEB
MESOZYKLON
WOLKE
WIRBEL
WARMLUFT

Wutanfälle der Natur: Tornados

Die Erde, aus Sturm und Umwälzung geboren, wird seit eh und je von gewaltsamen Wind- und Regenausbrüchen heimgesucht. Solche Extremfälle des Wetters betreffen alle ihre Bewohner und beeinflussen alle Sprachen. Da wir die beängstigende Kraft dieser Ausbrüche kennen, können wir mit voller Überzeugung davon sprechen, daß wir Stürme der Leidenschaft erleben, in stürmische Beziehungen verwickelt sind oder die Sturmabteilung einer heranrückenden Armee fürchten. Diese gebräuchlichste Bezeichnung für die Wutausbrüche der Natur stammt von dem alten nordeuropäischen Wort *stirm*; es bezeichnete das Zusammenrühren der Lebensmittel beim Kochen. Bevor daraus «Sturm» wurde, gebrauchte man es wahrscheinlich als bildhafte Metapher für «das Zusammenrühren des Himmels».

Kaum ein anderer Sturm rührt den Himmel mit soviel Kraft und Gewalt auf wie ein Tornado. Auf Fotos bietet der gewundene Wolkenschlauch, der über eine Ebene rast, ein fesselndes, wunderschönes Bild. Aber Augenzeugen, die eine solche Wolke aus der Nähe gesehen haben, berichten stets das gleiche: Tornados sind beängstigend. Hinterher beschrieben sie das Erlebte meist in menschlichen Ausdrücken: Sie bezeichnen den Wirbelsturm als «Bestie» oder «Monster», das Geräusche von sich gibt wie das Donnern von tausend Güterzügen, wie ein B-52-Bomber, wie das Heulen eines Hundes, das Klappern von ein paar tausend Rolläden, ein Dutzend Fabriken voller Kreissägen oder die Detonation von tausend Kanonen. Die meisten Menschen, die einmal einen Tornado gesehen haben, möchten das gleiche kein zweites Mal erleben.

Gleichzeitig kann man aber nicht leugnen, daß Tornados zu den faszinierendsten Seltsamkeiten des Wetters gehören. In den USA zählt man jedes Jahr durchschnittlich 850 solche Sturmspiralen, aber damit sind sie immer noch so selten, daß ihr Auftauchen jedesmal eine Nachricht wert ist. Ihr eng gewundener Wirbel, dessen Durchmesser normalerweise noch nicht einmal 30 Meter beträgt, ist rätselhaft und hat seltsame, zerstörerische Wirkungen.

Mein Vater war Polizist in Flint (Michigan); ein Teil dieser Stadt wurde 1953 von einem Tornado zerstört. Sein Kollege hatte an dem betreffenden Tag gerade dienstfrei und war zu Hause – in einem Viertel, das auf dem Weg des Tornados lag. Wie er meinem Vater später berichtete, wurde es mitten am Tag plötzlich dunkel und seltsam still; er ging nach draußen in seinen Hof und stellte fest, daß der Himmel eine seltsame, kränklich-grüne Färbung angenommen hatte. Dann hörte er etwas, das wie ein auf ihn zurasender Güterzug klang, und bevor er ins Haus rennen konnte, explodierten in der Nähe zwei oder drei Häuser, und er wurde plötzlich hochgehoben und gegen seine Hauswand gedrückt, als ob ihm jemand brutal die Füße weggezogen hätte. Wie er sich später erinnerte, beobachtete er einen Baum in seinem Garten, der so heftig gebogen und verdreht wurde, daß die einzelnen Holzfasern im Stamm sich trennten wie die Fäden eines Seils, das man aufdröselt. Als der Wind von dem Baum abließ, nahm dieser wieder seine ursprüngliche Form an, ohne Anzeichen, daß er gespalten worden war – abgesehen von Grasstücken und Pflanzenstengeln die aus dem Stamm ragten, weil sie dort eingeklemmt worden waren. Es sah ganz so aus, als hätte der Wind sie hineingedrückt.

Das heißt nicht, daß die Geschichten von Strohhalmen, die in Telefonmasten getrieben wurden, und von Weizenhalmen, die

aus Baumstämmen ragen, nicht wahr sind. Ein Holzstück, das mit 160 Stundenkilometern auftrifft, kann einen Betonklotz durchschlagen, und der Wind in einem Tornado ist mit Sicherheit noch stärker. Bei so kräftigen und unberechenbaren Winden wie in einem Tornado können seltsame Dinge geschehen. Menschen, die da hineingeraten, werden manchmal für ihr ganzes Leben tätowiert – von Sand oder Kies, der tief unter ihre Haut getrieben wird. Man hat Tornados die verschiedensten Wirkungen zugeschrieben: Demnach reißen sie Hühnern die Federn und Schafen die Wolle ab, treiben Holzbretter durch Stahlträger, saugen Sodawasser aus geöffneten Flaschen und heben schlafende Säuglinge aus dem Bett, um sie – unverletzt und immer noch schlafend – ein paar hundert Meter weiter wieder abzusetzen. Sie haben eimerweise Wasser aus offenen Brunnen gesaugt, Frisierkommoden in die Luft gehoben und hundert Meter weiter fallen gelassen, ohne daß der Spiegel zerbrochen wäre, und Zaunpfähle aus dem Boden gerissen. Wo und wann sie auftreten, läßt sich praktisch nicht vorhersagen. Ein seltsames Zusammentreffen, das noch den vernünftigsten Menschen veranlassen kann, auf Holz zu klopfen oder eine Kaninchenpfote zu reiben, gab es in der Kleinstadt Codell in Kansas: Der Ort wurde 1916, 1917 und dann noch einmal 1918 von Wirbelstürmen heimgesucht – und zwar jedesmal am gleichen Tag, dem 20. Mai.

Damit sich ein Tornado bildet, muß eine ganze Reihe komplizierter und nicht in allen Einzelheiten bekannter Bedingungen erfüllt sein. Die erste Voraussetzung ist ein Mesozyklon: eine Säule aus aufsteigender Warmluft, die zu rotieren beginnt, weil in den verschiedenen Höhen gegensätzliche Windgeschwindigkeiten und -richtungen auftreten. Es kann sich zunächst um eine waagerechte Drehung handeln, wie bei einer Walze, die über den Boden rollt, weil stärkerer Wind über schwächeren hinwegweht. Wird eine solche rollende Luftwalze von einer starken Aufwärtsströmung nach oben gezogen, kann aus der waagerechten eine senkrechte Drehung werden, die so stark ist, daß der gesamte Sturm zu rotieren beginnt. Eine solche wirbelnde Luftsäule zieht weitere Warmluft an, und dabei kann sich eine Aufwärtsströmung von über 160 Stundenkilometern entwickeln, die sich über Hunderte von Metern bis an die Oberseite der Gewitterwolken erstreckt.

Wenn ein Tornado geboren ist, läßt die rotierende Luft den Druck im Inneren des Schlauches absinken. Die Luft dehnt sich durch den Druckabfall aus und kühlt sich ab, so daß die Feuchtigkeit zu einer sichtbaren, langgestreckten Wolke kondensiert. Ein «reiner» Tornado ist oft weiß, aber er wird meist grau, schwarz oder braun, weil er Schmutz und Trümmer vom Erdboden hochhebt und weil er die über ihm liegenden Wolken nach unten zieht.

Mesozyklone haben eine Besonderheit, die den Meteorologen lange Zeit Rätsel aufgab: Nur die Hälfte von ihnen läßt Tornados entstehen. Wissenschaftler, die unbedingt den Auslöser entdecken wollten, nahmen früher an, die winzigen Luftwirbel hinter beschleunigenden Autos könnten entscheidend zur Bildung von Tornados beitragen. Nach einer anderen, überzeugenderen Argumentation sorgt der Kontakt zwischen aufsteigender Warmluft und absinkender Kaltluft dafür, daß der Wind zwischen den Luftmassen zu rotieren beginnt, ganz ähnlich wie ein Kreisel, den man durch Rollen zwischen den Händen in Drehung versetzen kann.

Tornados bilden sich gewöhnlich auf der Rückseite eines Mesozyklons und wandern wie ein Schwanz hinter den dunkelsten, unruhigsten Wolken und den heftigsten Regenschauern her; meist kommen sie zunächst als langsam rotierendes Wolkenanhängsel herunter. Ein Indiz für die Entstehung eines Tornados ist möglicherweise abwärts strömende Kaltluft, die man oft auf der Rückseite von Sturmfronten findet; sie sinkt nach unten und wird in die warme Strömung an der Unterseite des Sturms aufgenommen. In einem typischen Gewitter – und nur etwa jedes tausendste Gewitter läßt einen Tornado entstehen – mischen sich abwärts und aufwärts strömende Luft, so daß das ganze System schließlich zusammenbricht. Bei den schweren Gewittern jedoch, aus denen die stärksten Tornados geboren werden, trennen sich Abwärts- und Aufwärtsströmung, so daß beide sich gegenseitig stundenlang antreiben können.

Wie der Tornadoforscher T. Theodore Fujita von der Universität Chicago in den siebziger Jahren entdeckte, enthalten die zerstörerischsten Tornados in ihrem Hauptschlauch oft bis zu fünf oder sechs kleinere Wirbel. Diese kleineren Tornados nannte er «suction vortices» (Saugwirbel); sie haben nach seinen Messungen einen Durchmesser von weniger als zehn Metern und entstehen durch eine starke Abwärtsströmung im Zentrum des Haupttornados, die auf die nach oben rasende Warmluft trifft. Solche Minitornados, die sich im Inneren und an den Rändern des Hauptwirbels drehen und sich manchmal auch aus ihm heraus erstrecken, sind eine der wichtigsten Ursachen für die ungleichmäßigen Schäden, über die nach einem Tornado so häufig berichtet wird – da ist beispielsweise ein Haus völlig zerstört, während das andere auf der gegenüberliegenden Straßenseite keinen einzigen Dachziegel verloren hat.

Bis vor kurzem vermutete man, die Windgeschwindigkeiten

in einem Tornado könnten auf über 800 Stundenkilometer steigen. Wie die Wissenschaftler jedoch festgestellt haben, kann schon Wind von 160 Stundenkilometern gewaltige Schäden anrichten, und die Geschwindigkeit am Erdboden dürfte auch in den stärksten Tornados bei höchstens 400 bis 420 Stundenkilometern liegen.

Wegen des Corioliseffekts, der auf die Erddrehung zurückgeht, rotieren Mesozyklone nördlich des Äquators im Gegenuhrzeigersinn, auf der südlichen Erdhalbkugel dagegen in Richtung des Uhrzeigers. Tornados entsprechen in der Drehrichtung im allgemeinen dem Sturm, aus dem sie entstanden sind, und deshalb drehen sich die Wirbelstürme in Nordamerika in ihrer Mehrzahl ebenfalls gegen den Uhrzeiger.

Die meisten Tornados haben nur eine kurze Lebensdauer: Sie bleiben selten länger als ein paar Stunden erhalten, und gewöhnlich wandern sie nur acht bis 25 Kilometer über die Erde. Der Mesozyklon schwächt sich ab und bricht zusammen, oder der untere Teil des Tornados löst sich vom oberen, weil er durch die Reibung am Boden gebremst oder von Bodenwinden weggeweht wird. Die langgestreckte Wolke, die sich mehr oder weniger senkrecht nach unten erstreckt, nimmt eine immer schrägere oder sogar fast waagerechte Lage ein. Im letzten Stadium verliert der Schlauch seine Kraft: Er schrumpft, wird enger und verlängert sich.

In den USA gibt es mehr Tornados als in jedem anderen Land, aber zumindest gelegentlich kommen sie auch in vielen anderen Gegenden der Erde vor, so in Rußland und den baltischen Staaten, England, Australien, Indien, China, Japan (wo man sie manchmal «Drachenwirbel» nennt), auf den Bermuda- und Fidschi-Inseln sowie in Südafrika. In den USA kennt man sie aus allen Bundesstaaten, in allen Monaten und zu allen Tageszeiten. Ein Tornado raste beispielsweise im Winter über die Wasatch Mountains in Utah und saugte dabei Schnee in die Höhe, aber die meisten der 600 bis 1000 Tornados, die man jedes Jahr in den USA zählt, treten im Mai und Juni am Nachmittag und frühen Abend auf. In den Bundesstaaten am Golf von Mexiko sind sie im Spätwinter und Vorfrühling am häufigsten, denn um diese Jahreszeit dringt warme, feuchte Luft aus der Karibik nach Norden, wo sie mit trockener Kaltluft aus Kanada zusammentrifft. Im späten Frühjahr und bis in den Sommer hinein, wenn die Strahlströmung nach Norden wandert, ereignen sich schwere Gewitter und Tornados mit zunehmender Häufigkeit in den großen Ebenen des Mittelwestens, insbesondere in der sogenannten Tornadoallee, einem Streifen von Texas bis nach Nebraska, in dem jedes Jahr ein Drittel aller Tornados der USA entstehen. Noch später, vom Spätsommer bis in den Herbst, findet man sie in den nördlicheren Regionen an den Großen Seen sowie in North und South Dakota.

Die Voraussetzungen, die einen Tornado ermöglichen, herrschen oft entlang einer breiten Wetterfront, und deshalb treten solche Wirbel manchmal in Gruppen auf. Am 3. und 4. April 1974 zählte man von Alabama nach Norden über Tennessee, Kentucky, Illinois, Indiana, Ohio bis nach Michigan insgesamt 148 Wirbel; 315 Menschen kamen ums Leben, und Tausende wurden obdachlos. Es war die größte Zahl von Tornados, die jemals innerhalb von 24 Stunden beobachtet wurde.

Der verheerendste Tornado, über den berichtet wurde, schlug am 18. März 1925 eine eineinhalb Kilometer breite und 350 Kilometer lange Schneise der Verwüstung durch Missouri, Illinois und Indiana; er forderte 689 Todesopfer, und fast 2000 Menschen wurden verletzt.

Das Innere eines Tornados stellen wir uns wahrscheinlich meist so ähnlich vor wie das, was Dorothy in *The Wizard of Oz* sah; ein verläßlicherer Augenzeugenbericht stammt jedoch aus dem Jahr 1928, und zwar von Will Keller, einem Farmer aus Kansas. Am 22. Juni dieses Jahres senkte sich ein Tornado auf seine Farm, und die Familie suchte im Sturmkeller Schutz. Als er gerade die Kellertür schließen wollte, hob sich der Tornado vom Boden und wanderte über ihn hinweg. Was er dabei sah, beschrieb er später so:

Der Tornado kam stetig näher, und das Ende hob sich langsam vom Boden. Ich kann nur ein paar Sekunden lang dort gestanden haben, aber ich war so beeindruckt von dem, was da vorging, daß es mir wie eine lange Zeit erschien. Zuletzt hing das große, wilde Ende des Tornados unmittelbar über mir. Alles war totenstill. Es herrschte ein starker Geruch nach Gas, und mir war, als könne ich nicht mehr atmen. Ein kreischendes, zischendes Geräusch kam unmittelbar aus dem Ende des Schlauches. Ich blickte nach oben, und zu meiner Überraschung sah ich genau in das Herz des Tornados. In der Mitte des Schlauches war eine runde Öffnung, etwa 15 bis 30 Meter im Durchmesser, die sich mindestens eine Meile nach oben erstreckte, soweit ich es unter den Umständen beurteilen konnte. Die Wände um die Öffnung waren rotierende Wolken, und das Ganze war hell erleuchtet durch ständige Blitze, die zickzackförmig von einer Seite zur anderen zuckten. Wären die Blitze nicht gewesen, hätte ich weder die Öffnung noch ihr Inneres sehen können. Am Rand des großen Wirbels waren kleine Tornados, die sich ständig neu bildeten und wieder verschwanden. Sie sahen wie Schwänze aus, die sich durch den Schlauch wanden, und sie erzeugten das zischende Geräusch. Ich bemerkte, daß der große Wirbel sich im Gegenuhrzeigersinn drehte, aber von den kleinen Tornados rotierten manche auch wie die Uhrzeiger. Die Öffnung war völlig leer, mit Ausnahme von etwas, das ich nicht genau erkennen konnte, aber ich nehme an, es war eine losgelöste Sturmwolke. Das Ding bewegte sich ständig auf und ab. Der Tornado wanderte nicht schnell. Ich hatte eine Menge Zeit und konnte das ganze Ding von innen und außen gut betrachten.

Wasser- und Windhosen

Wirbelbewegungen kommen in der Atmosphäre häufig vor, von Hurrikanen über Tornados bis zum wirbelnden Staub auf trockenen Parkplätzen. Weniger zerstörerisch und wesentlich häufiger als die Tornados sind ihre kleinen Vettern, die Wasser- und Windhosen. Plinius beschreibt die Wasserhose als Wasser, das «wie in einem Rohr» von den Wolken nach oben gezogen wird, und ordnete sie mit Wirbelstürmen und Zyklonen als Phänomen des Meeres ein, das «für die Seeleute besonders verheerend ist, weil es wirbelt und nicht nur die Masten, sondern das ganze Schiff zerschmettert, so daß nur eine dürftige Gegenmaßnahme bleibt: Essig auszuschütten, bevor sie sich nähert, denn Essig ist eine sehr kalte Substanz. Wenn derselbe Wirbelwind von seinem eigenen Impuls zurückgeschlagen wird, schnappt er sich Gegenstände und nimmt sie mit in den Himmel, indem er sie weit in die Höhe zieht.»

Wasserhosen kommen über den Weltmeeren, aber auch über Binnenseen und großen Flüssen, fast überall mit einer gewissen Regelmäßigkeit vor. Ich sah einmal eine auf dem Michigansee, als ich drei oder vier Kilometer entfernt am Ufer stand. Die Wasserhose wanderte hinter einem Regengebiet her wie ein widerspenstiger Hund an der Leine und streckte eine dünne, fast durchsichtige Säule über etwa 150 Meter aus der Wolke zum Wasser. Wo sie die Seeoberfläche berührte, ließ sie einen Gischtpilz von etwa 30 Meter Durchmesser entstehen, den sie aufnahm und als lockere, durchscheinende Spirale in die Wolken trug. Als die Wasserhose das Ufer erreichte, löste sie sich langsam vom See und verlor ihren Impuls, und das Wasser, das sie zuvor hochgehoben hatte, fiel als Regen auf den Strand.

Wasserhosen gelten allgemein als weit weniger gefährlich als Tornados, aber sie können ebenfalls beträchtliche Schäden anrichten. Im Jahr 1885 ließ eine Wasserhose den Berichten zufolge im Hafen der nordafrikanischen Stadt Tunis fünf Schiffe sinken, und ein Schiff wurde auf offener See von einer Wasserhose mit einem Durchmesser von 150 Metern heimgesucht; sie riß Masten und Segel ab und warf ein Besatzungsmitglied über Bord.

Manche Wasserhosen sind im wesentlichen nichts anderes als Tornados. Eine, die in diese Kategorie zu passen scheint, tauchte am 13. Juni 1952 in St. Petersburg in Florida auf; die Zeitschrift *Weatherwise* beschrieb das Ganze so: «Sie machte schrecklichen Lärm, als sie über das seichte Wasser [von Big Bayou] fegte. Vor ihr rollte eine eineinhalb Meter hohe Welle... als sie das Land erreichte, schien die Erde zu explodieren. Bäume, Sand und alle möglichen Gegenstände sausten himmelwärts. Ein paar Minuten später verschwand sie in einem Nebel.»

Bei anderen dagegen scheint es sich um reine Meeresphänomene zu handeln. Man beobachtet sie vielfach im Hochsommer, in äquatornahen Gegenden mit hohen Wassertemperaturen und manchmal bei wolkenlosem Himmel. Sie können aus sanftem Wind bestehen, der an der Wasseroberfläche kaum Gischt entstehen läßt, oder aber aus heftigen Wirbeln, die das Salzwasser hoch in die Luft heben; im Zentrum des Wirbels kann eine massive Wassersäule sechs bis zehn Meter hoch werden.

Wirbelwind und Windhosen gibt es häufig in Wüstengebieten, insbesondere bei Sturm, wenn kräftiger Wind um Hindernisse weht und dabei verwirbelt wird oder wenn die starke Sonneneinstrahlung kleine instabile Atmosphärenbereiche entstehen läßt. *Staubteufel* sind die kleinsten rotierenden, von der Konvektion angetriebenen Stürme; sie können vielfältige Formen annehmen. Manche sind hohl, und die Staubspirale rotiert nur am äußeren Rand; andere sind völlig mit Staub und anderem Material gefüllt. Die meisten Staubteufel sind kurzlebig – sie existieren nur ein paar Minuten – und relativ ungefährlich, aber manchmal werden sie auch so hoch und kräftig, daß sie große Mengen an Erde und Staub aufwirbeln, Ziegel von den Dächern reißen und kleine Bäume entwurzeln.

Sex in der Luft

Vögel

Im Frühling liegt Liebe in der Luft, aber im buchstäblichen Sinne in der Luft findet sie seltener statt, als man vielleicht annimmt. Die Vögel, die sich mit Partnerwerbung und Paarung beschäftigen, sind jetzt am empfindlichsten und zeigen offen ihr «luftiges» Sexualverhalten. Meist findet der gefiederte Sex aber am Boden oder zwischen den Bäumen statt, wo am wenigsten Räuber angezogen werden. Ein paar Vögel allerdings – und bei den Insekten mehr als nur ein paar – sind in das Fliegen so verliebt, daß sie es nicht von dem lebhaften Geschäft der Fortpflanzung trennen.

Das Paarungsverhalten der Vögel ist aus naheliegenden Gründen schwer zu beobachten, und deshalb gibt es zu diesem Thema nur wenig sichere Erkenntnisse. Die Schuld für diese Wissenslücke liegt zum Teil bei Plinius dem Älteren, jenem begeisterten, aber schrecklich achtlosen Naturbeobachter. Betrachten wir nur einmal die folgende atemlose Passage aus seiner *Naturgeschichte* über die sexuellen Vorlieben der Rebhühner:

> Die Hähne fechten dank ihres Begehrens nach den Hennen untereinander Kämpfe aus; man sagt, der Verlierer müsse den Vorteil des Siegers anerkennen... Und bei keinem anderen Geschöpf ist die Begehrlichkeit so heftig. Wenn die Hennen den

LEBENSZYKLUS DER EINTAGSFLIEGE
LIBELLEN IM FLUG

> Hähnen gegenüberstehen, werden sie schwanger von den Ausdünstungen, die von diesen herüberkommen, und wenn sie zu dieser Zeit den Schnabel öffnen und die Zunge herausstrecken, sind sie sexuell erregt. Schon der Luftzug der Hähne, die über sie hinwegfliegen, oder das Geräusch eines krähenden Hahns läßt sie empfangen. Und sogar ihr Mitgefühl für den Nachwuchs ist so von Begehren beherrscht, daß eine Henne, die ruhig brütend über ihren Eiern sitzt und den Lockvogel eines Vogelfängers in der Nähe ihres Hahns bemerkt, diesen angackert und zurückruft, um sich selbst seinem Begehren anzubieten. Sie sind in der Tat so verrückt, daß sie sich mit blindem Niederstoßen auf dem Kopf des Vogelfängers niederlassen.

Seit Plinius' Zeit sind die Ornithologen mit ihren Kenntnissen über das Verhalten der Vögel ein ganzes Stück weitergekommen, aber auch heute gibt es noch viele unbeantwortete Fragen. Soweit man derzeit weiß, sind Mauersegler und vielleicht manche Schwalben die einzigen Vögel, die alle Vorsicht in den Wind schlagen und sich tatsächlich im Flug paaren. Die Mauersegler sind eine recht zutreffend genannte Familie langflügeliger, schnellfliegender, schwalbenähnlicher Vögel, die in vielen Gegenden der Erde vorkommen. Die meisten der zahlreichen Mauerseglerarten machen nach Art der Falken Jagd auf Fluginsekten, und sie gehören zu den schnellsten und gewandtesten Fliegern der Erde. Der eurasische Mauersegler, der in den meisten Regionen Europas sowie in Teilen Nordafrikas und Asiens zu Hause ist, wohnt praktisch in der Luft: Er frißt, trinkt, schläft und paart sich im Flug und landet nur, um seine Eier abzulegen und die Jungen zu füttern. Im Westen der USA und in Mexiko hat man Paare des Weißhals-Mauerseglers beobachtet, die im Frühling frühmorgens mit etwa 70 Stundenkilometern in Canyons hinunterstießen, kurz zusammentrafen und offenbar kopulierend durch die Luft taumelten. Die Paarung ist kaum mehr als eine kurze Berührung der angeschwollenen Geschlechtsorgane, auch Kloaken genannt – ein Augenblick der Intimität, den Ornithologen poetisch als «Kloakenkuß» bezeichnet haben.

Die Partnerwerbung in der Luft ist bei Vögeln wesentlich häufiger als die «luftige» Paarung. Die Balzrituale dienen dazu, Vögel derselben Art anzulocken und die Paarung der gesündesten, robustesten Tiere zu ermöglichen. Bei vielen Arten macht das Männchen mit solchen Verhaltensweisen ein Weibchen aufmerksam; gleichzeitig vertreibt es Konkurrenten und steckt sein Revier ab. Da ist es wahrscheinlich keine Überraschung, daß Vögel, die besonders geschickte Flieger sind, in der Luft auch das raffinierteste Balzverhalten zeigen. Bei Uferschwalben beobachtet man komplizierte Flugmuster, bei denen sie während des Fluges eine weiße Feder hin und her bewegen. Bei vielen Kolibriarten erregt das Männchen die Aufmerksamkeit des Weibchens, indem es sich vor der Angebeteten herumtreibt, wie ein Pendel hin und her schwingt, hochsteigt, hinabstößt und Bögen oder Achten fliegt, die einen Meter, aber auch bis zu 30 Meter hoch sein können. Ist das Weibchen angelockt, beteiligt es sich an dem Hochzeitstanz, bis schließlich beide auf dem Boden landen und sich paaren.

Ein ungewöhnliches Balzritual, das man in manchen Gegenden im Nordosten und in der Mitte der USA leicht beobachten kann, ist der Himmelstanz der amerikanischen Waldschnepfe. Er findet im April und im Mai gegen Abend und in der Morgendämmerung statt und wiederholt sich oft jedes Jahr an denselben Stellen. Der bekannte Naturschützer Aldo Leopold beschreibt ihn in *A Sand County Almanac* mit der ihm eigenen Begeisterung:

> Er fliegt in geringer Höhe aus einem benachbarten Dickicht, läßt sich auf dem nackten Moos nieder und beginnt sofort mit der Ouvertüre: einer Reihe seltsam kehliger Piiints im Abstand von ungefähr zwei Sekunden, die ganz ähnlich klingen wie der sommerliche Ruf des amerikanischen Ziegenmelkers.
>
> Plötzlich hört das Piint-piiint auf, und der Vogel flattert in einer Reihe weiter Spiralen in den Himmel, wobei er ein melodisches Zwitschern ertönen läßt. Immer höher schraubt er sich, die

Spiralen werden steiler und kleiner, das Zwitschern nimmt an Lautstärke zu, bis der Akteur nur noch ein winziger Punkt am Himmel ist. Dann, ohne Vorwarnung, taumelt er wie ein abstürzendes Flugzeug, und dabei stößt er ein weiches, fließendes Trillern aus, das manch anderen Vogel neidisch machen könnte. Kurz über dem Boden fängt er sich ab, und nun kehrt er an seinen Sitzplatz zurück, gewöhnlich genau an die Stelle, wo die Vorstellung begonnen hat, und stimmt wieder sein Piint-piint an.

Das Balzritual in der Luft kann man manchmal auch bei Fischadlern, Turm- und Jagdfalken und Ziegenmelkern beobachten; sie alle locken ihre Partner im Flug an, paaren sich aber am Boden oder in den Bäumen. Das Männchen des Rotschulterbussards steigt hoch und stößt wieder hinab, schraubt sich bis auf über 600 Meter empor, faltet dann die Flügel zusammen und läßt sich fast bis zum Erdboden fallen. Der Balzflug der männlichen Weihe, eines weiteren Raubvogels, wurde als eine Reihe von U beschrieben: Uuuuuu; der Vogel steigt dabei bis auf 150 Meter, überzieht an der höchsten Stelle, macht manchmal einen Purzelbaum und läßt sich in Richtung Boden fallen. Bei manchen Eulenarten fliegen die Männchen ebenfalls auf und ab, und oft lassen sie die Flügel unter dem Körper zusammenklatschen.

Aber das bewundernswerteste Balzverhalten, das Vögel in der Luft zeigen, ist das nur selten zu beobachtende «Wirbeln» des Weißkopfseeadlers: Männchen und Weibchen fassen sich bei den Klauen und stoßen in einer Reihe von Purzelbäumen über 100 Meter nach unten. Myrtle Jeanne Broley beschrieb eine solche Szene in ihrem Buch *Eagle Man: Charles M. Broley's Field Adventure with American Eagles:* «In diesem Augenblick hörte er einen Adler schreien, und als er aufblickte, sah er einen der beiden, die er beobachtet hatte, bevor er den anderen jagte. Plötzlich kamen sie zusammen, faßten sich bei den Klauen und machten vier vollständige Überschläge, und dabei taumelten sie mehrere hundert Fuß abwärts, bevor sie sich losließen... Er hatte das Glück, dieses Balzverhalten dreimal zu sehen. Doktor Arthur Allen von der Cornell-Universität beobachtete es einmal, und auch eine Reihe anderer Naturforscher hat uns davon berichtet.»

Im 19. Jahrhundert beschrieb Walt Whitman das gleiche wirbelnde Balzen in seinem Gedicht «Die Liebelei der Adler». Es beruhte auf einem Augenzeugenbericht seines Freundes, des Naturforschers John Burroughs:

> Allein am Flußufer entlang (mein morgendlicher Gang und meine Ruhe),
> Da plötzlich über mir ein schwacher Ton, die Liebelei der Adler,
> Die eifrige, begehrliche Berührung hoch dort droben,
> Mit verhakten Krallen bilden sie ein leidenschaftlich lebend Rad,
> Vier flatternde Flügel, zwei Schnäbel, eine wirbelnde, ringende Masse,
> Die in taumelnden, drehenden Schleifen gen Boden stürzt,
> Bis die vereinigten Zwei überm Fluß in einem Moment der Rast schweben,
> Bewegungsloses Gleichgewicht in der Luft, bevor die Klauen sich lösen,
> Und langsam-sichere Schwingen erneut und getrennt sich nach oben erheben,
> Sie fliegt, er fliegt, und jeder geht wieder eigene Wege.

Insekten

Wie die Vögel in den Lüften, die offenbar Freude daran haben, ihrem Wunschpartner ihre Geschicklichkeit beim Fliegen vorzuführen, so zeigt auch der Chrysippusfalter, einer der anmutigsten und unermüdlichsten Schmetterlinge, im Sommer ein unterhaltsames Balzverhalten. Man findet ihn zwischen blühenden Pflanzen auf Wiesen und an Straßenböschungen. Die Männchen lassen sich oft auf Astspitzen oder Grashalmen nieder und warten dort, daß ein anderer Schmetterling vorbeikommt. Wenn sich einer nähert, fliegt das Männchen los und sieht nach, ob es sich um ein Weibchen der eigenen Art handelt. Ist das der Fall, verfolgt das Männchen sie und stößt gegen die Spitze ihres Hinterleibs. Dann jagen die beiden einander in unregelmäßigem, schnellem Flug über die Wiesen, durch das Gebüsch und die Baumkronen bis in Höhen von über 30 Metern. Schließlich packt das Männchen seine Partnerin von oben, wobei es die Flügel unbeweglich ausgestreckt hält. Das Weibchen flattert so stark, daß beide sich aufrecht halten können, und gemeinsam gleiten sie auf die Erde. Dort beginnt die Paarung, aber oft startet das Männchen zu einem weiteren gemeinsamen Flug, wobei es diesmal das Gewicht des Weibchens trägt, während sie die Flügel geschlossen hält und die Beine unter sich zusammengefaltet hat.

Bei Insekten beobachtet man die Paarung im Flug viel öfter als bei Vögeln. Viele Arten, beispielsweise die Libellen, kopulieren in der Luft, und oft kann man sie hören, bevor man sie sieht, denn die gemeinsamen Flügelschläge des vereinigten Paares erzeugen ein auffälliges Summen. Die 4700 Libellenarten der Erde sind die Nachkommen einer prähistorischen Gruppe, die es schon seit mindestens 250 Millionen Jahren gibt und zu der die vermutlich größten Insekten gehören, die jemals gelebt haben. Die größten versteinerten Überreste kennt man von der Riesenlibelle *Meganeura*, deren Flügelspannweite bei fast 73 Zentimetern lag.

Den Libellen gab man zu verschiedenen Zeiten bemerkenswerte Namen. Ein naturkundliches Werk von 1603 bezeichnet sie als «Schwarzröcke, Wildpferde, Kamele, Wassergeister, Nymphen und Wasserpriester». In neuerer Zeit nannte man sie vor allem in Nordamerika auch Moskitofalken, Schlangendoktoren, Pferdestecher, Nähnadeln und Stopfnadeln des Teufels, vor allem wegen der charakteristischen Form ihres langen Hinterleibs und vermutlich auch wegen der uralten, falschen Überzeugung, sie könnten stechen.

Das Leben einer Libelle beginnt als lebhafte, räuberische Larve, auch Nymphe genannt. Sie sucht im Wasser nach Beute und preßt zu diesem Zweck Wasser durch Kiemen am Ende des Hinterleibs, die, wie J. Henri Fabre es formulierte, wie eine «hydraulische Kanone» wirken. Die Nymphe fängt Insektenlarven, Kaulquappen und kleine Elritzen mit einer besonderen Fangmaske, die sie sehr plötzlich ausstrecken kann, um Beute aufzuspießen und festzuhalten. Nach einem oder mehreren Jahren des Wasserlebens klettert die Larve auf einen Pflanzenstengel oder an Land; dort häutet sie sich und verwandelt sich in die ausgewachsene Libelle.

Bei der Paarung vereinigen sich die Libellen in der Luft für unterschiedlich lange Zeit – von fünf Sekunden bis zu einer halben Stunde oder mehr. Farbig und genau beschrieb diesen Akt der niederländische Naturforscher Jan Swammerdam im 17. Jahrhundert:

> Während das Männchen in einer Abfolge schneller Drehungen durch die Luft wirbelt, kann es seinen Schwanz über alle Maßen geschickt zum Weibchen ausstrecken. Das letztere zieht es zu der Stelle zwischen ihrem Kopf und den Augen, drückt es auf die Rückseite ihres Halses und greift es sehr eifrig und schnell mit den Beinen. Wenn sie an dem Schwanz festen Halt gefunden hat, krümmt sie ihren Hinterleib nach vorn zu den männlichen Kopulationsorganen, die auf der Vorderseite seiner Brust liegen. Infolgedessen erfolgt die Vereinigung im Flug, während sie durch die Luft schwirren. Der Schwanz des Weibchens ist mit seiner Spitze gegen den mittleren Teil des männlichen Körpers gekrümmt, wo der letztere seinen Penis verbirgt. Dieser Penis dringt in die Geschlechtsorgane des Weibchens ein, die sich am Ende des weiblichen Schwanzes befinden. Und damit das Weibchen sich bis zur Brust des Männchens strecken kann [wo sich der Penis befinde], zieht sie den Körper zusammen, und ihren Schwanz krümmt sie zu einer deutlichen Biegung. Nachdem auf

diese Weise die Befruchtung stattgefunden hat, taucht das Weibchen seinen Schwanz schließlich ins Wasser, und dort legt sie schnell die Eier ab.

Wenn Insekten sich in der Luft paaren, fliegen sie langsamer, und sie fallen stärker auf; deshalb sind sie für Vögel und andere Räuber eine besonders leichte Beute. Libellen sind so schnelle, geschickte Flieger, daß sie dieses Risiko eingehen können. Andere Insekten, beispielsweise die Eintagsfliegen, haben damit nur deshalb Erfolg, weil sie bei der Paarung im Schwarm fliegen; bei so vielen Einzeltieren bleibt eine ausreichende Anzahl am Leben, und diese Tiere können dann ihre Eier ablegen. Die Eintagsfliegen gehören zur Ordnung der *Ephemeroptera;* der Name kommt vom griechischen *ephemeron,* das bedeutet ebenfalls «eintägiges Leben»; in Wirklichkeit lebt das erwachsene Tier, Imago genannt, zwischen einer Stunde und einigen Tagen. Aristoteles war von diesen kurzlebigen und eleganten Insekten gefesselt und beschrieb sie in allen Einzelheiten. Spätere Naturforscher gründeten ihre eigene Erörterung der Insekten oft eher auf eine Mischung aus verwässertem Aristoteles, Hörensagen und Volksmärchen als auf eigene Beobachtungen. Der römische Schriftsteller Claudius Aelianus beschrieb 600 Jahre nach Aristoteles ein Insekt, das nur entfernt demjenigen ähnelte, welches der griechische Philosoph am Fluß Hypanis beim Schlüpfen beobachtet hatte: «Es gibt Geschöpfe namens Ephemera, die ihren Namen nach ihrer Lebensdauer tragen, denn sie entstehen im Wein, und wenn man das Gefäß öffnet, fliegen sie heraus, sehen das Licht und sterben. Demnach hat die Natur ihnen zwar gestattet, ins Leben zu treten, hat sie aber so bald wie möglich vor den Übeln des Lebens gerettet, so daß sie ihr eigenes Unglück nicht wahrnehmen und nicht zu Zuschauern des Unglücks anderer werden.»

Die Eintagsfliegen bilden eine große Ordnung mit über 2000 Arten, die auf der ganzen Welt verbreitet sind. Den größten Teil ihres Lebens, nämlich ein bis drei Jahre, verbringen sie als Larven in Bächen, Tümpeln oder Seen; dort vergraben sie sich im Schlamm oder Sand, oder sie heften sich an Steine und Pflanzen; sie atmen durch Kiemen und ernähren sich von Algen, Mikroorganismen und den Zersetzungsprodukten von Pflanzen und Tieren, und während dieses Wachstums häuten sie sich etwa zwanzigmal. Die Larven der meisten Arten steigen im Frühjahr an die Wasseroberfläche (manche Arten tun das allerdings auch im Sommer, Herbst oder sogar im Winter) und werden dort durch eine weitere Häutung zur geflügelten Subimago, einem noch nicht ganz ausgewachsenen Stadium, das unter den geflügelten Insekten einzigartig ist. Die Subimago fliegt an Land und sucht einige Stunden, manchmal aber auch ein paar Tage lang Unterschlupf zwischen Büschen und Bäumen, wo sie sich durch erneute Häutung in die geschlechtsreife Imago verwandelt.

Die Paarung findet in Ufernähe über dem Wasser statt; zunächst findet sich dort ein Schwarm von Männchen zusammen, deren Zahl in die Millionen gehen kann. Sie schwirren in der Luft herum oder bewegen sich rhythmisch auf und ab, wobei jedes Männchen bis in eine Höhe von drei bis sechs Metern steigt und sich dann mit erhobenen Flügeln und aufgestelltem Schwanz ein paar Meter weit fallen läßt. In diesem Stadium interessieren die Fliegen sich für nichts anderes als die Paarung. Sie haben keine Mundwerkzeuge zum Fressen, und ihr Verdauungssystem enthält nur Luft, die sie leichter und beim Fliegen wendiger macht. Die Männchen können dank ihrer hochentwickelten Komplexaugen scharf sehen und machen die Weibchen schnell aus. Wenn ein Weibchen sich von dem Schwarm anlocken läßt, wird sie sofort von oben von einem Männchen ergriffen, das sie mit seinen langen Vorderbeinen am Kopf festhält. Das Männchen drückt seinen Rücken gegen den Bauch des Weibchens – manche Arten bedienen sich auch einer Bauch-an-Bauch-Stellung –, und in wenigen Sekunden findet im Flug die Kopulation statt; anschließend verlieren beide an Höhe und trennen sich. Nach wenigen Minuten legt das Weibchen die Eier

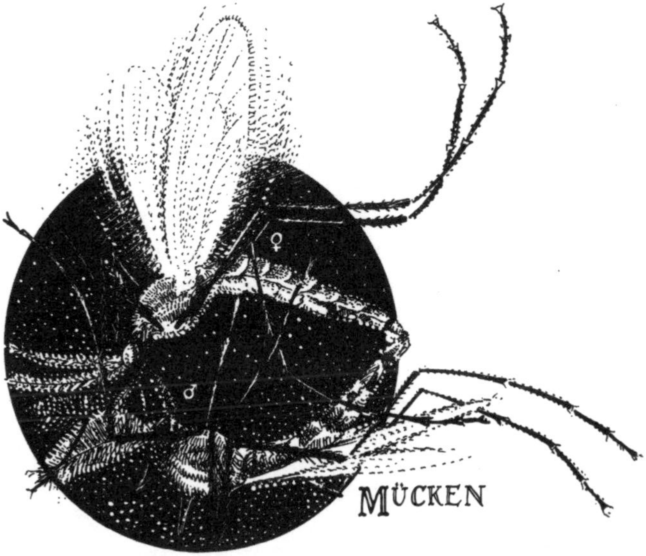

ab: Es stößt sie über dem Wasser aus oder taucht den Schwanz ein, um sie loszuwerden; manche Arten krabbeln zur Eiablage auch ins Wasser. Nochmals ein paar Minuten später brechen Männchen und Weibchen «erschöpft» zusammen: Sie strecken die Flügel von sich und sterben.

Eintagsfliegen können in einem Gewässer die zahlreichsten Insekten sein, und ihr Paarungsschwarm ist manchmal so riesig, daß er zur Gefahr für den Autoverkehr wird. Nachts werden die Fliegen während der Paarung von Licht angezogen, und manchmal halten sie eine glitzernde Autobahn fälschlicherweise für einen Fluß; das führt dann zu einem Massensterben, das die Straße unter Umständen gefährlich glitschig werden läßt. In einigen Fällen sammelten sich so viele Fliegen an, daß man die verstopften Straßen mit Schaufeln und Schneepflügen räumen mußte.

Auch der größte Fliegenschwarm ist kein Grund zur Besorgnis, aber ein anderes Insekt, das sich ebenfalls im Flug paart, ist jedes Jahr für mindestens eine Million Todesfälle bei Menschen verantwortlich. Keine andere Insektenansammlung sollte einem so viel Angst einjagen wie ein Schwarm von Stechmücken bei der Paarung. Diese winzigen, scheinbar harmlosen Schädlinge sind bekannt dafür, daß sie auf der Haut der Warmblüter, von denen sie sich ernähren, gereizte, juckende Quaddeln entstehen lassen. Eine der weltweit über 3000 Arten trägt den Namen *Aedes vexans*, das bedeutet «quälende Belästigung». Aber Stechmücken sind mehr als nur eine Belästigung. Wenn sie ihren Saugrüssel, wissenschaftlich Proboscis genannt, wie eine Injektionsnadel in die Haut schieben, können sie eine teuflische Mischung tödlicher Krankheiten übertragen, darunter Malaria, Gelbfieber, Hirnhautentzündung, Filariose und Schlafkrankheit. Das Reich der griechischen Antike wurde wahrscheinlich von Malariamücken zugrunde gerichtet. Von Mücken übertragenes Gelbfieber kostete beim Bau des Panamakanals 20000 Menschen das Leben. Und im Zweiten Weltkrieg waren Mükken bei den Kämpfen im Pazifik für mehr Todesfälle verantwortlich als alle Kanonen und Bomben zusammen.

Nur die Weibchen der Stechmücken ernähren sich von Blut. Die Männchen nippen am Nektar von Blüten. Beide Geschlechter sind zu Beginn ihres Lebens Larven in Seen, Tümpeln oder anderen ruhigen, stehenden Gewässern – selbst winzige Lachen in Astgabeln, das Innere weggeworfener Konservendosen oder Autoreifen eignen sich als Brutplatz. Die Larven hängen unter der Wasseroberfläche und ernähren sich von Bakterien, Einzellern, Mikroplankton und abgestorbenen Pflanzenteilen. Während des Wachsens häuten sie sich dreimal, und dann werden sie zu Puppen, aus denen nach einigen Tagen die ausgewachsenen Tiere hervorgehen. Die Paarung wird durch Schwärme von Männchen in Gang gesetzt, die sich am Abend über dem Wasser sammeln. Die Weibchen werden von dem Schwarm angelockt, stoßen dazu und locken nun mit ihrem hohen Summen die Männchen an.

Trotz gewaltiger Anstrengungen zur Ausrottung der Stechmücken besteht wenig Hoffnung, sie ein für allemal loszuwerden. Sie haben die gespenstische Fähigkeit, sich zu Formen zu verwandeln, die gegen die Insektenvernichtungsmittel unempfindlich sind, und außerdem vermehren sie sich an den unwahrscheinlichsten Orten. Selbst wenn die Erde eines Tages für die meisten Lebensformen unwirtlich werden sollte – einige Mückenarten haben eine Vorliebe für die Paarung in Wasser gezeigt, das für andere Lebewesen unverträglich ist.

Sommer

Einleitung

Im Sommer scheinen die Tage unendlich lang zu sein, und das Leben ist, wie ein altes Lied sagt, leichter. Er ist die Zeit des überschäumenden Lebens und der sinnlichen Feste. Und doch sind seine Tage auch mit dem Wissen behaftet, daß sie bald wieder kürzer und die Nächte länger sein werden – in dieser Zwiespältigkeit wurzelt vielleicht der alte Glaube, daß in der heißesten Zeit des Sommers die Drachen über den Himmel ziehen und die Hexen ihr Unwesen treiben. Die Mittsommernacht wurde am 23. Juni gefeiert, dem Vorabend des Geburtstages Johannes' des Täufers, und man kannte diesen Tag auch als Hexensabbat, an dem das Böse in den wenigen entscheidenden Wochen vor der Ernte die Feldfrüchte befallen konnte. Um die Nutzpflanzen zu schützen und der schwindenden Sonne einen freundlichen Zauber entgegenzusetzen, zündete man Mittsommernachtsfeuer an, und man ließ den Rauch der Fackeln mit dem Wind über die Felder ziehen.

Ein Mädchen, das in der Mittsommernacht einen guten Zauber heraufbeschwören wollte, konnte Schafgarbe vom Grab eines jungen Mannes pflücken und unter das Kopfkissen legen – dann, so sagte man, werde sie von ihrem zukünftigen Ehemann träumen. Wer sich in der Mittsommernacht mit Farnsamen bestreute, sollte unsichtbar werden. Und wenn man in dieser Nacht rückwärts ging und zwischen den Knien einen Haselzweig abschnitt, würde einen dieser zu einem verborgenen

Schatz führen. Um die Wirksamkeit des Zweiges zu prüfen, konnte man ihn in die Nähe von Wasser halten: Quiekte er dann wie ein Schwein, war er hoch empfindlich.

Die Sommersonnenwende findet auf der Nordhalbkugel am 20. oder 21. Juni statt und stellt in den meisten Ländern den offiziellen Sommeranfang dar. Das Ende ist der 23. September, die herbstliche Tagundnachtgleiche, aber die Jahreszeit ist sehr vielfältig, sie beginnt und endet überall auf der Erde zu einer anderen Zeit. Wenn man die wärmsten drei Monate als Sommer bezeichnet, dann beginnt er zum Beispiel in Nordamerika zu unterschiedlichen Terminen: ungefähr am 25. Mai in Texas, Arizona und New Mexico, am 27. Mai in Florida, Georgia, Louisiana und Nevada, ungefähr am 7. Juni in North Dakota, Minnesota, Wisconsin, Michigan, New York und Neuengland, am 15. Juni im nördlichen Maine und in den am Meer gelegenen Provinzen Kanadas, und am 21. Juni, dem Tag der Sonnenwende, im subarktischen Quebec, in Labrador und in Neufundland.

Die Sonnenwende hieß auf lateinisch *solstitium*, das bedeutet «die Sonne steht still». Wenn man die auf- oder untergehende Sonne vor der Sommer- oder Wintersonnenwende ein paar Wochen lang jeden Tag beobachtet, erkennt man, daß sie tatsächlich «stillsteht», und dann versteht man auch besser das lateinische Wort und die vielen Anspielungen in der Mythologie der Welt. Dazu sucht man sich eine Stelle, an der man jeden Tag stehen kann – einen Hügel oder eine Türschwelle, das spielt keine Rolle, solange man von dort gute Sicht auf die Sonne und den Horizont hat –, und man merkt sich die Stelle am Horizont, wo die Sonne auf- oder untergeht. Dazu ist es nützlich, wenn man sich die Silhouette des Horizonts aufzeichnet und jeden Tag die Stellung der Sonne einträgt, denn dann kann man ihre Wanderung im Vergleich zu Markierungen wie Hügel, Gebäuden und Bäumen verfolgen. Wenn man ein Jahr lang solche Beobachtungen macht, stellt man fest, daß die Sonne am Horizont ein Stück weit hin und her wandert, mit einer nördlichen und einer südlichen Begrenzung. Je weiter nördlich man sich befindet, desto größer ist der Abstand zwischen diesen Grenzen – am Äquator geht die Sonne das ganze Jahr über fast an derselben Stelle auf und unter. Bei der Tagundnachtgleiche im März und September ist die Bewegung der Sonne am auffälligsten: Im März sieht man sie jeden Tag ein wenig weiter nördlich (so daß die Menge des Sonnenlichts von Tag zu Tag zunimmt), im September wandert sie immer weiter nach Süden. Je mehr jedoch die Sommersonnenwende heranrückt, desto geringer werden die täglichen Unterschiede, ganz ähnlich wie bei einem Pendel, das in der Nähe seiner beiden Wendepunkte immer langsamer wird. Zur Sonnenwende scheint die Sonne drei oder vier Tage lang stillzustehen: Sie geht fast an derselben Stelle des Horizonts auf und unter, wie ein Pendel, das am Endpunkt seiner Schwingung zum Stillstand kommt, oder wie ein Ball, den man senkrecht in die Luft wirft und der an der höchsten Stelle seiner Bahn einen Augenblick lang unbeweglich zu schweben scheint. Nach der Sonnenwende, wenn die Sonne ihren Höhepunkt überschritten hat, kehrt sich der ganze Vorgang um: Jetzt wandert sie jeden Tag ein wenig weiter nach Süden, so daß die Zahl der täglichen Sonnenstunden abnimmt.

Logisch wäre eigentlich die Annahme, daß die Sonnenwende im Juni, die in vielen Kulturen als erster Sommertag gefeiert wird, die *Mitte* des Sommers darstellt, denn an diesem Tag erreicht die Sonne den höchsten Punkt, und sie steht die längste Zeit am Himmel. Dennoch scheint es uns in nördlichen Breiten natürlich, die Sonnenwende als den Beginn der Jahreszeit anzusehen, denn das heiße Sommerwetter setzt meist erst ein paar Wochen danach ein (die Verzögerung hat ihre Ursache in der Isolierwirkung der Erdoberfläche, die auch dann noch die Kälte des Winters festhält, wenn die Sonnenwärme schon zugenommen hat). In den gemäßigten Breiten weiter im Süden gilt der 21. Juni häufiger als Höhepunkt des Sommers.

Der Tag der Sonnenwende beginnt ein wenig früher als der Tag zuvor und endet ein wenig später. Es ist die größte Freude aller Sonnenanbeter: der längste Tag und die kürzeste Nacht des Jahres. Aber die Feiern zur Sommersonnenwende werden von einer bittersüßen Ironie gedämpft: Der folgende Tag beginnt ein wenig später und endet ein wenig früher – wir sind auf dem Weg in den Winter.

Die Hitze ertragen

Wenn man vom Sommer spricht, denken die meisten Menschen an Hitze. Zu dieser Jahreszeit sind die gemäßigten Klimazonen wegen der Schrägstellung der Erdachse so der Sonne zugewandt, daß Dauer und Stärke der Strahlung zunehmen, und das führt zu den höchsten Temperaturen des Jahres. Wie heiß kann es werden? Der Hitzerekord der Erde wurde am 13. September 1922 in El Azizia in Libyen gemessen: 58 Grad im Schatten. Der heißeste Ort Amerikas ist das Tal des Todes in Kalifornien, wo die Temperatur am 10. Juli 1913 auf fast 57 Grad im Schatten kletterte; in einer Periode von sechs Wochen stieg das Thermometer dort jeden Tag auf mindestens 49 Grad. Den Rekord für die längste Hitzeperiode hält Marble Bar in Australien: Der Ort erlebte 1923 an 162 aufeinanderfolgenden Tagen eine Temperatur von 37 Grad oder mehr.

Der Begriff «Hundstage» ist ein Vermächtnis der alten Römer: Nach ihrer Überzeugung entstanden die hohen Temperaturen, die etwa vom 3. Juli bis zum 11. August sehr häufig vorkommen, durch die Sternenwärme des «Hundesterns» Sirius, der im Sommer der hellste Stern am Himmel ist. In Wirklichkeit stammt natürlich alle Wärme von der Sonne, aber im Hochsommer bekommen wir die doppelte Menge ab, sowohl durch die unmittelbare Sonneneinstrahlung als auch durch die aus der Erde aufsteigende Wärmestrahlung. Boden und Wasser sind wirksame Wärmespeicher. Wenn die Erde ein paar Wochen

GROSSER HUND
SIRIUS

lang von der Sommersonne aufgeheizt wurde, ist sie so mit Wärme gesättigt, daß sie diese wieder an die Atmosphäre abgibt und so zu schlaflosen Nächten beiträgt.

Wer sich an heißen Sommertagen auch nur mäßig stark körperlich betätigt, der weiß, was es heißt, stark zu schwitzen und in Strömen von Schweiß zu baden. Man braucht nur den Rasen zu mähen oder einen Satz Tennis zu spielen, und schon ist man naß, durchgeweicht oder wie durchs Wasser gezogen.

Die Flüssigkeitsausscheidung hat das Ziel, die Körpertemperatur zu regulieren, und damit ist sie für Lebewesen wie den Menschen mit seinem relativ geringen Temperaturspielraum lebenswichtig. Kühlt sich der Körper mehr als acht bis zehn Grad unter die normalen 37 Grad ab, werden wir bewußtlos, oder wir sterben sogar; und schon drei bis vier Grad über der Normaltemperatur bergen die Gefahr des Hitzschlages. Wir sind widerstandsfähige Lebewesen, aber Extremwerte vertragen wir äußerst schlecht. Durch Schwitzen kühlen wir uns ab, denn das verdunstende Wasser leitet die Wärme aus der Haut und den darin liegenden winzigen Blutgefäßen. Mit enganliegender Kleidung geht dieser Nutzen zum größten Teil verloren. Der Stoff saugt sich mit Schweiß voll, aber da die Luftzirkulation die feuchte Haut nicht erreicht, leidet man schließlich unter Flüssigkeitsmangel, ohne daß sich die Kühlwirkung einstellt. Deshalb tragen die Wüstenbewohner seit Jahrtausenden weite, wallende Gewänder, die Luft an die Haut lassen. Seltsamerweise verstärkt sich der Kühleffekt solcher losen Gewänder, wenn sie dunkle Farben haben. Die Nomadenstämme der Sahara entdeckten schon vor Jahrhunderten, daß schwarze Umhänge und Zelte tatsächlich kühler sein können als helle, reflektierende Stoffe – allerdings nur, solange ein leichter Wind geht. Die Sonnenwärme sammelt sich bei schwarzen Gegenständen knapp über der Oberfläche und wird dort vom Wind rasch weggetragen, so daß sie weniger stark weiter eindringt. Deshalb ist der schwarze Wüstenrabe unter Umständen kühler als hell gefärbte Vögel.

Das Schwitzen ist eine sehr wirksame Methode zur Abkühlung des Körpers, aber es verbraucht viel Wasser – ein wichtiger Gesichtspunkt in den Gegenden der Erde, wo Trockenheit die teuflische Halbschwester der Hitze ist. Nur große Säugetiere schwitzen, wahrscheinlich weil nur Tiere mit einem im Verhältnis zur Oberfläche relativ großen Körpergewicht sich diesen Luxus leisten können. Kleinere Lebewesen sind auf weniger verschwenderische Methoden angewiesen. Hunde hecheln – und zwar nicht nur Setter und Dackel, sondern alle Arten, vom afrikanischen Buschhund bis zum Wolf in der Arktis. Durch das Hecheln wird Wärme aus der Lunge und von der Zunge abtransportiert, und damit erfüllt es im wesentlichen die gleiche Funktion wie das Schwitzen bei den größeren Säugetieren.

Auch Vögel kühlen sich vorwiegend durch Hecheln ab. Die meisten Wüstenvögel sind tagsüber aktiv (eine Ausnahme sind Eulen und Ziegenmelker, die sich tagsüber in einen Bau in Kakteen oder in Spalten und Risse im Fels zurückziehen) und stark der Sonnenstrahlung ausgesetzt; deshalb können sie nur in Gebieten mit verläßlichen Wasservorkommen leben. Aber selbst wenn reichlich Wasser vorhanden ist, müssen die Vögel sich abkühlen, indem sie für Luftzirkulation sorgen oder sich weniger stark der Sonne aussetzen. Tropische Meeresvögel plustern das Gefieder auf, damit der kühlende Wind die Haut erreicht. Nistende Möwen drehen sich ständig mit dem Gesicht zur Sonne, um der Strahlung nur eine möglichst geringe Körperfläche auszusetzen. Kormorane, Fregattvögel und Tölpel sind besonders aufmerksam damit beschäftigt, ihre Jungen vor der Hitze zu schützen: Sie spenden mit ausgebreiteten Flügeln Schatten. Manche Geier spritzen sich ihren Urin auf die Beine, um den Wärmeverlust durch Verdunstung zu verstärken. Und der Galapagospinguin, eine der kleinsten Pinguinarten, hat sich an die Hitze der am Äquator gelegenen Galapagosinseln angepaßt, indem er meist nachts aktiv ist und in kühlen Höhlen nistet.

Das Namaquaflughuhn, das in der Kalahariwüste zu Hause

ist, begegnet der Hitze während der Nistzeit, indem es seinen Jungen eine raffinierte Wasserquelle verschafft. Das Männchen des nistenden Paares fliegt jeden Tag bis zu 80 Kilometer weit zur nächsten Wasserstelle, tränkt dort seine Bauchfedern mit Flüssigkeit und fliegt dann zum Nest zurück, wo die Jungen an den Federn saugen können. Zwar verdunstet über die Hälfte des Wassers, bis das Männchen wieder im Nest ist, aber etwa 15 Gramm bleiben übrig, und sie reichen aus, um den Durst der Nachkommen zu stillen.

Am besten begegnet man der Hitze, indem man sie meidet. Die meisten Wüstentiere sind nachtaktiv; die Stunden des Tages verbringen sie an geschützten Stellen, wo die Hitze sie nicht erreicht. Der Fennek, ein in der Sahara beheimateter Fuchs, hält sich tagsüber unter der Erde auf und ernährt sich nachts von Insekten, Eidechsen, Nagetieren und Pflanzen; mit dieser Nahrung deckt er auch praktisch seinen gesamten Flüssigkeitsbedarf. Backenhörnchen sind tagaktiv, aber während der heißesten Zeit des Tages bleiben sie in ihrem Bau; richtig lebhaft sind sie nur früh am Morgen und am Spätnachmittag. Wüstenhasen verkriechen sich nicht vor der Mittagshitze, aber sie suchen Schutz in schattigen Senken, und dort helfen ihnen ihre riesigen Ohren, die Strahlung vom Körper fernzuhalten. Die Grantgazelle, die in den Halbwüsten im Norden Kenias zu Hause ist, nimmt den größten Teil ihres Wasserbedarfs beim nächtlichen Fressen auf. Tagsüber enthalten die Pflanzen, welche die Gazelle bevorzugt, nur drei Prozent Wasser, das heißt, sie sind so trocken, daß sie bei der leisesten Berührung zerbröckeln. Nach acht Stunden in der Nachtluft sind dagegen 40 Prozent des Gewichts dieser Pflanzen Wasser, und nun liefern sie der Gazelle einen großen Teil der drei Liter Flüssigkeit, die sie täglich braucht.

Zu den erfolgreichsten Wüstenbewohnern gehören die Nagetiere: Sie verkriechen sich tagsüber unter der Erde, um den hohen Temperaturen und der geringen Luftfeuchtigkeit zu entgehen. Die nordafrikanische Sandratte ernährt sich von dickblättrigen Salzpflanzen, und das Salz scheidet sie mit ihrem sehr konzentrierten Urin wieder aus. Die amerikanische Grashüpfermaus lebt fast ausschließlich von Insekten, und aus ihnen bezieht sie auch einen großen Teil der Feuchtigkeit, die sie braucht.

Aber der Lebenskünstler unter den Wüstennagetieren ist sicher das Rattenkänguruh im Südwesten der USA mit seiner bemerkenswerten Fähigkeit, praktisch ohne äußere Wasserzufuhr auszukommen. Tagsüber zieht sich das Rattenkänguruh in seinen Bau zurück; den Eingang verschließt es, um die Hitze fern und die Feuchtigkeit im Bau zu halten. Solange es während der heißesten Zeit des Tages in seiner Höhle bleibt, kann es seinen gesamten Wasserbedarf durch Oxidation der Körner und Samen produzieren, die seine trockene Nahrung bilden. Der Stoffwechsel produziert Wasser durch Oxidation: Sauerstoff aus der Atemluft verbindet sich mit Wasserstoff aus der trockenen Nahrung. Das empfindliche Gleichgewicht, das zum Überleben notwendig ist, kann das Rattenkänguruh nur aufrechterhalten, indem es auf jede nur mögliche Weise Wasser spart. Sein Urin ist sehr konzentriert, der Kot fast trocken. Die hohe Luftfeuchtigkeit im Bau – sie ist etwa zwei- bis fünfmal so hoch wie in der Umgebung – verringert die Verdunstung in der Lunge. Und wenn das Rattenkänguruh tagsüber unter der Erde bleibt, produziert es mit seinem Stoffwechsel mehr Wasser, als es verbraucht, so daß die Wassermenge zunimmt.

Wirbellose müssen sich mehr anstrengen als größere Lebewesen, um den Wasserverlust, der durch die Verdunstung entsteht, zu verhindern, denn bei ihnen ist die Körperoberfläche im Verhältnis zum Gewicht größer. In Trockengebieten scheiden Spinnen, Skorpione und viele Insekten – die meisten von ihnen nachtaktiv – eine dünne Wachsschicht aus, die für Wasserdampf relativ undurchlässig ist. Da das Wachs auch den Austausch von Sauerstoff und Kohlendioxid blockiert, haben die Wirbellosen ein Atemsystem entwickelt, das wie ein Ventil funktioniert: Es öffnet sich in regelmäßigen Abständen, um

Kohlendioxid hinaus- und Sauerstoff hereinzulassen. Insekten und Spinnen scheiden auch trockenen Kot aus, oder in manchen Fällen speichern sie ihre Exkremente als winzige Kügelchen im Körper. Dann beseitigen sie die Abfallstoffe, wenn reichlich Wasser zur Verfügung steht, oder in manchen Fällen auch überhaupt nicht.

Im Sommer ist das Leben leicht, das stimmt, aber es ist nicht immer angenehm. Wenn man in der Hitze der Hundstage nach draußen geht und die Temperatur steigt, platzt einem leichter der Kragen, und das Temperament bricht aus. Lieber sollte man es wie das Rattenkänguruh machen und sich verkriechen. Der griechische Dichter Hesiod, ein wirklich vernünftiger Mann, gab folgenden Rat, wie man die schlimmste Zeit des Sommers übersteht: «Wenn Sirius Kopf und Knie ausdörrt und der Körper von der Hitze vertrocknet ist, setz dich in den Schatten und trinke!»

Zuviel Wärme: Die Gefahren des Treibhauseffekts

Damit die Atmosphäre weiterhin so funktioniert, wie wir es gewohnt sind, muß ihre chemische Zusammensetzung recht konstant bleiben. Eine plötzliche starke Zu- oder Abnahme eines Bestandteils kann das ganze System aus dem Gleichgewicht bringen – mit beängstigenden Folgen. Ein solches möglicherweise bedeutsames Ungleichgewicht ist die schnelle Zunahme der Kohlendioxidmenge, welche die Wissenschaftler in den letzten Jahrzehnten festgestellt haben. Wenn die Theorien und Computermodelle der Fachleute stimmen, kann diese Anhäufung von CO_2 unter Umständen das Klima unseres gesamten Planeten drastisch verändern.

Der Treibhauseffekt, auch globale Erwärmung genannt, ent-

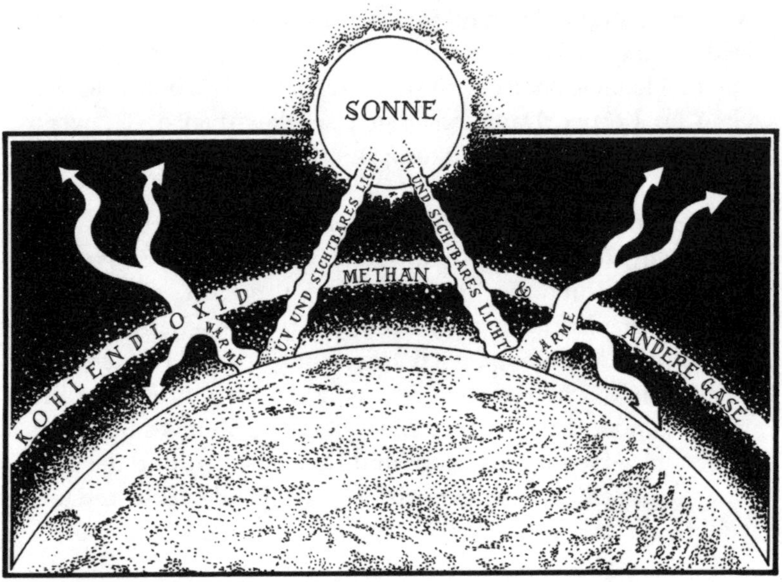

Wärme, die unter einer immer dickeren Kohlendioxidschicht festgehalten wird, führt zur globalen Erwärmung.

steht, wenn Gaspartikel in der Atmosphäre in so hoher Konzentration auftreten, daß die Sonnenwärme hindurchdringen kann, während die von der Erde abgestrahlte Energie festgehalten wird. Die Folge ist ein Temperaturanstieg an der Erdoberfläche. Und schon bei einer geringen Temperaturerhöhung können die Eiskappen an den Polen abschmelzen, so daß der Meeresspiegel steigt, und dann käme es in den Küstengebieten zu umfangreichen Überschwemmungen. Wie solche Klimaveränderungen das Leben beeinflussen würden, darüber kann man bisher nur spekulieren.

Bis vor kurzer Zeit war der Treibhauseffekt im wesentlichen eine abstrakte Bedrohung. Nach übereinstimmender Ansicht der meisten Wissenschaftler hat die Konzentration von Kohlendioxid, Methan und anderen Gasen seit Beginn des Industriezeitalters um etwa 25 Prozent zugenommen, und sie wird weiterhin steigen. Praktisch alle sind auch der Meinung, daß solche Gase die Sonnenwärme nach Art des berühmten Treibhauses einfangen und deshalb weltweite Klimaveränderungen auslösen können. Geteilt sind die Meinungen in der wissenschaftlichen Welt jedoch in der Frage, wann wir mit solchen Veränderungen rechnen müssen und welche Auswirkungen sie haben können. Manche Fachleute haben noch Zweifel, ob eine solche Erwärmung – falls sie überhaupt eintritt – so stark oder so schnell sein wird, daß sie das Leben auf der Erde nennenswert beeinflußt.

Viele Biologen fürchten jedoch, daß der Treibhauseffekt die Wälder und die Tierwelt der Erde in den nächsten 50 Jahren drastisch verändern wird. Nach einer Voraussage der Wissenschaftler vom Goddard Institute for Space Research der NASA wird die Temperatur von 2040 bis 2070 um durchschnittlich 1,5 bis 4 Grad ansteigen, wenn die Kohlendioxidkonzentration in der Atmosphäre bis dahin das Doppelte des 1980 gemessenen Wertes erreicht. Nach einem solchen Anstieg wäre die Atmosphäre wärmer als zu irgendeinem Zeitpunkt in den letzten 100000 Jahren, und das hätte dramatische Auswirkungen. Veränderungen der Wälder, steigender Meeresspiegel, Verschiebungen der Regengebiete, immer häufigere und heftigere tropische Wirbelstürme und andere vorausgesagte Folgen des Treibhauseffekts könnten die Tierwelt – und auch das Leben der Menschen – überall auf der Erde zerstören.

DAS UNIVERSUM DES PTOLEMÄUS
PRIMUM MOBILE
KRISTALL
FIRMAMENT
SATURN
JUPITER
MARS
SONNE
VENUS
MERCUR
MOND
FEUER
LUFT
ERDE
WASSER

Sternschnuppen

Als ich den gelehrten Astronomen hörte,
Als Beweise, Zahlen, in Kolonnen vor mir lagen,
Als man mir die Kurven zeigte, die man nur addieren, teilen,
messen muß,
Als ich sah und hörte, wie der gelehrte Astronom mit viel Applaus
im Hörsaal seine Rede hielt,
Wie wurde ich auf einmal unerklärlich matt und krank,
Bis ich mich nach draußen schlich, um ganz allein
herumzuwandern,
In der geheimnisvollen Feuchtigkeit der Nacht, um von Zeit zu Zeit
Hinaufzublicken mit vollendetem Schweigen zu den Sternen.

Walt Whitman, «Als ich den gelehrten Astronomen hörte»

Wenn Whitman lange genug unter dem Nachthimmel stand, sah er wahrscheinlich Meteore über sich hinwegschießen, ein Phänomen, das auch gelernte Astronomen bis weit ins 19. Jahrhundert vor ein Rätsel stellte. Der Feuerschweif der Meteore kann so auffällig sein, daß man leicht versteht, warum man sie jahrtausendelang für herabfallende Sterne hielt. Die ersten Himmelskundler nahmen an, mit genügend Geduld könnten sie zusehen, wie ein bestimmter Stern von seinem Platz am Himmel stürzte, wie ein reifer Apfel, der vom Baum fiel. Nach dem ptolemäischen Weltbild erschien diese Annahme plausibel, denn danach befand sich die Erde im Mittelpunkt des Universums, umgeben von konzentrischen Kugeln, an denen Sonne, Mond, Planeten und Sterne befestigt waren. Nach den antiken Vorstellungen von der Welt war es auch durchaus sinnvoll, den Himmel für eine riesige Höhle und die Sterne für weit entfernte Lagerfeuer zu halten. In Legenden aus Sibirien war der Himmel eine Kuppel aus vernähten Fellen, zwischen denen die Götter gelegentlich hindurchspähten, so daß ein wenig von der Strahlung des Jenseits hindurchschimmerte. Manche Indianer hielten die Meteore für Stücke der Mondsubstanz und nannten sie «Kinder des Mondes».

Aristoteles und andere Philosophen im antiken Griechenland hielten Meteore nicht für astronomische, sondern für atmosphärische Erscheinungen – das griechische Wort *Meteor* bedeutet denn auch «hoch in der Luft»; es ist auch der Ursprung des Begriffs «Meteorologie» für die Wissenschaft von der Atmosphäre. Plinius war der Ansicht, Meteore seien Himmelserscheinungen, und fand für ihr Auftauchen eine recht bizarre Erklärung: «Wenn man glaubt, daß Sterne fallen, dann sind sie in Wirklichkeit mit einem Schuß Flüssigkeit überladen und geben den Überschuß mit einem glühenden Blitz zurück, genau wie wir es bei einem Rinnsal aus Öl beobachten, wenn wir eine Lampe anzünden.»

Bevor ein Meteor als glühender Streifen am Himmel auftaucht, treibt er als Materiebrocken, Meteorit genannt, durchs Weltall. Manche dieser Brocken sind Bruchstücke des Mondes, die vor Jahrmillionen durch den Einschlag anderer Meteoriten in den Raum geschleudert wurden; andere sind Teile von Planeten. Nach den Theorien einiger Wissenschaftler stammen die knapp zehn Prozent der aufgefundenen Meteoriten, die aus Eisen und Nickel bestehen, aus dem Kern eines Planeten, der in der Frühzeit des Sonnensystems in Stücke zerbrach, während die Steinmeteoriten ihren Ursprung in der Kruste dieses Planeten haben. Andere sind Fragmente von Asteroiden, die bei der Entstehung der Planeten übriggeblieben sind und nun in einem breiten Gürtel zwischen Mars und Jupiter um die Sonne kreisen. Die Asteroiden stoßen häufig zusammen, so daß Brocken und kleine Stücke abbrechen, und manche davon werden durch die Schwerkraft der Planeten aus ihrer Bahn gerissen, so daß sie schließlich in die Nähe der Erde gelangen.

Aus allen diesen Quellen können Meteore stammen, aber die meisten der 100 bis 200 Millionen Meteoriten, die jeden Tag in die Erdatmosphäre eindringen, sind abgebrochene, weggeschleuderte und verstreute Stücke im Kielwasser von Kometen, die sich auf ihrer Bahn durch das Sonnensystem bewegen. Kometen werden oft als riesige schmutzige Schneebälle beschrieben: Sie bestehen aus gefrorenem Wasser, Kohlendioxid, Ammoniak und Methan, und sie sind mit kleinen Stein- und Erzstücken durchsetzt. Wenn ein Komet auf seiner langgezogenen, elliptischen Bahn um die Sonne wandert, zerfällt er nach und nach, insbesondere in der Nähe der Sonne, wo die Wärme das Eis des Kometen zu Wasserdampf sublimieren läßt und dabei Gestein, Eisen und andere Trümmer freisetzt, die sich entlang der Umlaufbahn verteilen. Wenn der Komet die Erdumlaufbahn kreuzt, zieht die Schwerkraft der Erde die Trümmerstücke an, so daß sie in die Atmosphäre gezogen werden. Da die Umlaufbahnen von Kometen relativ regelmäßig verlaufen, kann man recht genau vorhersagen, an welchen Tagen des Jahres sie unsere Umlaufbahn kreuzen werden, so daß «Meteorschauer» entstehen.

Ein Meteorit, den die Erdschwerkraft eingefangen hat, rast mit hoher Geschwindigkeit zu Boden. In einer Höhe von etwa 100 Kilometern hat er eine Geschwindigkeit von 240000 Stundenkilometern erreicht, das ist etwa hundertmal mehr als bei einer Gewehrkugel; die Luftreibung heizt den Meteor so auf, daß seine äußeren Schichten verdampfen, so daß ein glühender Schweif entsteht. Helligkeit und Lebensdauer eines solchen Meteorschwanzes sind unterschiedlich, je nach Größe und der Richtung seines Eintritts in die Atmosphäre. Im allgemeinen gilt: Je größer der Brocken und je flacher der Eintrittswinkel (bei einem flachen Winkel fliegt der Meteor langsamer und durch einen längeren Abschnitt der Atmosphäre), desto heller und länger sieht die Sternschnuppe aus. Die meisten Meteoriten sind winzig, nicht größer als Getreide- oder Sandkörner, aber gelegentlich gelangen auch größere Stücke in die Atmosphäre, die ein leuchtendes Feuerwerk verursachen.

Der gewaltige Meteorschauer der Leoniden, der im November 1833 über dem Osten der USA niederging, weckte sowohl

Angst als auch wissenschaftliches Interesse an Meteoren. Am frühen Morgen des 13. November füllten innerhalb von sechs Stunden schätzungsweise 200000 Meteore den Himmel, und alle schienen ihren Ausgangspunkt im Sternbild des Löwen zu haben. Viele Menschen glaubten, es sei ein Vorzeichen für den Weltuntergang, wie er in der Offenbarung prophezeit wird («da geschah ein großes Erdbeben, und die Sonne wurde finster wie ein schwarzer Sack, und der ganze Mond wurde wie Blut, und die Sterne des Himmels fielen auf die Erde ...»). Die Astronomen interessierten sich mehr für die Beobachtung, daß es sich bei dem Meteorschauer der Leoniden offenbar um ein zyklisches Ereignis handelte, das jedes Jahr etwa zur gleichen Zeit wiederkehrte, nämlich immer dann, wenn die Erde auf ihrer Umlaufbahn die Meteorströme kreuzte.

Über die Entstehung der Meteore herrschte weiterhin große Unsicherheit, bis man 1872 durch sorgfältige Beobachtung eines Schauers feststellte, daß es sich um die Trümmer des zerfallenen Kometen Biela handelte. Im Jahr 1846 hatte man beobachtet, wie Biela sich in zwei Stücke spaltete, und 1852 war er als Doppelkomet wieder aufgetaucht. Danach hatte man ihn nicht mehr gesehen, aber als die Erde am 27. November 1872 seine Umlaufbahn kreuzte, gab es einen furchterregenden Meteorschauer. Dieses Ereignis zeigte zum erstenmal einen eindeutigen Zusammenhang zwischen Meteoren und Kometen.

Einen seltsamen Einblick in das Wesen der Menschen erlaubt die Tatsache, daß Meteore sowohl als Vorboten des Bösen als auch als Zeichen des Glücks gedeutet wurden. Sich bei einer Sternschnuppe etwas zu wünschen ist ein alter Aberglaube mit einer wichtigen Bedingung: Damit der Wunsch wahr wird, muß man ihn denken, solange der Meteor zu sehen ist. Leider verschwinden die meisten Meteore aber viel zu schnell, als daß man in dieser Zeit einen Gedanken vollenden könnte. Auf den Britischen Inseln sagte man nach einer jahrhundertealten Gewohnheit, bei jedem Meteor werde ein Kind geboren – eine Vorstellung, die ihren Ursprung vielleicht in der biblischen

Geschichte des Sterns von Bethlehem hat. Nach einer anderen Vorstellung bedeutete das Fallen eines Sterns, daß jemand gestorben war – und zwar oft eine wichtige Persönlichkeit. In dem Drama *König Richard der Zweite* läßt Shakespeare einen walisischen Hauptmann den Grafen von Salisbury warnen: «Und Meteore erschrecken den festen Stern des Himmels... Diese Zeichen gehen dem Tod oder Sturz von Königen voraus.» In Legenden aus Mittelasien war ein Meteor eine «Feuerschlange», die über den Himmel kroch und manchmal Unglück, manchmal aber auch reiche Schätze brachte. Die Wotjaken in Westsibirien glaubten, Meteore seien «Feuerwürmer», die nachts vom Himmel stiegen, um sich vom Blut der schlafenden Sterblichen zu ernähren. Und nach dem Glauben der Menschen auf der Inselgruppe der Andamanen waren sie die Fakkeln böser Waldgeister, die auf die Menschen Jagd machten.

Die wichtigste Voraussetzung zur Beobachtung von Meteoren ist Dunkelheit. Am besten erkennt man sie in Neumondnächten sowie vor Aufgang und nach Untergang des Mondes und an Stellen abseits der Lichter von Großstädten. Die meisten Meteore sieht man im allgemeinen zwischen Mitternacht und Morgendämmerung, wenn die Nachtseite der Erde nach vorn in die Umlaufrichtung weist. Genau wie die Windschutzscheibe eines Autos, die mehr Regentropfen auffängt als das Rückfenster, so trifft auch die Vorderseite der Erde häufiger mit Meteoren zusammen. Der «Schweif» eines Meteors ist meist noch nicht einmal eine Sekunde lang zu sehen. Tritt der Meteor in steilem Winkel unmittelbar über dem Beobachter in die Atmosphäre ein, ist er äußerst kurz – oft erkennt man nur ein kurzes Aufblitzen oder einen unbeweglichen hellen Punkt. Solche, die in flacherem Winkel ankommen, können dagegen mehrere Sekunden lang glimmen, in seltenen Fällen sogar eine bis eineinhalb Minuten. Meist sehen sie weiß oder gelb aus, aber die längsten und hellsten können auch rot, orange oder sogar grün leuchten.

In einer durchschnittlichen dunklen, mondlosen Nacht mit

guten Sichtverhältnissen kann man pro Stunde mit etwa fünf Meteoren rechnen. Liegt die Zahl höher, spricht man von einem Meteorschauer; solche Ereignisse treten mehrmals im Jahr zu vorhersehbaren Zeitpunkten ein, wenn die Erde den Schweif von Kometen kreuzt. Die Intensität der Meteorschauer schwankt von Jahr zu Jahr: Manchmal sind es nur zehn, manchmal auch mehrere hundert Meteore pro Stunde, und in seltenen Fällen kann der Schauer auch zu einem aufsehenerregenden Meteorsturm werden. Am Abend des 17. November 1966 beispielsweise, während des Leoniden-Meteorschauers, sahen manche Beobachter in New Mexico mehrere hundert Meteore pro Sekunde, die über den Himmel schossen. In 40 großartigen Minuten erleuchteten schätzungsweise 100 000 Meteore den Himmel – es war eines der größten derartigen Schauspiele seit dem Beginn historischer Aufzeichnungen.

Meteorschauer werden meist nach dem Sternbild benannt, von dem sie scheinbar ausgehen. Dieser beobachtete Ausgangspunkt ist eine perspektivische Illusion, genau wie die Dämmerungsstrahlen bei Sonnenuntergang, aber er bietet ein einfaches Bezugssystem zum Wiedererkennen der einzelnen Schauer.

Am hellsten ist in den meisten Jahren der Schauer der Perseiden; er erreicht seinen Höhepunkt gewöhnlich in den frühen Morgenstunden des 12. August, und dann kann man mit durchschnittlich 27 Meteoren pro Stunde rechnen. Die Häufigkeit schwankt jedoch: Es gibt Flauten, in denen man nichts erkennt, und dann wieder Phasen heftiger Aktivität.

Die Meteorströme sind nicht gleichmäßig verteilt, sondern sie zeigen Häufungen und dazwischen Lücken, in denen nur vereinzelte Meteore auftauchen. Der Mathematiker Hubert Anson Newton wertete historische Berichte über die Leoniden-Schauer aus den Jahren 902 bis 1833 aus und entdeckte dabei, daß größere Häufungen mit mehreren tausend Meteoren in einer Nacht alle 33,25 Jahre auftreten, und er sagte – wie sich herausstellte, korrekt – voraus, ein solcher dichter Schauer werde im November 1866 zu beobachten sein. Im Jahr 1933 erleuchtete der Leoniden-Schauer den Himmel nach einem Augenzeugenbericht «wie eine Wunderkerze». Und 33 Jahre später beobachtete man über dem Westen der USA erneut 150000 Meteore pro Stunde. Nach Newtons Berechnungen ist im November 1999 wieder mit einem solchen Schauspiel zu rechnen.

Feuerbälle und Boliden

Wenn ein großer Meteorit von der Erdanziehung eingefangen und in unsere Atmosphäre gezogen wird, entstehen Meteore einer eigenen Kategorie. Sie können zu Feuerbällen werden – nach der üblichen Definition sind das Meteore, die heller leuchten als die Venus –, oder aber zu Boliden, explodierenden Meteoren. Plinius beschreibt einen Feuerball, der 66 v. Chr. über Rom auftauchte: Er sei anfangs ein «Funke» gewesen, der «von einem Stern herabfiel und an Größe zunahm, als er sich der Erde näherte, und als er so groß war wie der Mond, strahlte er eine Art trübes Tageslicht aus; dann kehrte er in den Himmel zurück und verwandelte sich in eine Fackel.» Ein Feuerball, den man im November 1977 über Ontario beobachten konnte, war den Berichten zufolge so hell wie die Sonne. Augenzeugen aus West Virginia berichteten im Januar 1983, sie hätten einen Überschallknall und donnerähnliches Rumpeln gehört, nachdem drei bis fünf Minuten zuvor ein Feuerball, heller als der Vollmond, über den Himmel geschossen war.

Gelegentlich tritt ein Feuerball in einem so flachen Winkel in die Atmosphäre ein, daß er waagerecht über die Erde fliegt und dann wieder in den Weltraum «entkommt». Eine solche Erscheinung beobachteten am 10. August 1972 viele tausend Menschen, und er wurde mit einer Amateurfilmkamera festgehalten und später im Fernsehen gezeigt: Ein Feuerball flog bei Tageslicht etwa 1500 Kilometer weit von Utah bis nach Alberta in Kanada. Er wurde von einem Satelliten der US-Luftwaffe genau verfolgt und näherte sich, wie man heute weiß, dem Boden über Montana bis auf 58 Kilometer, und dort hörten viele Augenzeugen auch einen Überschallknall. Der Feuerball versprühte auf seinem ganzen Weg Funken und Blitze, und hinter sich ließ er eine Spur wie den Kondensstreifen eines Düsenflugzeuges zurück, die noch nach einer halben Stunde zu erkennen war. Der Meteor selbst, vermutlich ein Bruchstück eines Asteroiden, war nach Schätzungen so groß wie ein Fußballfeld und wog etwa eine Million Tonnen.

Steine vom Himmel: Meteoriten

Ein paar dutzendmal im Jahr verbrennt ein Meteorit in der Atmosphäre nicht vollständig, sondern er fällt als Meteorit zu Boden. Die meisten Meteoriten waren anfangs große Meteoriten, insbesondere Bruchstücke von Asteroiden (Kometentrümmer sind meist so klein und empfindlich, daß sie nicht bis zur Erde gelangen). Die meisten Meteoriten treten in einem flachen Winkel und mit relativ geringer Geschwindigkeit in die Erdatmosphäre ein. Lange Zeit glaubte man, Meteoriten seien übernatürlichen oder göttlichen Ursprungs, und deshalb hielt man sie für anbetungswürdig. Den Theorien zufolge sind sowohl die Kaaba, der heilige Stein der Moslems, als auch der Stein, der im dritten Jahrhundert v. Chr. im Dianatempel von Ephesus verehrt wurde, große Meteoriten. In noch früherer Zeit schätzte man sie nicht nur aus religiösen, sondern auch aus praktischen Gründen. Man findet drei Arten von Meteoriten. Die meisten bestehen aus Stein, weit weniger aus einem Stein-Eisen-Gemisch, und noch weniger aus fast reinem Eisen (90 Prozent Eisen und 10 Prozent Nickel). Wie man schon vor langer Zeit bemerkte, lassen sich Eisenmeteoriten zu Waffen und Werk-

Asteroidengürtel

zeugen verarbeiten, die härter, kräftiger und scharfkantiger sind als solche aus Stein oder Bronze. Als die Hethiter in Kleinasien ungefähr 1500 v. Chr. lernten, verschiedene Erze mit Kohlenfeuern zu schmelzen und daraus fast reines Eisen zu gewinnen, bezeichneten sie das Metall als «Feuer vom Himmel». Noch früher kannten die Ägypter das Eisen als «Himmelsstein», und das altsumerische Wort für Erz kann man auch mit «Himmel» oder «Feuer» übersetzen. Das Eisen der Meteoriten war als Geschenk, das die Götter vom Himmel geworfen hatten, hochgeschätzt.

Als mit dem 18. Jahrhundert das Zeitalter der Vernunft kam, betrachteten viele Wissenschaftler der westlichen Welt die Meteoriten als Gegenstand von Volksmärchen und Mythologie, das keiner ernsthaften Untersuchung wert war. Die Vorstellung, daß Steine tatsächlich vom Himmel fallen können, hielt man jetzt für absurd, genau wie redende Schafe und fliegende Kühe. Als die französische Akademie der Wissenschaften den Chemiker Antoine-Laurent Lavoisier im September 1768 beauftragte, Berichte über einen «großen Stein» zu untersuchen, der vom Himmel gefallen sein sollte, erwiderte er, die Zeugen dieses unglaublichen Vorfalls seien entweder Lügner, oder sie irrten sich. Ein großer Meteoritenschauer, der am 24. Juli 1790 in der Nähe von Agen in Nordwestfrankreich niederging, wurde von über 300 Augenzeugen beobachtet und aufgezeichnet, unter ihnen der Bürgermeister der Stadt; dennoch erklärte der Chefredakteur einer wissenschaftlichen Zeitschrift, der das Ereignis untersuchte, es sei eine Unmöglichkeit.

Erst 1803, als der Physiker Jean-Baptiste Biot einen gewaltigen Schauer von 2000 bis 3000 Meteoriten untersuchte, der bei L'Aigle, etwa 160 Kilometer nordwestlich von Paris, niedergegangen war und dessen einzelne Stücke bis zu neun Kilogramm wogen, war die Akademie der Wissenschaften überzeugt.

Aber auch diesen Beleg hielten nicht alle für unbestreitbar. Am 14. November 1807 raste ein riesiger Feuerball über den Himmel von Neuengland, bevor er in der Nähe von Westin in Connecticut einschlug. Ein Chemieprofessor und ein Bibliothekar der Yale-Universität sammelten etwa 150 Kilogramm Meteoriten ein. Sie legten die Steine als Beweis vor, daß die französische Akademie tatsächlich recht gehabt hatte, als sie den Meteoriten einen himmlischen Ursprung zuschrieb, aber Präsident Jefferson soll skeptisch geblieben sein. Seine oft zitierte (und wahrscheinlich nicht authentische) Bemerkung lautete: «Es ist leichter zu glauben, daß zwei Professoren aus Yale lügen, als daß Steine vom Himmel fallen.»

Aber solche Steine fallen tatsächlich. Einer, der vor 50000 Jahren in Arizona einschlug, hinterließ einen Krater von 1200 Meter Durchmesser und 250 Meter Tiefe. Mindestens ein Dutzend weiterer Krater, die bekanntermaßen durch Meteoriten entstanden sind, findet man in Australien, Rußland, den baltischen Staaten, Saudi-Arabien, Polen, Argentinien, Texas und Kansas.

Der größte jemals entdeckte Meteorit ist das Eisen von Hoba, das man 1920 in Südwestafrika entdeckte. Es mißt 3 × 3 × 1 Meter, wiegt etwa 66 Tonnen und stürzte wahrscheinlich in vorgeschichtlicher Zeit auf die Erde. Seltsamerweise ist es nicht von einem Krater umgeben, obwohl es sich teilweise in der Erde befindet.

Ein weiterer bemerkenswerter Meteorit ist Ahnighito, ein Brocken von 34 Tonnen, der in Cape York auf Grönland vor etwa 10000 Jahren niederging. Jahrhundertelang stellten die Eskimos aus kleinen Stücken davon Messer und Harpunenspitzen her; dann eignete Robert Peary ihn sich an, und er verkaufte ihn 1897 für 40000 Dollar an das American Museum for Natural History, wo er noch heute ausgestellt ist.

Den Kirin-Meteoriten sahen in China Tausende von Augenzeugen, als er am 8. März 1976 nahe der Außenbezirke der Stadt Kirin einschlug. Das größte Bruchstück bohrte sich sechs Meter tief in den Boden und wiegt etwa 1750 Kilogramm.

Der Williamette, ein Eisenmeteorit von 15,5 Tonnen, wurde 1902 in Oregon von einem Farmer entdeckt; er brauchte ein Jahr, um ihn die 1200 Meter von dem Land, das der Firma Oregon Iron and Steel gehörte, auf sein eigenes Grundstück zu transportieren. Als er versuchte, den Meteoriten zu verkaufen, erhob die Firma Anspruch auf das Stück, und dann verkaufte sie es an das American Museum for Natural History; dort kann man ihn heute neben dem Ahnighito bewundern.

Da die meisten Meteoriten so gut wie nicht von gewöhnlichen Steinen zu unterscheiden sind, findet man kleine Stücke nur schwer, es sei denn, man sieht gerade einen fallen. Das ist nur sehr selten geschehen. Am 31. August 1991 stand ein 13jähriger Junge namens Brodie Spaulding in der Nähe von Indianapolis in seinem Garten; plötzlich hörte er ein «leise zischendes» Geräusch, und wenige Augenblicke später schlug ein faustgroßer, etwa ein halbes Kilogramm schwerer Meteorit vor ihm auf den Boden. Er berichtete, der dichte, von der Hitze geschwärzte Brocken sei noch warm gewesen, als er ihn aufhob.

Vereinzelt wurde sogar über noch nähere Begegnungen berichtet. In China soll ein Meteorit von der Größe eines Pferdewagens im Jahr 616 v. Chr. zehn Menschen erschlagen haben, und im 19. Jahrhundert hatten ein Hund und ein Pferd den Berichten zufolge bei zwei getrennten Vorfällen das unglaubliche Pech, daß sie genau an der Stelle standen, wo ein Meteorit einschlug. Zweimal, nämlich 1971 und 1982, durchschlugen Meteoriten die Dächer von Häusern in Wethersfield im US-Bundesstaat Connecticut, ohne jedoch jemanden zu verletzen. In der jüngeren Vergangenheit gibt es nur einen belegten Fall, wo ein Mensch von einem Meteoriten getroffen wurde. Am Nachmittag des 30. November 1954 erlitt Ann Hodges, eine 32jährige Hausfrau aus Sylacauga in Alabama, einen schweren Bluterguß durch einen etwa vier Kilogramm schweren, 17 mal 12 Zentimeter großen Meteoriten, der durch ihr Dach brach und in ihrem Wohnzimmer einschlug, als sie gerade ein nachmittägliches Nickerchen hielt. Er traf sie beim Zurückprallen, als sie auf dem Sofa lag.

Ob es sich bei einem Gegenstand um einen Meteoriten handelt, läßt sich am verläßlichsten feststellen, wenn man ihn in einer Gegend gefunden hat, wo es an der Oberfläche keine Steine gibt, beispielsweise auf einer großen Eisfläche. Eine japanische Wissenschaftlergruppe, die 1969 die riesigen Gletscher der Antarktis untersuchte, entdeckte auf dem Eis neun dicht nebeneinanderliegende Steine. Die Forscher sammelten die Stücke aus Neugier ein und nahmen sie mit in ihr Lager. Erst später, bei näherer Untersuchung, stellte sich heraus, daß es sich um Meteoriten handelte, die im Verlaufe vieler tausend Jahre herabgestürzt und im Eis des Gletschers erhalten geblieben waren. Da das Eis durch Wind und Wetter abgetragen wird, entdeckt man immer noch neue Meteoriten, und so entsteht der Eindruck, als ob sie in diesem Gebiet in besonders großer Zahl einschlagen. In Wirklichkeit fallen in der Antarktis nicht mehr Meteoriten als anderswo, aber auf der riesigen Eisfläche sind die Steine leicht zu erkennen. Mit einer Beschäftigung, die ein Wissenschaftler einmal «die große Ostereiersuche für Erwachsene» nannte, sammeln die Forscher heute auf den Eisflächen der Antarktis jedes Jahr bis zu tausend Meteoriten ein.

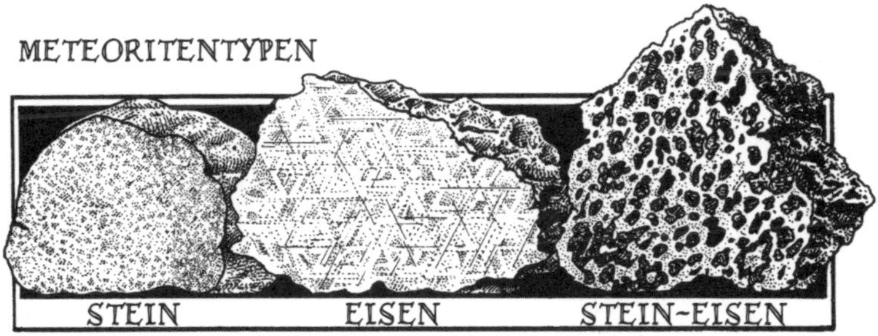

Wichtige Meteorschauer

Datum	Name	durchschnittliche Zahl pro Stunde
4. Januar	Quadrantiden	50
21. April	Lyriden	15
4. Mai	Maiaquariden	20
20. Juni	Ophiuchiden	15
25. Juli	Capricorniden	15
28. Juli	Juliaquariden	20
30. Juli	Fisch-Australiden	15
5. August	Iota-Aquariden	15
11./12. August	Perseiden	75
20.–22. Oktober	Orioniden	35
1.–4. November	Tauriden	15
16./17. November	Leoniden	15
5. Dezember	Phoeniziden	25
13./14. Dezember	Geminiden	60
23. Dezember	Ursiden	20

Sonnen- und Mondfinsternisse

Was könnte in einer Welt, deren Leben so vollständig auf die Sonnenenergie angewiesen ist, beängstigender sein als der Tod der Sonne? Sie langsam im Dunkel verschwinden zu sehen kann die tiefsten Urängste vor dem Sterben aufwühlen. Nach den Vermutungen mancher Anthropologen haben die Menschen, von Sonnen- oder Mondfinsternissen erschüttert, zum erstenmal beten gelernt, und die verzweifelte Anrufung einer höheren Macht wurde dann mit der Wiederkehr von Sonne oder Mond belohnt. Aber obwohl die Gebete und das Flehen erhört wurden, galten Sonnen- und Mondfinsternisse in allen Kulturen als etwas Schlechtes.

Wie Kometen und Meteore, so scheinen auch Sonnen- und Mondfinsternisse zufällig und ungeordnet aufzutreten, und deshalb stellen sie alle Vorstellungen vom Universum als geordnetem Gebilde in Frage. Die Römer waren so davon überzeugt, es handele sich um übernatürliche Ankündigungen von Unglück, daß es verboten war und als Gotteslästerung galt, wenn man öffentlich behauptete, es seien in Wirklichkeit Naturerscheinungen. Der römische Naturforscher Plinius hatte wenig Geduld mit dem «schrecklichen Geist der Menschen, der in der Verfinsterung der Sterne irgendein Verbrechen oder den Tod sieht... oder der aus dem Sterben des Mondes schließt, er sei vergiftet worden, und ihm infolgedessen mit dem lauten Klappern von Zimbeln zu Hilfe eilt».

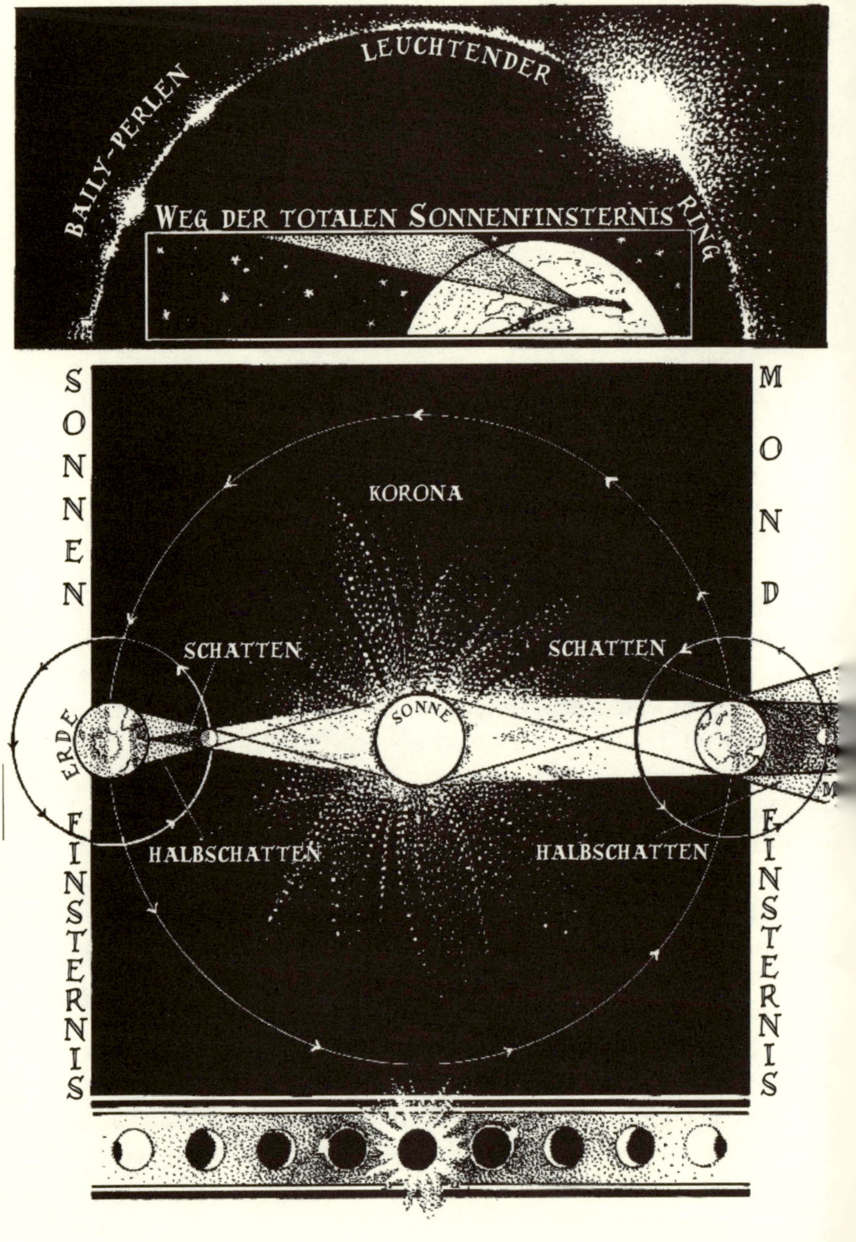
BAILY-PERLEN
LEUCHTENDER RING
WEG DER TOTALEN SONNENFINSTERNIS
SONNENFINSTERNIS
MONDFINSTERNIS
KORONA
SCHATTEN
SCHATTEN
ERDE
SONNE
HALBSCHATTEN
HALBSCHATTEN

Für die alten Chinesen, Armenier, Maya, Indianer und viele andere Völker wiesen Sonnen- und Mondfinsternisse auf Drachen, riesige Wölfe, Vampire und viele andere Ungeheuer hin, die Sonne und Mond angriffen und verschlangen. Eine tschechische Sage erzählt von zwölf Eisriesen, den Feinden der Sonne, die sie von Zeit zu Zeit eroberten, so daß eine Sonnenfinsternis entstand. Wenn diese Ungeheuer endgültig siegten, würde die Welt in ewiger Dunkelheit versinken, und die Mächte des Bösen würden herauskommen und die Menschen auffressen. Um diese Bedrohung der Welt zu bekämpfen oder zu vertreiben, zündeten die Menschen Freudenfeuer an, sie schrien, warfen Steine in die Luft, trommelten auf Töpfen oder fielen wehklagend zu Boden. Die Sonnenfinsternis des 29. Juli 1878 bereitete manchen Indianerstämmen großen Kummer. In einem Bericht des *Philadelphia Inquirer* heißt es: «Es war der großartigste Anblick meines Lebens, aber er erschreckte die Indianer ganz furchtbar. Einige von ihnen fielen auf die Knie und riefen die Gnade Gottes an; andere warfen sich mit dem Gesicht nach unten flach auf die Erde; wieder andere weinten und schrien in einem Ausbruch von Erregung und Schrecken. Schließlich trat ein alter Kerl mit der Pistole in der Hand aus der Tür seiner Hütte, richtete die Augen auf die verdunkelte Sonne, murmelte ein paar unverständliche Worte und hob den Arm unmittelbar in Richtung des Himmelskörpers; er gab einen Schuß ab, und nachdem er die Arme in einer Reihe außergewöhnlicher Gesten um den Kopf geschwenkt hatte, zog er sich wieder in seine Behausung zurück. Und zufällig war die Verdunkelung genau in diesem Augenblick vollständig.»

Der älteste schriftliche Bericht über eine Sonnenfinsternis findet sich in dem altchinesischen *Chou King* (Buch der Geschichte). Dort ist eine Verfinsterung für den 22. Oktober des Jahres 2136 v. Chr. erwähnt. Dem Text zufolge traf das Ereignis die Chinesen unvorbereitet, so daß sie sich in aller Eile zu den üblichen Riten versammeln mußten: Sie schrien, schlugen auf Spiegel und Gongs, trommelten und schossen Pfeile in die Luft, um den Drachen abzuschrecken, der die Sonne verschlang. Die Hofastronomen Hsi und Ho hatten die Sonnenfinsternis nicht vorhergesagt, weil sie Reiswein tranken, statt am Himmel nach Vorzeichen zu suchen. Sie wurden der Nachlässigkeit angeklagt («dummerweise ließen sie sich von ihren Pflichten ablenken...») und enthauptet.

Chinesen und Babylonier gehörten auch zu den ersten Hochkulturen, in denen man erkannte, daß Sonnen- und Mondfinsternisse regelmäßig und vorhersagbar auftreten. Wie sie entdeckten, stehen Mond und Sonne immer nach 18 Jahren, neun bis elf Tagen (unterschiedlich wegen der Schaltjahre) und acht Stunden wieder in der gleichen Anordnung zur Erde. In dieser Zeit, *saros* genannt, gab es etwa 41 vollständige und partielle Sonnenfinsternisse, also ungefähr vier im Jahr, und jede dieser Verfinsterungen ereignete sich etwa 120 Grad westlich von der vorhergegangenen. Jeder Punkt auf der Erde kann deshalb alle 400 Jahre mit einer vollständigen Sonnenfinsternis rechnen. Die Mayas hinterließen ein als Dresdener Codex bezeichnetes Dokument, aus dessen Berichten hervorgeht, daß sie frühere Sonnenfinsternisse aufzeichnen und zukünftige verblüffend genau vorhersagen konnten. Herodot erzählt eine Geschichte (die manchmal als nicht authentisch angezweifelt wird) über den griechischen Mathematiker Thales von Milet, der für das Jahr 585 v. Chr. eine Sonnenfinsternis ankündigte. Seine Vorhersage erwies sich als richtig und beendete einen Krieg zwischen Lydiern und Medern, denn beide Seiten betrachteten sie als Zeichen, daß sie mit dem Kämpfen aufhören sollten.

Für Christoph Kolumbus war die Kenntnis einer Mondfinsternis ein Mittel, um sich auf seiner vierten Reise in die Neue Welt von den widerwilligen Einwohnern Jamaicas Proviant zu beschaffen. Als ihm sein Wunsch nach Lebensmitteln und Wasser abgeschlagen wurde, befragte er seine Navigationskarten und astronomischen Tabellen; dabei stellte er fest, daß eine Mondfinsternis bevorstand, und nun drohte er, er werde den Mond zerstören, wenn man sein Schiff nicht mit Nachschub versorgte. Die Eingeborenen zweifelten zunächst, aber als die Mondfinsternis wie angekündigt einsetzte, lieferten sie eilig alles, was Kolumbus brauchte. Der gleichen Idee bediente Mark Twain sich auch in seinem Roman *A Connecticut Yankee in King Arthur's Court*: Die Hauptfigur, ein Neuengländer, der sich nach einem Schlag auf den Kopf in Camelot wiederfindet, macht auf König Artus einen großen Eindruck und entgeht der Verbrennung auf dem Scheiterhaufen, weil er eine Sonnenfinsternis richtig vorhersagt.

Wäre das Sonnensystem stärker geordnet, käme es regelmäßig zu Sonnen- und Mondfinsternissen, und dann wären sie recht wenig aufregende Ereignisse. Jeden Monat bei Neumond würde der Mond vor der Sonne vorüberziehen, und wir würden eine Sonnenfinsternis beobachten. Zwei Wochen später, bei Vollmond, würde er durch den Erdschatten wandern, so daß wir eine Mondfinsternis sehen.

Aber in Wirklichkeit sind solche Ereignisse selten, denn die Ebene der Bahn, auf der sich der Mond um die Erde bewegt, ist gegenüber der Umlaufbahn der Erde um die Sonne um fünf Grad geneigt. Wenn bei Voll- und Neumond die Syzygie eintritt, das heißt, wenn der Mond mit Sonne und Erde annähernd eine Linie bildet, ist diese Linie nur selten vollkommen gerade. In den meisten Monaten wandert der Neumond ein wenig oberhalb oder unterhalb der Sonne vorüber, und der Vollmond steht ein wenig unter oder über dem Erdschatten.

Manchmal erreichen Erde und Mond aber auf ihren Umlaufbahnen eine Stellung, die zu einer genau aufgereihten Anordnung zur Sonne führt. Geschieht das an einem Neumondtag oder in einer Vollmondnacht, sehen wir eine Sonnen- oder Mondfinsternis.

Die Sonnenfinsternis

Ungefähr alle 18 Monate verkehrt sich an irgendeiner Stelle auf der Erde der Tag ins Gegenteil. Eine Dunkelheit, die fast mit den Händen zu greifen ist, macht sich breit, so daß alles in ein schwaches, unirdisches Dämmerlicht getaucht ist. Die Temperatur geht zurück, die Straßenbeleuchtung wird eingeschaltet, der Wind legt sich. Blumen schließen ihre Blüten, Hähne krähen, und Fledermäuse kommen zum Fressen ins Freie. Es ist leicht zu verstehen, daß ein solches Ereignis Ehrfurcht und Angst auslöste, solange die Menschen keinen Grund zu der Annahme hatten, daß es sich nur um einen vorübergehenden Vorgang handelt. Selbst der vernünftigste Beobachter erlebt unter Umständen, wie in ihm die gleichen Gefühle aufgewühlt werden.

Bei einer Sonnenfinsternis bewegt sich der Kernschatten des Mondes wie ein Schreibstift über die Erde. Sein Weg ist nur etwa 120 bis 160 Kilometer breit. Die Wanderungsgeschwindigkeit ist atemberaubend: Die Sonnenfinsternis vom 7. März 1970 zog zum Beispiel in nur drei Stunden über Nordamerika eine diagonale Linie, die von Mexiko bis Neufundland reichte und über 13000 Kilometer lang war. An jedem einzelnen Punkt dieser Linie war nur ein paar Minuten lang eine vollständige Sonnenfinsternis zu sehen.

Es ist ein großer Zufall, daß der Mond, der nur 1/400 des Sonnendurchmessers hat, der Erde auch gerade etwa 400mal näher ist, so daß er mit seiner Größe die Sonne bei der Sonnenfinsternis genau abdeckt. Wäre er kleiner oder weiter von der Erde entfernt, würde die verdunkelte Sonne als leuchtender Ring erscheinen; wäre er dagegen größer oder näher, würde es bei der Sonnenfinsternis noch dunkler, sie würde länger dauern und häufiger eintreten. Und doch gibt es gewisse Unregelmäßigkeiten. Der Mond hat eine elliptische Umlaufbahn, das heißt, er ist bei manchen Sonnenfinsternissen besonders weit von der Erde entfernt, bei anderen ist seine Entfernung geringer. Befindet sich der Mond bei einer Sonnenfinsternis am erdfernsten Punkt seiner Bahn, kommt es zu einer ringförmigen Sonnenfinsternis: Der Mond kann die Sonnenscheibe nicht vollständig abdecken. Steht der Mond in geringerer Entfernung zur Erde, verdunkelt er die Sonne ganz.

Eine Sonnenfinsternis setzt langsam ein: Zwischen der ersten Berührung und der vollständigen Verdunkelung vergeht über eine Stunde. Das Licht verändert sich erst, wenn der Mond einen beträchtlichen Teil der Sonne abdeckt. Wenn man von der Sonne nur noch eine schmale Sichel sieht, laufen manchmal Schattenstreifen über den Erdboden, helle und dunkle Linien, die durch Unregelmäßigkeiten in den oberen Schichten der Erd-

atmosphäre entstehen. Kurz vor der vollständigen Verdunkelung erkennt man manchmal kleine helle Bereiche zwischen den Bergen am Mondhorizont; sie bilden eine Reihe glitzernder Punkte, die man auch nach dem Amateurastronomen, der sie 1836 zum erstenmal beschrieb, Baily-Perlen nennt. Im letzten Augenblick, bevor der Mond die Sonnenscheibe vollständig bedeckt, scheint er manchmal von einem leuchtenden Ring umgeben zu sein. Dieses Phänomen entsteht, wenn die Baily-Perlen einen fast geschlossenen Lichtring bilden. Er ist der Rand der Sonne, der gerade hinter dem Mondhorizont verschwindet. Wenn man diesen letzten Augenblick des Lichts von einem Hügel mit Blickrichtung nach Westen oder Süden beobachtet, kann man sehen, wie der Schatten des Mondes über die Landschaft auf einen zukommt. Dann verfinstert sich die Sonne.

Bei einer totalen Sonnenfinsternis wird die Landschaft zu einer bizarren, fast völlig dunklen Schattenwelt, und es ist weder Tag noch Nacht. Am Himmel sieht man Sterne, aber der Strahlenkranz der Sonne ist noch so hell, daß ein mattes, unwirkliches Licht herrscht. Die Verdunkelung dauert manchmal zwei bis drei Minuten, manchmal aber auch bis zu sieben Minuten und 40 Sekunden, je nachdem, wie nahe der Mond auf seiner elliptischen Bahn der Erde gerade ist.

In den wenigen Minuten der totalen Sonnenfinsternis erscheint der Mond eigentlich nicht als Hindernis vor der Sonne, sondern vielmehr wie ein dunkles Loch, das an der Stelle in den Himmel gestanzt ist, wo sonst die Sonne steht. Um diese schwarze Leere herum leuchtet die Korona, ein heller Kranz aus glühenden Gasen in der äußeren Atmosphäre der Sonne. Rosafarbene Verlängerungen der Korona, Protuberanzen genannt, schieben sich vom Rand nach außen; sie erstrecken sich manchmal über das Fünffache des Sonnendurchmessers, das heißt, sie reichen bis zu acht Millionen Kilometer weit in den Weltraum.

Eine lebhafte Beschreibung einer totalen Sonnenfinsternis lieferte William Perry, ein Korrespondent des Rundfunksenders CBS, der im Juni 1937 in Peru eine wirklich beeindruckende Verdunkelung miterlebte: «Die Dunkelheit kommt wirklich über uns. Es ist eine ungesunde, unnatürliche Dunkelheit. Das Leuchten des Meers im Süden, das Blau und Grün der Sonne, alles ist jetzt wie weggewaschen von schmutziger Farbe. Die Dunkelheit ist jetzt wirklich über uns. Wir sehen den berühmten Kranz um den Mond. Wir sehen, wie die Lichtstreifen der Sonne zwischen den Bergen des Mondes hervorbrechen. Zum erstenmal sehen wir die Pracht der Korona, die sich mit großartigen Leuchtstreifen weit nach außen erstreckt.»

Mit ungeschützten Augen in die Sonne zu sehen ist immer gefährlich, bei einer Sonnenfinsternis ebenso wie sonst. Am sichersten ist die Beobachtung einer Sonnenfinsternis, wenn man sie auf eine helle Fläche projiziert, und das erreicht man am einfachsten, wenn man in ein Stück Karton ein kleines Loch bohrt; dann hält man den Karton gegen die Sonne (aber ohne hineinzusehen, auch nicht durch das Loch) und bringt ihn so in Stellung, daß man das Abbild der Sonne auf einem zweiten Stück Karton oder einem weißen Blatt Papier erkennt. Der gleiche Effekt ergibt sich von selbst unter einem Laubbaum: Zwischen den Schatten auf Boden und Stamm zeigen sich Hunderte von kleinen Abbildern der Sonne. Oder man stellt sich aus Pappe eine Projektionsschachtel her, montiert sie am hinteren Ende eines Fernrohrs und stellt das Ganze so ein, daß die Sonne in das Fernrohr scheint und auf den Karton projiziert wird. Eine Sonnenbrille ist nicht dunkel genug, um die Augen beim direkten Blick in die Sonne zu schützen, aber eine sehr dunkle Schweißerbrille (Glas Nummer 14 oder dunkler) erfüllt diesen Zweck. Wenn die Sonne bei einer totalen Sonnenfinsternis ganz und gar bedeckt ist, kann man sie ohne Gefahr mit bloßem Auge betrachten, aber dabei ist Vorsicht angebracht. Schon wenig Sonnenlicht, das hinter dem Mondhorizont hervorkommt, kann die Netzhaut schädigen.

Im Durchschnitt ereignet sich alle 18 Monate irgendwo auf der Erde eine totale Sonnenfinsternis, aber manchmal beobachtet man in einem Jahr auch bis zu fünf ringförmige, partielle und völlige Verfinsterungen in unterschiedlicher Kombination. In den letzten Jahren des 20. Jahrhunderts sind folgende totale Sonnenfinsternisse zu erwarten: am 3. November 1994 (sichtbar in Peru, Brasilien und auf dem Südatlantik); am 24. Oktober 1995 (sichtbar im Iran, in Indien, Südostasien und dem Pazifik); am 9. März 1997 (sichtbar in großen Teilen Rußlands und in der Arktis); am 26. Februar 1998 (sichtbar in Teilen des Atlantiks und Pazifiks); und am 11. August 1999 (sichtbar auf den Britischen Inseln, in Frankreich, der Türkei und Indien). Am 10. Mai 1994 war in einigen Teilen der USA eine ringförmige Sonnenfinsternis zu sehen.

Mondfinsternis

Die Mondfinsternis vom 16. August 1989 war ungewöhnlich, nicht weil Mondfinsternisse besonders selten wären – es gibt etwa alle ein bis zwei Jahre eine –, sondern weil sie sich in einer wolkenlosen warmen Nacht ereignete. Für meine Familie und mich war sie außerdem etwas Besonderes, weil wir auf Decken auf der höchsten Sanddüne am Michigansee saßen und in alle Richtungen einen wunderbaren Blick auf den Himmel hatten. Wir beobachteten, wie der Schatten der Erde zunächst an der Kante des Mondes knabberte und dann langsam über ihn hinwegwanderte. Auf halbem Weg senkte sich der Schatten wie ein schweres Augenlid über den Mond, und wir konnten die runde Form der Erde genau erkennen – die gleiche Beobachtung überzeugte Aristoteles, daß die Erde eine Kugel ist.

Im weiteren Verlauf der Verfinsterung nahm der Mond Formen an, wie meine beiden Söhne, die damals zehn und zwei Jahre alt waren, sie noch nie gesehen hatten. Aaron erkannte die Gestalt von Tieren: einen Entenkopf, eine zuschnappende

Schildkröte, eine Schlange, die mit weit aufgerissenem Maul ein Ei verschluckt, einen Rocksänger mit Irokesenfrisur und eine Gestalt wie Pacman mit ständig aufgesperrtem Maul. Nick, mein Zweijähriger, beobachtete das Ganze mit melancholischem Schweigen, bis der letzte Lichtstreifen über die Kante des abgedeckten Mondes fiel, und verkündete dann mit mitfühlender Stimme «Mond kaputt».

Als der Mond vollständig verfinstert war, glühte die Nacht in einem seltsamen, kupferroten Licht. Der Mond war durch die Erde völlig von der Sonnenstrahlung abgeschnitten, und doch glimmte er mit dem blutigen Leuchten des Vollmonds, der von Wolken oder dem Smog einer Stadt rot gefärbt ist. Die Färbung entsteht durch die Lichtbrechung in der Atmosphäre – der rote Anteil des Spektrums wird so um die Erde herumgelenkt, daß er als einziges Licht den Mond noch erreicht; deshalb kann der Mond bräunlich, tiefrot, rostrot, hellrot oder orange erscheinen. Nur selten, wenn die Atmosphäre große Mengen Vulkanstaub enthält, sieht der verfinsterte Mond völlig schwarz aus. Über schwarze Mondfinsternisse wurde nach dem Ausbruch des Krakatau bei Java im Jahr 1883 berichtet. In neuerer Zeit beobachtete man ähnliches 1963 nach dem Ausbruch des Agung auf Bali und 1982, nachdem im Süden Mexikos der El Chichón ausgebrochen war.

In jener Nacht des Jahres 1989 war der völlig verdunkelte Mond kupferfarben und immer noch so hell, daß er sich deutlich gegen den Nachthimmel abhob; man konnte sogar seine dunklen Meere erkennen. Die Mitte war dunkler als der Rand und ließ ihn räumlich erscheinen, wie eine Orange. Das seltsame Licht beleuchtete die Dünen, die wenigen Bäume und die verstreuten Menschengruppen auf Decken um uns herum.

Die totale Mondfinsternis dauerte etwas mehr als eine Stunde. Die gesamte Verdunkelung war wesentlich länger, aber im Früh- und Spätstadium, als der Mond durch den Halbschatten wanderte, änderte sich sein Aussehen nicht. Wäre der Mond genau durch die Mitte des Erdschattens gewandert, hätte die totale Mondfinsternis mit einer Stunde und 45 Minuten ihre größtmögliche Dauer erreicht.

Mondfinsternisse sind in großen Gebieten der Erde zu sehen, aber nicht überall, denn an manchen Stellen wandert der Mond durch den Erdschatten, bevor er aufgeht oder nachdem er unter dem Horizont verschwunden ist. Eine vollständige Mondfinsternis konnten die meisten Menschen am 10. November 1992, am 4. Juni 1993 und am 29. November 1993 beobachten; die nächsten derartigen Ereignisse fallen auf den 4. April 1996, den 27. September 1996, den 16. September 1997, den 21. Januar 2000 und den 16. Juli 2000.

In den Wolken

Thoreau verglich einen wolkenlosen Himmel mit einer Wiese ohne Blumen und einem Meer ohne Segel. Wolken verdekken die Sonne, bringen Regen und Schnee und hüllen die Welt in graue Stimmung, aber ohne sie wird der rein blaue Taghimmel so uninteressant wie eine Leinwand ohne Farbe oder eine Buchseite ohne Worte.

Schon im achten Jahrhundert v. Chr. vermuteten ionische Philosophen, Wolken seien eine Art verdickte, feuchte Luft. Diese Vorstellung setzte sich im Laufe der Jahrhunderte über viele Generationen fort; ihre vielleicht seltsamste Interpretation fand sie in den Schriften des italienischen Geistlichen Urbano d'Aviso: Er schrieb 1666, Wasserdampf bestehe aus «kleinen mit Feuer gefüllten Wasserblasen, die in der Luft aufsteigen, solange diese eine höhere spezifische Schwerkraft hat; und wenn sie an einer Stelle ankommen, wo die Luft ebenso leicht ist wie sie, halten sie an». Im 18. Jahrhundert waren die meisten Wissenschaftler, unter ihnen auch Edmond Halley, der Ansicht, Wasserdampf bestehe aus Hohlkugeln. Noch Mitte des 19. Jahrhunderts glaubte der britische Schriftsteller und Kritiker John Ruskin, das offenkundige Schweben der Wolken lasse sich durch «hohle kugelförmige Klümpchen» erklären, «wobei das in ihnen eingeschlossene Vakuum das umgebende Wasser genau ausgleicht». Damit war Ruskin nicht auf der Höhe der wissenschaftlichen Erkenntnisse seiner Zeit. Zu Beginn des

LENTICULAR ALTOCUMULUS
MAMMATO-CUMULUS
NACHTLEUCHTENDE WOLKEN, CA 80 KM
HÖHE DER WICHTIGSTEN WOLKENFORMEN
CIRRUS 6600-10500 M
CIRROSTRATUS 6000-10500 M
CIRROCUMULUS 7500-9000 M
ALTOCUMULUS 3000-6000 M
ALTOSTRATUS 3000-6000 M
NIMBOSTRATUS 2400-6000 M
CUMULUS 450-1200 M
CUMULONIMBUS 900-19500 M
STRATOCUMULUS 450-2400 M
STRATUS 0-600 M

19. Jahrhunderts hatte nämlich der englische Chemiker John Dalton eine Theorie entwickelt, die sich später im wesentlichen als richtig erweisen sollte: Wasserdampf ist ein Gas, das sich in der Luft ganz ähnlich verhält wie Sauerstoff, Stickstoff oder Kohlenmonoxid.

Luke Howard, ein 30jähriger Amateurmeteorologe aus England, veröffentlichte 1803 ein Klassifikationssystem, in dem er verschiedene Wolkentypen erstmals mit eigenen Namen belegte. Howard teilte die Wolken in drei Hauptformen ein: Getrennte Wolkenhaufen mit flacher Unterseite und bauschigem oberem Abschnitt nannte er *Cumulus* (lateinisch für «Haufen»); Wolkenlagen, die wie eine Decke übereinanderliegen, nannte er *Stratus* («Schicht»); und zarte, gekräuselte Wolken bezeichnete er als *Cirrus* («Faden»). Den Namen *Nimbus* («regnerisch») gab er Wolken mit hohem Feuchtigkeitsgehalt, die Niederschlag entstehen lassen, und mit Kombinationen dieser Begriffe beschrieb er Wolken, die mehrere der genannten Eigenschaften besaßen. Die aufgetürmten, amboßförmigen Wolkenhaufen, aus denen starke Gewitter kommen, wurden zu «Cumulonimbus», und dünne Wolkenschleier, die sich in Schichten unterteilen ließen, hießen «Cirrostratus».

Das System wurde schnell allgemein bekannt. Heute unterscheiden die Meteorologen zehn Haupttypen in drei Haupthöhenschichten, auch Wolkenstockwerke genannt. In geringer Höhe (bis 3000 Meter) findet man Cumulus (Haufenwolken), Stratocumulus (Schicht-Haufenwolken) und Stratus (Schichtwolken). Haufenwolken, die wie dicke Schäfchen auf einer blauen Wiese verstreut sind, nennt man oft auch «Schönwetterwolken», sie bringen nur selten Niederschlag. Schicht-Haufenwolken sind dunkel, dicht, ein wenig unheimlich und bedecken gewöhnlich den ganzen Himmel; sie sehen unregelmäßig oder wellenförmig aus, manchmal sieht man durch Lücken den blauen Himmel, und meist bringen sie nur kurze, örtlich begrenzte Schnee- oder Regenschauer mit. Schichtwolken sind weniger dicht, erscheinen oft weiß und dünn und sehen aus wie hochliegender Nebel; sie lassen Nieselregen entstehen, aber nur selten bringen sie starken Niederschlag.

In mittlerer Höhe, zwischen 3000 und 6000 Metern, findet man Altostratus-, Altocumulus- und Altonimbuswolken. Altostratus (hohe Schichtwolken) zeigen sich oft als gleichmäßige, durchscheinende Bedeckung, durch die Sonne oder Mond nur schwach hindurchdringen; sie ziehen oft einen feinen Niederschlag aus Eiskristallen oder Wassertröpfchen hinter sich her, der verdunstet, bevor er den Boden erreicht. Altocumulus (hohe Haufenwolken) sind kleine Wolkenfetzen, zwischen denen man den blauen Himmel sieht; sie befinden sich meist in Höhen um 3000 Meter und können örtliche Regen- oder Schneeschauer mitbringen. Und als Nimbostratus (Schicht-Regenwolken) bezeichnet man die dunklen, scheinbar undurchdringlichen Wolken, die sich mit Dauerregen und starkem Schneefall verbinden; die bedecken meist den ganzen Himmel, haben keine erkennbare Untergrenze und entstehen aus gewaltigen Massen warmer, feuchter Luft.

Die Formationen der obersten Schicht liegen in Höhen von 6000 bis 15000 Meter und sind an ihrem dünnen, zarten, vom Wind verwehten Aussehen zu erkennen. In diesen Höhen findet man Cirrus-, Cirrostratus- und Cirrocumuluswolken; sie alle lassen kaum Regen oder Schnee entstehen, aber sie sind oft Vorboten anderer Wolken, die dann Niederschlag mitbringen. Cirrus (Federwolken) sind hoch, dünn und weiß; die Winde der oberen Luftschichten verleihen ihnen oft ein raffiniertes, gekräuseltes Aussehen. Da sie aus Eiskristallen bestehen, können sie manchmal Niederschlag erzeugen, aber Eis und Schnee aus Cirruswolken verdunsten meist schon weit über dem Boden. Cirrostratus (Feder-Schichtwolken) sind dünn, weiß und schleierartig; sie bestehen aus Eiskristallen und liegen gewöhnlich in Höhen über 6000 Meter. Diese Wolken sind am häufigsten für den Hof um Sonne oder Mond verantwortlich, und oft sind sie ein Vorzeichen, daß dichte Bewölkung bevorsteht. Cirrocumulus (Feder-Haufenwolken) gehören zu den höchsten

Wolken; man findet sie meist in Höhen über 7500 Meter, und sie bestehen aus kleinen Konvektionszellen, die ihnen ein Fischgrätenmuster geben; sie weisen auf instabile Luftverhältnisse hin und gehen oft Regenfällen voraus.

Aufgetürmte Formationen von Haufen-Regenwolken können sich durch alle drei Schichten erstrecken und reichen manchmal bis zur Obergrenze der Troposphäre. Haufenwolken, die vor allem an heißen, sonnigen Sommertagen schon morgens in die Höhe wachsen, werden nachmittags oft zu hohen Formationen, die wie ein Blumenkohl aussehen (und die man manchmal auch schwellende Cumuluswolken oder Cumulus congestus nennt), und lassen kurze Regenschauer fallen. Diese Wolkentürme erheben sich von der unteren bis in die mittlere Höhenschicht und erreichen Höhen bis zu 9000 Metern; sie sind ein Anzeichen für instabile, energiereiche atmosphärische Bedingungen. Mit ausreichenden Wärme- und Feuchtigkeitsmengen werden sie zu Haufen-Regenwolken, jenen Gewittertürmen, deren Obergrenze 16 bis 19 Kilometer hoch reichen kann. Haufen-Regenwolken sind die Brutstätte schwerer Gewitter, starker Winde und der Tornados. Auf der Oberseite werden diese Wolkenformationen flach und pilzförmig, wenn sie die Tropopause erreichen, die oberste Schicht der Troposphäre, wo stabile Verhältnisse und höhere Temperaturen eine Inversionslage entstehen lassen, die ein weiteres Höhenwachstum der Wolken verhindert. Das obere Ende eines Gewitterturms nimmt oft ein dünnes, fedriges Aussehen an, weil Eiskristalle aus dem oberen Abschnitt der Wolke vom Wind nach draußen gezogen werden.

Eine Reihe ungewöhnlicher Wolkenformationen vereinigen in sich mehrere Eigenschaften der Haupttypen, oder sie entstehen, wenn der Wind die Wolken in einer ausgefallenen Gestalt anordnet. Mein Großvater pflegte zu sagen: «Wenn die Wolken wie umgedrehte Kuchenformen aussehen, lauf und stell dich unter.» Damit meinte er die *Mammatocumulus*-Wolken, die wie eine Reihe von Beuteln aus der Unterseite von Gewitterwolken heraushängen. Sie entstehen durch «Taschen» mit kalter Luft, die aus der Wolkenmasse absinken, und tauchen manchmal auf, wenn sich kurze Zeit später in derselben Gegend ein Tornado bildet. Außerdem beobachtet man sie, wenn ein besonders schweres Gewitter sich langsam auflöst.

Mehrere ungewöhnliche Wolkenformen, beispielsweise Fahnen und Kappen, können sich auf Berggipfeln bilden; sie entstehen, wenn feuchtigkeitsbeladene Luft an der Flanke des Berges nach oben getrieben wird, so daß das Wasser bei der niedrigeren Temperatur kondensiert. Andere sehen aus wie Schüsseln – sie ähneln einer Untertasse so stark, daß sie manchmal für UFOs gehalten werden, und bilden sich auf dem Gipfel von Wellen in der Strahlströmung über dem Berggipfel.

Die höchsten Wolken sind die «leuchtenden Nachtwolken». Diese dünnen Wolkenstreifen sieht man nur selten, und meist nimmt man sie nur wahr, weil sie lange nach Sonnenuntergang oder vor Sonnenaufgang hell erleuchtet sind, so daß man ihre enorme Höhe erahnen kann. Am häufigsten treten sie in den höheren Breiten Europas, Kanadas und Alaskas auf, und zwar gewöhnlich nur im Spätsommer. Seltsamerweise befinden sie sich immer etwa 80 Kilometer über dem Boden, in einer Höhe, wo die Temperatur unveränderlich bei −70 bis −90 Grad liegt und wo es eigentlich so gut wie keinen Wasserdampf geben dürfte. Wie die nachtleuchtenden Wolken entstehen, war früher umstritten, aber heute sind die meisten Wissenschaftler übereinstimmend der Ansicht, daß sie aus kleinen Mengen Wasserdampf hervorgehen, die bis über die Stratosphäre gelangt sind und dort sofort zu Wolken aus Eisteilchen wurden. Ein paar von ihnen entstehen auch künstlich durch die Abgase von Raketen, die durch die oberen Atmosphärenschichten fliegen. Und noch weniger von ihnen sind die Überreste der kurzlebigen, aber sichtbaren Spuren großer Meteore, die in etwa 80 Kilometer Höhe verglühen.

Anatomie einer Wolke

Wolken sind im wesentlichen kondensierter Wasserdampf, aber damit sie sich bilden, ist mehr erforderlich als nur eine Ansammlung von Wasser. Wichtig ist auch die Temperatur. Warme Luft kann viel mehr Wasser aufnehmen als kalte: Ihre Kapazität ist bei 27 Grad etwa fünfmal höher als bei 0 Grad, und deshalb kann man den Atem an einem Wintertag sehen, an einem Sommertag aber nicht. In kalter Luft kondensiert die Feuchtigkeit leicht zu sichtbaren Wolken aus winzigen Tröpfchen. Warme, mit Wasserdampf gesättigte Luft steigt auf und kühlt sich auf dem Weg nach oben ab, bis sie eine Höhe erreicht, wo sie den Wasserdampf nicht mehr aufnehmen kann. In dieser Höhe, Kondensationsniveau genannt, entstehen die Wolken. Und da die Temperatur dort meist recht konstant ist, bleiben auch die Wolken meist ziemlich auf der gleichen Höhe.

Selbst wenn die Luft stark mit Feuchtigkeit gesättigt ist, kondensiert das Wasser jedoch nur, wenn sich die Wassermoleküle an Kleinstpartikel in der Luft anlagern können. Staub, Pollen, Pflanzensporen, Rauch, Salz aus der Gischt des Meeres oder Vulkanasche können solche Kondensationskeime darstellen. Diese Partikel haben mikroskopische Ausmaße, sie sind meist noch kleiner als die Staubkörner, die man in einem windstillen Raum im Sonnenlicht treiben sieht. Im Labor setzt in einer Flasche mit feuchter, staubfreier Luft sofort die Kondensation ein, wenn man eine Wolke Tabakrauch hineinbläst.

Einen ähnlichen Effekt beobachtet man in der Atmosphäre, wenn ein Flugzeug in großer Höhe vorüberfliegt. Der Kondensstreifen ist eine künstlich hervorgerufene Cirruswolke: Sie entsteht aus Wasserdampf, der von den Triebwerken des Flugzeugs ausgestoßen wird und an dem stetigen Strom der Abgaspartikel kondensiert. Düsenflugzeuge bewegen sich typischerweise in Höhen, wo Temperaturen von etwa –57 Grad herrschen. Derart kalte Luft ist schon durch eine geringe Feuchtigkeitsmenge schnell mit Wasser gesättigt. Enthält die Luft auch nur mittelmäßig viel Wasserdampf, bleibt der Kondensstreifen in der Luft stundenlang erhalten; in ganz trockener Luft verschwindet er dagegen schnell wieder. Langlebige Kondensstreifen werden meist breiter und treiben im Wind, bis sie aussehen wie Streifen aus Cirruswolken. Bei Sonnenuntergang sind sie genauso leuchtend und farbig wie alle anderen Wolken, und sie können ungewöhnliche Effekte hervorrufen. Bei Sonnenaufgang sieht man sie nur selten, weil der Flugverkehr zum größten Teil tagsüber stattfindet, und die Kondensstreifen des vorangegangenen Tages verschwinden über Nacht. Kondensstreifen liefern auch Hinweise auf das bevorstehende Wetter. Wenn ein Flugzeug keinen Streifen hinterläßt oder wenn der Streifen sich schnell auflöst, ist das ein Indiz für relativ trockene hohe Luftschichten, und dann kann man annehmen, daß das Wetter stabil und sonnig bleibt. Langlebige Kondensstreifen, die sich über den ganzen Himmel erstrecken, weisen dagegen auf einen hohen Wassergehalt der oberen Luftschichten und eine heranziehende Warmfront hin, auf die Niederschlag folgen wird.

Wolken sind keine statischen Gebilde. Sie werden vom Wind in Bewegung gehalten und verändern sich ständig durch Verlust und Aufnahme von Wassertröpfchen, die sich beim Kontakt der feuchtigkeitsgesättigten Luft mit der bereits vorhandenen Wolke bilden. Wolken verschieben sich, treiben und werden ständig größer und kleiner; in der Luft bleiben sie durch den Auftrieb von Luftströmungen, die von Hindernissen wie Hügeln und Bergen nach oben gelenkt werden, und insbesondere durch die Konvektion, warme Luft, die von der Erdoberfläche aufsteigt. Sie tragen auch selbst zu dem Wind bei, der sie bewegt, denn sie werfen das Sonnenlicht von der Erde zurück, so daß der Erdboden unmittelbar unter ihnen kühler ist als ungeschützte Bereiche. Zum Ausgleich dieser Temperaturunterschiede strömt die Luft. Wenn die Sonne untergegangen ist, so daß ihre Wärme nicht mehr unmittelbar zur Konvektion beiträgt, verlieren die aufsteigenden Luftströmungen schnell an Kraft. Insbesondere Cumuluswolken sinken nachts herab, weil sich die Luftströmung abkühlt, aber meist gelangen sie dabei nicht bis zum Erdboden, um diesen in Nebel zu hüllen, sondern sie erwärmen sich, so daß die Wassertröpfchen zusammengedrückt werden und verdunsten. Die Wolken verschwinden buchstäblich, bevor sie den Boden erreichen. Dieses Phänomen, das vor allem im Licht des vollen oder fast vollen Mondes gut zu erkennen ist, kennt man schon seit langem, und es war der Anlaß zu dem alten französischen Sprichwort «Der Vollmond frißt die Wolken».

Wie man am besten in Zeitrafferaufnahmen erkennt, verhalten sich Wolken erstaunlich berechenbar und geordnet. Schönwetter-Cumuluswolken, jene bauschigen, weißen, annähernd kugelförmigen Wolken, die im Sommer oft den Himmel sprenkeln, sind nicht die ungeordnet dahinziehenden Zufallsgebilde, als die sie auf den ersten Blick erscheinen. Jede Wolke entsteht aus einer aufgeheizten Luftströmung, auch Thermik genannt, wie sie zum Beispiel von einem Acker, einem Parkplatz oder einem anderen Bodenabschnitt aufsteigt, der die Sonnenwärme anzieht und festhält. Die Warmluft steigt wie ein Springbrunnen nach oben: Sie nimmt den unsichtbaren Wasserdampf mit, bis sie einen Bereich mit so niedriger Temperatur erreicht, daß das Wasser kondensiert und eine Wolke bildet. Nach ihrer Entstehung treibt die Wolke weiter nach oben; an ihrer Oberseite verdunstet die Feuchtigkeit, während an der Unterseite weiteres Wasser kondensiert. In ihrem Inneren bilden sich «Blümchen», bauschige Lappen, die jeweils innerhalb von zehn bis 15 Minuten aufblühen, sich auflösen und wieder verschwinden. In der Zwischenzeit fließt Kaltluft von der Oberseite der Wolke an ihren Rändern nach unten, so daß um jede Wolke herum ein Bereich mit klarer Luft entsteht. Diese senkrechte Bewegung erzeugt Wind, der sich mit den horizontalen Luftströmungen mischt und die Wolke in Bewegung hält. Wenn sie die warme, feuchtigkeitsgesättigte Luftsäule verläßt, löst sie sich auf, und an ihrer Stelle bildet sich eine neue. Nun ja, Cumuluswolken leben nun mal nur kurz.

Weiße Wolken bestehen aus kleinen Wassertröpfchen, welche die Farben des Sonnenlichtes streuen. In einheitlich gestreutem Licht sind die Farben des Spektrums gleichmäßig verteilt, und deshalb nimmt unser Auge immer die Farbe Weiß wahr. Gewitterwolken und dichte Schichtwolkenformationen sehen grau aus, weil die Wassertröpfchen in ihrem Inneren viel größer sind als in Nebel oder Schönwetterwolken und deshalb auch mehr Licht absorbieren, so daß sie dunkler erscheinen. Auch «alte» Wolken können grau oder rötlich aussehen, weil

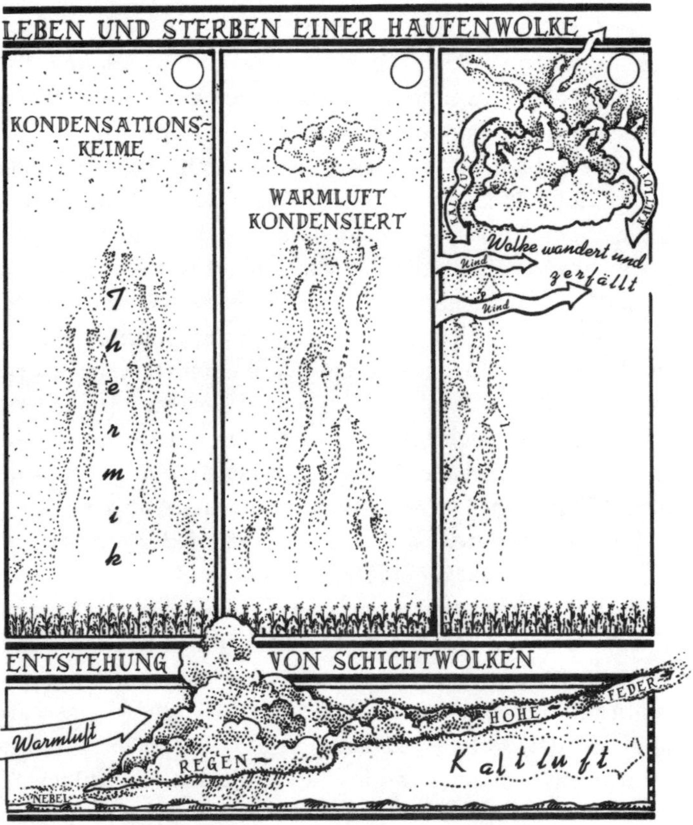

bei ihnen die meisten kleinen Tröpfchen schon verdunstet sind; die wenigen verbliebenen größeren Tropfen streuen das Sonnenlicht nicht so wirksam.

Obwohl die Atmosphäre rund um die Erde immer reichlich Wolken enthält, machen sie überraschenderweise nur einen sehr geringen Anteil an der gesamten Feuchtigkeitsmenge der Erde aus. Würde aller Wasserdampf in der Atmosphäre – der in Wolken sichtbare ebenso wie der unsichtbare – plötzlich kondensieren und auf die Erde fallen, entspräche das weltweit nur einer Niederschlagsmenge von etwa 25 Millimetern.

Wenn man auf Regen wartet, sollte man in eine einzelne Wolke nicht zuviel Hoffnung setzen: Eine typische Schönwetter-Cumuluswolke mit einem Durchmesser von ein paar hundert Metern enthält nur etwa 100 Liter Wasser.

BLITZ GLEICHT LADUNGEN IN DER GEWITTERWOLKE AUS
1
VORBLITZ LEITET LADUNGSAUSTAUSCH ZWISCHEN WOLKE UND BODEN EIN
2
18-27 METER
3
HAUPTBLITZ

Wo Donner ist, da sind auch Blitze

Kaum eine andere Wettererscheinung läßt uns die Kraft der Natur so deutlich spüren wie Donner und Blitz. Unsere Bemühungen, das Wetter zu verstehen und zu steuern und die Welt nach unseren Launen zu gestalten, erscheinen unbedeutend im Vergleich zum Toben eines Gewitters. Die Welt ist ungezähmt und unzähmbar. Wind, Regen und Donner stutzen uns auf unsere wahre Größe zurück.

Gewitter haben ihren Ursprung in Haufen-Regenwolken (Cumulonimbus), auch Gewitterwolken genannt; sie entstehen, wenn folgende Bedingungen erfüllt sind: ein großer Bereich mit feuchter, instabiler Luft, wenig oder gar kein Wind (der die Atmosphäre durchmischt und eine Überhitzung der Luft verhindert), und ein erster Impuls, beispielsweise die Sonnenwärme, der den Vorgang der Konvektion in Gang setzt. Wenn diese Voraussetzungen gegeben sind, steigt Wärme von der Erdoberfläche auf, so daß die dort liegende Luftschicht sich ausdehnt und schnell nach oben steigt. Beim Aufsteigen kühlt sich die Luft wieder ab, und die in ihr enthaltene Feuchtigkeit kondensiert; das wiederum setzt weitere Wärme frei, so daß die Konvektionsströmung in Höhen von sechs bis acht Kilometern gelangt. Das Ganze kann man sich vorstellen wie eine gewaltige, langsame Explosion feuchter Luft. Die Folge sind starke senkrechte Winde, und es bilden sich umfangreiche Wolkenformationen mit blumenkohlförmiger Oberseite.

Im Innern eines solchen Gewitterturms trennen sich durch einen nicht in allen Einzelheiten bekannten Vorgang die elektrisch geladenen Ionen: Negative wandern nach unten, positive nach oben. Positive und negative Ionen sind in der Atmosphäre ständig vorhanden, aber gewöhnlich liegen sie paarweise, also in fast gleicher Menge vor. Nach den Vorstellungen der meisten Wissenschaftler sorgen die heftigen senkrechten Luftströmungen in der Gewitterwolke dafür, daß die Wasser- und Eispartikel sowie die Luftmoleküle sich elektrisch aufladen, das heißt, sie gewinnen oder verlieren Elektronen und trennen sich zu stark geladenen Feldern. Luft leitet Elektrizität nur schlecht und hält die Ladungen eine ganze Zeit lang getrennt. Wenn aber der Spannungsunterschied zwischen Ober- und Unterseite der Wolke so stark wird, daß die Luft ihm nicht mehr widerstehen kann, gleichen sich die Ladungen durch einen Blitzstrahl aus, der die Lücke innerhalb der Wolke überbrückt, genau wie der Funke, der manchmal von einer Steckdose zum Stecker überspringt.

Während sich in der Wolke elektrische Felder aufbauen, entsteht ein ähnliches Ungleichgewicht auch zwischen der Wolkenunterseite und der Erde. Die Erde enthält normalerweise genau wie die Atmosphäre positive und negative Ionen. Wenn jedoch ein Gewitter mit negativer Ladung an der Unterseite darüber hinwegzieht, sorgt es am Erdboden und in der unmittelbar darüberliegenden Luft für ein Übergewicht der positiven Ladungen; es ist eine Art «elektrischer Schatten», der hinter der wandernden Gewitterwolke herzieht. Die Ladung kann so stark sein, daß die Haare auf Hals und Armen sich sträuben oder daß sich am höchsten Punkt hoher Gegenstände mäßig starke elektrische Leuchterscheinungen bilden. Auch hier wirkt die Luft als Isolator, aber nur so lange, bis der Ladungsunterschied zwischen Wolke und Erde so stark wird, daß er diesen Widerstand überwindet.

In einem solchen Augenblick geschieht etwas Bemerkenswertes. Bis vor etwa zehn Jahren nahm man an, der Ladungsunterschied zwischen Wolke und Erdboden gleiche sich durch einen einzigen, heftigen Blitz aus. Wie man heute jedoch aufgrund von Zeitlupenaufnahmen weiß, ist ein Blitz in Wirklichkeit viel komplizierter. Er beginnt mit der Entladung eines kaum sichtbaren, relativ energiearmen «Vorblitzes», der aus der Wolke bricht und in einer Reihe von etwa 50 Meter langen Schritten zickzackförmig zur Erde schießt, wobei jeder Schritt ungefähr 50 Millionstelsekunden dauert. Der eigentliche, energiereiche Blitz setzt ein, wenn der Vorblitz noch etwa 20 bis 30 Meter vom Erdboden entfernt ist. Er trifft mit einer nach oben gerichteten Entladung positiver Ionen zusammen, der in den Himmel schießt; dieser elektrische «Gegenblitz» hat einen Durchmesser von fünf bis acht Zentimetern und ist von einem neun bis zwölf Zentimeter dicken Kanal aus überhitzter Luft umgeben. Der Blitz hat eine Stromstärke von 10000 bis 200000 Ampere und erzeugt Temperaturen von 28000 Grad und mehr, so daß die umgebende Luft sich sofort äußerst stark aufheizt und sich mit heftigem Donnergrollen ausdehnt. Sobald der Gegenblitz die Wolke erreicht, bildet sich ein weiterer Vorblitz, der auf dem gleichen Weg zur Erde schießt, erneut mit einer aufsteigenden Ladung zusammentrifft und wiederum zur Wolke zurückkehrt. Das Ganze wiederholt sich zwei- oder dreimal (manchmal aber auch bis zu 26mal), aber die Blitzstrahlen rasen so schnell – nämlich mit bis zu 150000 Kilometern in der Sekunde – auf und ab, daß unsere Augen nur einen einzigen, blendenden Blitzstrahl wahrnehmen.

Der römische Dichter und Philosoph Lucretius, der etwa von 100 bis 55 v. Chr. lebte, äußerte in seinem Werk *De rerum naturae* (Über die Natur), Donner entstehe durch das Zusammenstoßen der Wolken: «Erstens ist nämlich der Grund, warum die blauen Weiten des Himmels vom Donner erschüttert werden, das Zusammenstoßen der hoch im Äther treibenden Wolken, wenn sie durch entgegengesetzte Winde zur Kollision gebracht werden.» Die weniger poetische Erklärung der heutigen Meteorologen lautet: Die plötzliche starke Wärmeentwicklung des Blitzes

sorgt dafür, daß die Luft entlang seines Weges sich sehr schnell ausdehnt, so daß sich Schallwellen in alle Richtungen ausbreiten. Ereignet sich der Blitz ganz in der Nähe, hört man fast sofort das Knallen des Donners, gefolgt von einem dröhnenden Rumpeln. Das Rumpeln entsteht, wenn der Gegenblitz zur Wolke aufsteigt und die Luft auf seinem Weg explodieren läßt. Kurze Blitzschläge erzeugen einen entsprechend kurzen Donner. Zuckt der Blitz in großer Entfernung oder zwischen Bergen, die ein Echo entstehen lassen, oder folgt eine ganze Reihe von Blitzen kurz hintereinander, hört man den Donner «rollen».

In den USA sind Gewitter im Juli am häufigsten, und in Florida ist ihre Zahl größer als in jedem anderen Bundesstaat. Zum alltäglichen Leben gehören sie in Kampala (Uganda): Dort kommt es an durchschnittlich 242 Tagen im Jahr zu Gewittern.

Ein noch gewittrigerer Ort war Bogor in Indonesien, wo man von 1916 bis 1920 an durchschnittlich 322 Tagen im Jahr mindestens ein Gewitter beobachtete. Insgesamt wüten auf der Erde in jedem Augenblick durchschnittlich 2000 Gewitter – 44000 am Tag, 16 Millionen im Jahr –, und Blitze treffen die Erde etwa hundertmal in der Sekunde. Ein Gewitter mit einem Durchmesser von fünf Kilometern kann 500000 Tonnen Wasser enthalten, und seine Energie entspricht der von zehn Atombomben, wie sie über Hiroshima und Nagasaki abgeworfen wurden.

Donner und Blitz haben überall auf der Welt reichhaltige Mythen entstehen lassen, und oft hielt man sie für die Waffen der Götter. Den Donnerkeil der Gerechtigkeit schleuderten sehr unterschiedliche Gottheiten: der Donnervogel der afrikanischen Stämme, der ägyptische Gott Seth, der griechische Göttervater Zeus, der römische Jupiter, der norwegische Gott Thor und Jehova, der Gott des Alten Testaments. In Afrika und im antiken Rom glaubte man, wer vom Blitz erschlagen wurde, habe die Rache der Götter auf sich gezogen, und deshalb begrub man solche Menschen sehr eilig, auf der Stelle und ohne Zeremonie. Prähistorische Steinäxte und Meteoriten waren «Donnersteine», und man betrachtete sie als theologischen Beleg, daß die Götter jeden Sterblichen zerschmettern konnten, der ihnen mißfiel. Hunderte von Legenden berichten über Menschen, die vom Blitz getroffen wurden, als sie gerade eine Gotteslästerung ausstießen oder die Götter auf andere Weise herausforderten. Der römische Dichter Vergil schrieb über einen hochmütigen Prinzen namens Salmoneus, der sich selbst als Gott bezeichnete und mit seinem Streitwagen über eine Brücke aus Bronze fuhr, um Donner zu erzeugen; um Blitze entstehen zu lassen, warf er Fackeln entlang seines Weges – und prompt tötete ihn ein Blitzschlag aus dem Himmel als Strafe für seine Vermessenheit. Manchmal muß die göttliche Gerechtigkeit schnell zuschlagen, um ihr Ziel zu erreichen. Im 19. Jahrhundert soll den Berichten zufolge ein Mörder in Kentucky von einem Blitz getötet worden sein, als er gerade auf das Schafott stieg, wo er gehängt werden sollte.

Kaum eine andere Kultur nahm Blitze so ernst wie die Römer. Jahrhundertelang bestimmte bei ihnen das Kollegium der Auguren über wichtige Staatsangelegenheiten, eine Gruppe von drei Himmelsbeobachtern, die Blitze, Vogelflug und Meteore deuteten. Die Auguren verfügten über gewaltige Macht, denn es war niemandem gestattet, ihre Interpretation der Geschehnisse am Himmel in Frage zu stellen. Wenn sie einen Blitz, der von rechts nach links über den Himmel gezuckt war, für ein klares Zeichen hielten, daß Jupiter mit dem gegenwärtigen Zustand der Staatsangelegenheiten nicht einverstanden war, wurden alle Zusammenkünfte der Staatsversammlung abgesagt, und man revidierte die Regierungsentscheidungen der letzten Zeit.

Im Zusammenhang mit den Blitzen gedieh jahrhundertelang der Aberglaube. Plinius schrieb: «Wenn die Menschen Angst vor Blitzen haben, glauben sie, am sichersten seien die tiefsten Höhlen, oder auch Zelte aus der Haut eines Geschöpfes, das man Seehund nennt, weil der Blitz dieses von allen Meerestieren als einziges nicht trifft, genau wie er unter den Vögeln nur den Adler verschont...» Wie er weiterhin feststellte, gibt es manche Arten des Donners, «von denen man besser nicht sprechen sollte, ja denen man nicht einmal zuhören soll». Die Bauern in der Bretagne glaubten ebenfalls, es bringe Unglück, wenn man über Blitze sprach, die Sekunden zwischen Blitz und Donner zählte oder auch nur in die Richtung zeigte, aus der man damit rechnete. Kinder, die sich eines solchen schrecklichen Vergehens schuldig gemacht hatten, mußten sich manchmal mit verbundenen Augen auf den Fußboden knien, weil man ihnen eine Vorstellung davon vermitteln wollte, wie man sich fühlt, wenn man von dem Blitz, den sie herausgefordert hatten, geblendet wird. In Skandinavien glaubte man, das weihnachtliche Juleholz werde ein Haus das ganze Jahr lang vor Blitzen schützen. In England erfüllte ein Stück Weißdornholz, das am

Gründonnerstag geschnitten wurde, den gleichen Zweck. Auch mit anderen Hölzern konnte man ein Haus schützen, so mit Stechpalmen- oder Mistelzweigen, Johanniskraut, Dachwurz oder Haselnußzweigen, die man am Palmsonntag geschnitten hatte. Eichen galten einmal als Schutz gegen Blitze, ein andermal als besonders gefährdet; dem Holz einer Eiche, die vom Blitz getroffen worden war, schrieb man allgemein nützliche Zauberkräfte zu. In ganz Europa hielt man es für sicherer, während eines Gewitters alle Scheren zu verstecken, Spiegel zu bedecken, sich von nassen Hunden und Pferden fernzuhalten und auf einem Federbett zu liegen.

Im Europa des Mittelalters versah man Kirchenglocken üblicherweise mit der Inschrift *fulgura frango* (Ich breche die Blitze), und noch im 18. Jahrhundert läutete man die Glocken bei den ersten Anzeichen eines Gewitters, denn man glaubte, die geweihten Glocken würden böse Geister vertreiben oder ihre Schallwellen seien in der Lage, die Blitze von ihrem Weg zur Erde abzubringen. Unabhängig von der zugrundeliegenden Überlegung erwiesen sich solche Bemühungen oft als nutzlos. Ein deutsches Buch mit dem vernünftigen Titel *Ein Beweis, daß das Läuten der Glocken bei Gewittern eher gefährlich als nützlich ist*, berichtete 1784, innerhalb von 30 Jahren seien 386 Kirchtürme vom Blitz getroffen worden und 103 Glöckner seien in Ausübung ihres Amtes ums Leben gekommen.

Wie die Römer ein paar Jahrhunderte zuvor, so war auch die Bevölkerung im England des Mittelalters allgemein davon überzeugt, daß es Glück brachte, wenn man den Donner von links hörte (andere bevorzugten allerdings die rechte Seite). Im 16. Jahrhundert herrschte in England der Glaube, Donner am Sonntag verursache den Tod von Gelehrten und Richtern, am Montag lasse er Frauen sterben, am Dienstag war er ein Vorzeichen für eine reichliche Ernte, am Mittwoch kündigte er den Tod von Huren an, am Donnerstag war er der Beweis für eine gesunde Schafherde, am Freitag wies er auf den Mord an einem berühmten Mann hin und am Samstag auf Krankheit und Pest.

Nach einer neueren Volksweisheit aus Maryland heilt ein Zahnstocher aus dem Holz eines vom Blitz getroffenen Baums Zahnschmerzen – eine Vorstellung, die Plinius schon 77 v. Chr. vertrat.

Gewitter gibt es vorwiegend im Sommer, in seltenen Fällen wurde aber auch im Winter und sogar bei Schneestürmen über sie berichtet. In Europa gilt winterlicher Donner vielfach als schlechtes Omen, vielleicht weil er so selten ist. Ein Buch aus dem 17. Jahrhundert bezeichnet ihn als «unheilvollen Vorboten von Zwietracht, Aufruhr und blutigem Krieg, und als etwas, das man nur selten sieht». In einem volkstümlichen Sprichwort aus der gleichen Zeit heißt es: «Donner im Winter ist das Wunder des Sommers» oder noch unheilvoller «Donner im Winter bedeutet Hunger im Sommer». In Wales glaubte man, winterlicher Donner prophezeie den Tod des wichtigsten Menschen im Umkreis von 20 Meilen.

Die alte Vorstellung, daß der Blitz nie zweimal an der gleichen Stelle einschlägt, entspringt meist dem Wunschdenken. Das Empire State Building in New York wird jedes Jahr etwa vierzigmal getroffen, und in die Bronzestatue von William Penn auf der City Hall in Philadelphia ist der Blitz schon so oft eingeschlagen, daß man es nicht mehr zählen kann. In meiner Kindheit hatte ich Freunde, deren Großvater schon dreimal vom Blitz getroffen worden war und überlebt hatte. Zweimal geschah das, als er von seinem Haus zur Scheune ging, beim drittenmal fuhr er gerade mit dem Traktor über ein Maisfeld. Dieser dritte Einschlag beeindruckte mich am meisten, denn man hatte mir immer erzählt, ein Fahrzeug mit Gummireifen sei vor Blitzschlägen geschützt (was nicht stimmt); außerdem warf der Einschlag den alten Mann vom Traktor: Er blieb mit einem baseballgroßen Bluterguß an der Hüfte, wo der Blitz ihn getroffen hatte, auf der Erde liegen, und ein entsprechender Bluterguß befand sich auf der gegenüberliegenden Körperseite, als ob der Blitz geradewegs durch ihn hindurchgegangen war.

Der Großvater meiner Freunde war nicht der einzige Mensch,

der bekanntermaßen mehr als genug unter Blitzen zu leiden hatte. Der Weltmeister dieser Überlebenden war vermutlich Roy C. Sullivan, ein früherer Nationalparkwächter aus Waynesboro in Virginia: Ihn traf der Blitz in seinem Leben siebenmal; er trug Verbrennungen an Brust und Bauch davon, verlor einen Fußnagel, versengte sich beide Augenbrauen und erlebte zweimal, wie seine Haare in Flammen aufgingen. Getroffen wurde Sullivan, der 1983 eines natürlichen Todes starb, beim Fahren eines Lastwagens, auf einem Leuchtturm, bei einem Spaziergang über einen Campingplatz und als er gerade in seinem Vorgarten stand. Einmal suchte er während eines Gewitters Schutz in einem Wärterhaus, aber selbst das half ihm nicht: Der Blitz schlug in das Gebäude ein, folgte im Inneren den Stromleitungen und sprang aus einer Steckdose auf ihn über. Als ein Journalist ihn 1977 fragte, warum er eine solche Anziehungskraft auf Blitze ausübe, erwiderte er: «O Gott, wenn ich das wüßte. Es ist schrecklich.»

Perlschnurblitze, Kugelblitze und Elmsfeuer

Ein gezackter, verzweigter Strahl, der aus der Unterseite einer Wolke hervorbricht, ist die häufigste Form des Blitzes, aber sicher nicht die einzige. In seltenen Fällen sieht der Blitzstrahl aus wie eine Reihe leuchtender Bälle, die einer Perlenkette ähnelt. Diese sogenannten «Perlschnurblitze» sind anscheinend unterbrochene Entladungen, als ob der vom Vorblitz gebildete ionisierte Kanal nicht vollständig ist.

Im Februar 1799 schrieb Haydon, der Kapitän des englischen Schiffes *Cambrian*, in sein Tagebuch: «Beobachtete ein gewaltiges Gewitter, das über uns niederging; bewegte die Hände, um die eng getakelten Topsegel aufzugeien. Während dieser Beschäftigung traf ein Feuerball die Mastspitze, tötete zwei Männer und verwundete viele andere. Die Zahl der letzteren belief sich auf etwa 20.»

Die Mannschaft von Kapitän Haydon erlebte wahrscheinlich eine seltene, umstrittene Art des Blitzes, die unter dem Namen «Kugelblitz» bekannt ist. Nach verschiedenen Augenzeugenberichten haben die Kugeln einen Durchmesser zwischen einem Zentimeter und zwei Metern, ihre Gestalt schwankt zwischen genau kugelförmig und oval, und die Farbe kann Weiß, Rot, Gelb oder Blau sein. Den Beschreibungen zufolge bewegen sie sich manchmal kaum, oder aber sie rasen mit großer Geschwindigkeit dahin, und oft sollen sie abprallen, wenn sie den Boden berühren. Manchmal, nach ein paar Sekunden oder Minuten, platzen sie in einer lauten Explosion. Ob Kugelblitze überhaupt existieren, ist nicht gesichert, denn sie wurden nie unter kontrollierten Bedingungen untersucht, aber eine ganze Reihe verläßlicher Augenzeugen hat das Phänomen beschrieben. Einer von ihnen war ein britischer Meteorologe namens J. Durward, dem Kugelblitze zweimal unter denkwürdigen Umständen begegneten. Das erste Erlebnis hatte er im Sommer 1934 in Schottland: Zusammen mit seinem Sohn beobachtete er einen Feuerball von etwa 30 Zentimeter Durchmesser, der aus einem Pinienwäldchen auf ihn zukam. Er schlug gegen einen eisernen Türpfosten, als Durwards Sohn gerade die Klinke berührte, und versetzte dem Jungen einen so starken Schlag, daß sein Arm sich noch Stunden später taub anfühlte. Die zweite Begegnung ereignete sich vier Jahre später während eines Gewitters über Frankreich in einem Flugboot. Durward und der Pilot sahen, wie ein Feuerball durch das offene Cockpitfenster hereinkam und so dicht an dem Piloten vorbeirollte, daß er ihm die Augenbrauen versengte und Löcher in seinen Sicherheitsgurt brannte. Anschließend trieb er in den hinteren Teil der Kabine und explodierte. Ähnliche Augenzeugenberichte sind nichts Ungewöhnliches, aber über Eigenschaften und Ursachen des Phänomens weiß man kaum etwas.

Wenn die negative Ladung auf der Unterseite eines Gewitters positive Ionen aus der darunterliegenden Erde anzieht, sammeln sie sich meist an der Spitze der höchsten vorhandenen Gegenstände. Diese statische Elektrizität läßt auf den Spitzen von Bäumen und Gebäuden, den Eispickeln von Bergsteigern, der Takelage von Schiffen und den Tragflächen von Flugzeugen manchmal ein fahles, blaues, zischendes Leuchten entstehen. Englische Seeleute nannten es im 19. Jahrhundert *corposants*, das ist ein falsch ausgesprochenes *corpo santo*, «der Körper des Heiligen»; besser bekannt wurde die Erscheinung aber unter dem Namen Elmsfeuer. Es wurde nach dem heiligen Elmo benannt, dem Schutzheilgien der Seeleute im Mittelmeerraum, und in der Schiffahrt galt es lange Zeit als gutes Omen, vielleicht weil es oft auftritt, wenn ein Gewitter seinen Höhepunkt überschritten hat.

Das Elmsfeuer weist zwar manchmal darauf hin, daß ein Blitzeinschlag bevorsteht, aber seine eigene Strahlung gilt meist als ungefährlich. Immerhin hat man es aber für den Brand verantwortlich gemacht, der am 6. Mai 1937 in Lakehurst in New Jersey das Luftschiff *Hindenburg* zerstörte.

Wetterleuchten und Flächenblitze

Das entfernte, geräuschlose Licht des Wetterleuchtens am Horizont ist in Sommernächten so häufig, daß es geradezu als Kennzeichen der Jahreszeit gilt, und es scheint ganz etwas anderes zu sein als die lauten, gezackten Blitze der Gewitter. In Wirklichkeit ist das Wetterleuchten aber nichts anderes als normale Blitze, die sich weit entfernt in den Wolken widerspiegeln. Geräuschlos ist es, weil die bei einem Blitz entstehenden Schallwellen sich nach acht bis 15 Kilometern so weit verteilt haben, daß wir sie nicht mehr wahrnehmen. Wir sehen das Toben, abgemildert durch die Entfernung, aber wir hören kein Geräusch. Thoreau beobachtete weit entfernte, stille Blitze und schrieb, die Wolken schienen «ihre Schwingen zu heben wie Leuchtkäfer».

Flächenblitze ereignen sich tief im Inneren der Wolken, und aus größerer Entfernung sieht es so aus, als ob sie große Bereiche gleichmäßig erleuchten, wie ein Blitzlicht in einem Zelt. Es handelt sich aber um gewöhnliche Blitze, die aus dem positiv geladenen oberen Abschnitt der Wolke in den negativ geladenen unteren schlagen. Da sie die Wolken nicht verlassen, sehen wir keinen gezackten Blitzstrahl.

Blitze beim Fliegen

Jedes Flugzeug wird durchschnittlich einmal im Jahr vom Blitz getroffen, aber die Metallhaut leitet die Elektrizität meist ohne Schaden von einem Ende des Flugzeugs zum anderen und wieder zurück in die Luft. Gelegentlich beeinflußt ein solches Vorkommnis die Fluginstrumente, oder die Besatzung wird vorübergehend durch den Blitz geblendet, aber Abstürze aufgrund von Blitzschlägen sind selten.

Ein Vogel, der das Pech hat, von einem Blitz getroffen zu werden, ist wesentlich schlechter dran als ein Flugzeug. Nach einem Bericht in der Zeitschrift *The Auk*, dem Organ der amerikanischen Ornithologenorganisation, wurden 1941 vier Doppelhaubenkormorane vom Blitz getroffen und getötet, als sie in South Carolina über ein Feld flogen. Der große Pelikan mit seinen breiten Flügeln ist offenbar besonders durch Blitzschläge gefährdet. Am 16. August 1929 beobachtete ein Tankwart einen Schwarm von 27 weißen Pelikanen, die in der Nähe des Großen Salzsees in Utah in etwa 150 Meter Höhe über ihn hinwegflogen; ein Blitz tötete den gesamten Schwarm, und die Kadaver waren anschließend über mehr als 40 Hektar Land verstreut. Zehn Jahre später, also 1939, sah ein Farmer in der Nähe von Nelson in Nebraska 34 weiße Pelikane zu Boden stürzen, nachdem ein Blitz im Zickzack durch das Rudel geschossen war. In jüngerer Zeit, nämlich im April 1990, wurden 16 Pelikane getroffen und getötet, als sie gerade Broadwater in Nebraska überflogen.

Wenn der Blitz einschlägt

Blitze sind schön und faszinierend – aber auch tödlich. In den USA sterben jedes Jahr 100 bis 300 Menschen durch Blitzschlag, und etwa 1500 werden verletzt. Im allgemeinen kommen durch Blitze mehr Menschen ums Leben als durch Tornados, Hurrikane und Überschwemmungen zusammen.

Der sicherste Aufenthaltsort während eines Gewitters ist das Innere eines Gebäudes, außer Reichweite der Fenster und ohne Berührung von Telefonen, Wasserrohren und elektrischen Leitungen. Draußen ist man am sichersten in einem Auto mit geschlossenen Scheiben. Wird man im Freien vom Gewitter überrascht, ohne daß ein Unterstand in der Nähe ist, sollte man sich von einzeln stehenden Bäumen, Drahtzäunen, feuchten Stränden und Wasser fernhalten und niemals Golfschläger oder Regenschirme in die Luft halten. Sich in einem dichten Gehölz aus kleinen Bäumen unterzustellen ist viel sicherer, als wenn man der höchste Punkt auf einem Feld oder Hügel ist. Ist auf offenem Gelände kein Unterschlupf verfügbar, sollte man sich mit den Händen um die Knie hinhocken, um den Boden möglichst wenig zu berühren.

Wo Donner ist, da sind auch Blitze, aber da Schall viel langsamer wandert als Licht (340 Meter pro Sekunde im Gegensatz zu 300000 Kilometern beim Licht), wird der Abstand zwischen beiden mit zunehmender Entfernung immer größer. Wenn man die Entfernung des Blitzes berechnen will, zählt man die Sekunden zwischen dem Blitz und dem nächsten Donnerrollen, und diese Zahl teilt man durch drei. Ein Zeitabstand von 15 Sekunden zeigt also, daß der Blitz etwa fünf Kilometer entfernt niedergegangen ist.

Wutanfälle der Natur: Tropische Wirbelstürme

Von allen großen Stürmen, die über die Oberfläche unseres Planeten rasen, kommt keiner in Größe und Kraft den riesigen, aus dem Meer geborenen Gewalten gleich, die den Meteorologen als Zyklone oder tropische Wirbelstürme bekannt sind. Sie treten über allen tropischen Meeren auf, betreffen alle Kontinente außer der Antarktis und waren die Ursache der schlimmsten Naturkatastrophen in der Geschichte der Menschheit.

Obwohl die tropischen Wirbelstürme fast überall auftreten können, sind sie doch so abgegrenzt, daß man ihnen in den einzelnen Gegenden der Erde unterschiedliche Namen gegeben hat. Im östlichen Nordpazifik, in der Karibik und auf dem Atlantik heißen sie Hurrikane – nach dem Tainowort *huracan* («böser Geist»). In der Karibik sind sie auch als «Gott alles Bösen» bekannt, der die entsetzlichen Winde schickt, um die Menschen zu bestrafen, wenn sie ihn geärgert hatten. Im pazifischen Raum bezeichnet man die gleichen Stürme als Taifune, eigentlich eine falsche Aussprache des chinesischen *ta-feng* («gewalttätiger Wind»). In Australien nennt man sie manchmal *willy-willies,* in anderen Bereichen der südlichen Erdhalbkugel und im Indischen Ozean spricht man von Zyklonen. Das englische Wort *cyclone* taucht gedruckt zum erstenmal 1844 in Henry Piddingtons *Handbook for Sailors* auf; er hatte den Begriff geprägt, weil er andeuten wollte, daß die großen Wirbelstürme des Indischen Ozeans ähnlich geformt sind wie eine aufgerollte Schlange.

TROPISCHER WIRBELSTURM
18000 METER
AUGE
BEVORZUGTE ENTSTEHUNGSGEBIETE

Aristoteles betrachtete Hurrikane als Kombination von Winden, die sich über andere Winde türmen, bis schließlich ein großer Sturm von gewaltiger Kraft entsteht. Lukretius schrieb, wenn ein machtvoller Sturm sich in Wolken hüllte und über das Land hereinbrach, «speit er einen Wirbelwind und Sturm von riesiger Gewalt aus; aber da das überhaupt nur selten vorkommt und da Gebirge ihn an Land zwangsläufig behindern, beobachtet man ihn häufiger über dem Meer mit seiner weiten Aussicht und seinem unendlichen Horizont».

Jahrhundertelang galten die großen Stürme, die über den Ozeanen wüteten und die Seeleute in Schrecken versetzten, als isolierte, örtliche Vorkommnisse. Noch verfügte man nicht über die Hilfsmittel, um das größere Bild zu erkennen und zu sehen, daß derselbe Wirbelsturm erst eine Flotte englischer Schiffe vor Barbados sinken ließ und ein paar Tage später die Dörfer auf den Bahamas zerstörte. Die erste genaue Beschreibung über die Wirkungsweise eines tropischen Wirbelsturms erschien in gedruckter Form erst gegen Ende des 17. Jahrhunderts: Damals veröffentlichte der englische Entdecker und Seeräuber William Dampier eine Abhandlung mit dem Titel *Discourse of Trade-Winds* («Abhandlung über die Passatwinde»). Darin verglich er einen Taifun im Chinesischen Meer mit einem riesigen, äußerst kraftvollen Wirbelwind, und er stellte fest, die «Tuffoons», die manchmal über die Küsten Chinas hereinbrachen, seien nichts anderes als die Hurrikane, die in regelmäßigen Abständen durch die Karibik rasten. Nicht lange nachdem Dampiers Buch erschienen war, stellte ein Amateurwissenschaftler namens William Redfield fest, daß auch die Schäden, die ein Hurrikan 1821 an Bäumen und Gebäuden der Küste Neuenglands angerichtet hatte, auf einen riesigen Wirbelsturm schließen ließen; die Verteilung der Schäden zeigte, daß der Wind sich im Gegenuhrzeigersinn bewegt hatte.

Tropische Wirbelstürme entstehen fast immer im Sommer oder Herbst in Bereichen über dem Meer zwischen dem 5. und 20. Grad nördlicher und südlicher Breite. Sie sind das Ergebnis einer Vielzahl von Einzelursachen, aber die wichtigste Voraussetzung ist die starke Erwärmung der tropischen Ozeane im Hochsommer. Wenn die Temperaturen so hoch sind, daß sich das Wasser an der Meeresoberfläche auf mehr als 27 Grad aufheizt, steigen Gewitterwolken über dem warmen Wasser in große Höhen, so daß der Luftdruck an der Oberfläche absinkt. Gleichzeitig setzt in dem betreffenden Bereich eine Drehbewegung der Passatwinde ein, die wegen der Erdrotation auf der Nordhalbkugel im Gegenuhrzeigersinn und auf der Südhalbkugel im Uhrzeigersinn verläuft. Warme feuchtigkeitsgesättigte Winde werden ins Zentrum der Spirale und dort wegen des niedrigen Luftdrucks nach oben gezogen; dabei nimmt ihre Geschwindigkeit zu, und sie verstärken die Drehbewegung des Sturmsystems. Erreicht der Wind eine Geschwindigkeit von mehr als 62 Stundenkilometern, bezeichnet man ihn als tropischen Sturm, und man gibt ihm einen Namen. Etwa jeder zehnte tropische Sturm erreicht mehr als 120 Stundenkilometer, und nun spricht man von einem tropischen Wirbelsturm. Er kann unter geeigneten Voraussetzungen einen Durchmesser von mehr als 500 Kilometern erreichen, mit 16 bis 80 Stundenkilometern weiterziehen und in seinem Inneren Windgeschwindigkeiten von 160 bis 320 Stundenkilometern entstehen lassen.

Das seltsamste Merkmal eines Hurrikans ist sein Auge, ein acht bis 40 Kilometer großer, windstiller Bereich in der Mitte, wo trockene Luft aus großer Höhe nach unten gedrückt wird. Überlebende schwerer Hurrikane berichten manchmal über das seltsame Erlebnis, wenn das Auge des Wirbelsturms über sie hinwegzieht: Der unglaublich starke Wind legt sich plötzlich, und man sieht ein Stück blauen Himmels, umgeben von einer aufgewühlten Masse tobender Wolkenwände, die sich spiralförmig viele tausend Meter in die Luft erheben. Schiffe haben bekanntermaßen die schlimmsten Auswirkungen von Hurrikanen überstanden, indem sie sich der Geschwindigkeit des Wirbelsturms anpaßten und in seinem Auge blieben. In diesem relativ windstillen Bereich waren Deck und Takelage der Schiffe

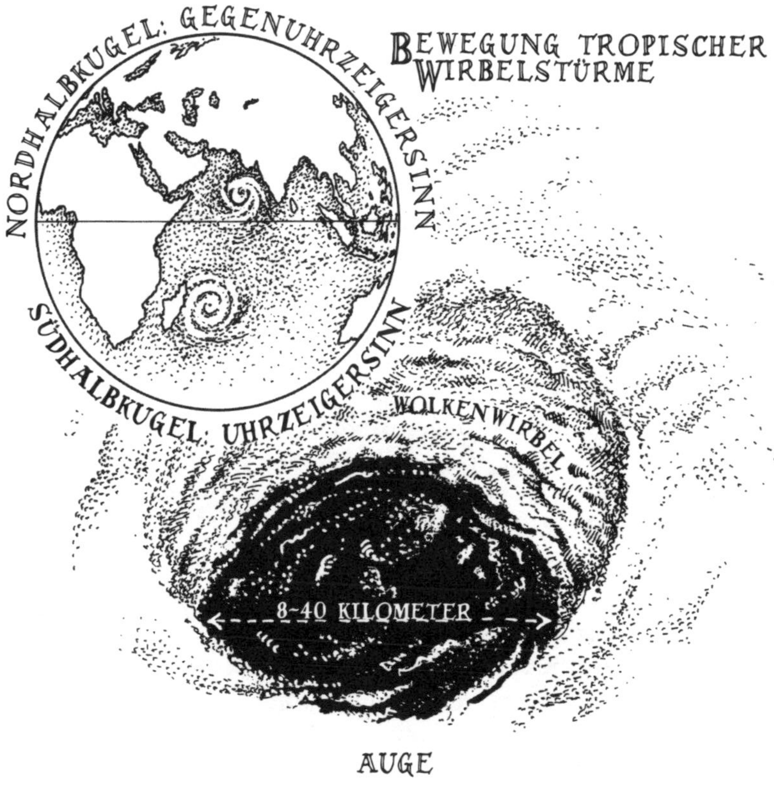

manchmal über und über mit erschöpften Vögeln besetzt, die einen Platz zum Ausruhen suchten. Ein tropischer Wirbelsturm hat im typischen Fall eine Lebensdauer von etwa zehn Tagen und bewegt sich in dieser Zeit vorwiegend in westlicher Richtung, aber sein Weg kann sehr launisch und unregelmäßig sein, so daß es schwierig oder sogar unmöglich ist, ihn genau vorherzusagen. Der Sturm kann seine gewaltige Kraft über so lange Zeit hinweg sammeln und aufrechterhalten, weil er sein Leben aus dem Meer bezieht. Solange er über Wasserflächen zieht, steht ihm ständig Energienachschub zur Verfügung, weil Wärme aus dem Wasser in die Luft übergeht. Warmluft, die zum Zentrum des Sturms gezogen wird, steigt dort schnell in die Höhe, und wenn sie sich dabei ausdehnt und abkühlt, kondensiert ihre Feuchtigkeit. Eine Nebenwirkung der Kondensation ist die Freisetzung von Wärme, und deshalb wird die Luft sogar beim Aufsteigen noch aufgeheizt; das führt zu weiterer Kondensation und verstärkt die Kraft der Aufwärtsströmung, die den Sturm antreibt. Erst wenn der Hurrikan nach Norden über kälteres Wasser oder über Landflächen wandert, fehlt ihm der Nachschub an warmer, feuchter Luft, und dann löst er sich meist recht schnell auf.

An den meisten schlimmen Wettererscheinungen und sogar an möglicherweise verheerenden Tornados kann man Gefallen finden, wenn man sie aus sicherer Entfernung beobachtet. Aber für tropische Wirbelstürme gibt es nur eine Möglichkeit der ungefährlichen Beobachtung: aus mehreren hundert Kilometer Höhe, also aus dem Blickwinkel der Satelliten; von dort aus ähnelt ein Hurrikan, der harmlos über den Ozean wandert, einem Rauchkringel mit der raffinierten Spiralform eines Schneckenhauses. Aus geringerer Entfernung hat ein Hurrikan aber absolut nichts Harmloses, und wer einmal einen solchen Sturm aus nächster Nähe miterlebt hat, wird sich mit Fug und Recht mehr darum sorgen, ihn zu überleben als ihn zu beobachten.

Wie ist es, wenn man sich in einem Hurrikan befindet? «Großer Gott!» schrieb Alexander Hamilton, nachdem er in der Karibik einen erlebt hatte. «Welcher Schrecken und welche Zerstörung – ich kann es unmöglich beschreiben – oder Ihnen eine Vorstellung davon vermitteln. Es war, als fände die völlige Auflösung der Natur statt. Das Donnern von Meer und Wind – rasende Meteore, die in der Luft herumfliegen – das ungeheure Flackern der fast ununterbrochenen Blitze – das Krachen der einstürzenden Häuser – und das ohrenbetäubende Schreien der Notleidenden hätten ausgereicht, um einen Engel in Erstaunen zu versetzen.» Der in Polen geborene englische Schriftsteller Joseph Conrad, der in seinen Jahren als Kapitän eines Schiffes viele tropische Stürme miterlebte, beschreibt ein solches Erlebnis in *Taifun*:

> Eine zerfetzte, tiefhängende Wolkenmasse, die torkelnden langen Umrisse des Schiffes, die schwarzen Gestalten der Männer, die auf der Brücke gefangen sind, die Köpfe nach vorn gerichtet, als wären sie im Laufen versteinert. Über all das brach die Dunkelheit herein, und dann schließlich kam das Eigentliche.
>
> Es war etwas Ungeheures und Schnelles, wie das plötzliche Zerschmettern einer Schale des Zorns. Es schien überall um das Schiff zu explodieren, mit einer überwältigenden Erschütterung und einem Wasserschwall, als ob auf der Leeseite ein gewaltiger Damm gebrochen wäre. Einen Augenblick lang verloren die Männer den gegenseitigen Kontakt.

Das Verheerendste an den tropischen Wirbelstürmen ist nicht der Wind, sondern die Sturmflutwellen, die sie oft mitbringen. Der sehr niedrige Luftdruck im Umfeld des Hurrikans im Gegensatz zu dem relativ hohen Druck in seinem Auge lassen an der Meeresoberfläche einen Sog entstehen, der im Zentrum des Sturms einen Wasserhügel von 30 Zentimeter bis drei Meter Höhe erzeugt. Wenn der Sturm über dem Meer weiterwandert, schiebt dieser Hügel das Wasser vor sich her wie eine gewaltige Barkasse mit flachem Bug. Dabei türmen sich die Wellen, vom Wind verstärkt, immer weiter auf; sie können auf dem offenen Meer bis zu acht Metern hoch werden und steigen noch mehr an, wenn sie an der Küste in eine Bucht oder Flußmündung gedrückt werden. Trifft eine solche Sturmwelle mit der gezeitenbedingten Flut zusammen, kann sie viele Meter über den Meeresspiegel ansteigen und weit ins Landesinnere rasen. Die Kombination aus starkem Wind, Überschwemmung durch Wolkenbrüche und Sturmfluten war in der Geschichte die Ursache für mehr Todesfälle als Erdbeben und Vulkanausbrüche. Auf ihr grausames Konto gehen eine zwölf Meter hohe Flutwelle im Golf von Bengalen im Jahr 1737, in der 300 000 Menschen ertranken, ein Sturm im Jahr 1881, in dem an der chinesischen Küste 300000 Menschen ums Leben kamen, 500000 Tote auf den küstennahen Inseln von Bangladesh (dem damaligen Ostpakistan) im Jahr 1970 und noch einmal 125000 Opfer in derselben Gegend im Jahr 1991. Die schlimmste Naturkatastrophe in den USA war ein Hurrikan, der 1900 in Galveston (Texas) 6000 Menschen das Leben kostete.

So zerstörerisch Hurrikane sind, sie haben auch ein paar nützliche Wirkungen. Sie mildern weltweit die Temperaturen, tragen zur Verteilung der starken tropischen Hitze bei und transportieren sie in Breiten, wo sie Nutzen bringt; außerdem befördern sie den Regen in Gebiete, wo sonst nur wenig Niederschlag fallen würde.

Die Tradition, Hurrikanen weibliche Vornamen zu geben, geht auf Militärmeteorologen des Zweiten Weltkriegs zurück. Seit 1953 werden die Hurrikane eines Jahres in alphabetischer Reihenfolge benannt: Der Name des ersten tropischen Wirbelsturms einer Saison beginnt mit A, der zweite mit B und so weiter. Seit 1979 ließ man die sexistische Komponente des Systems fallen: Seither werden abwechselnd männliche und weibliche Vornamen vergeben.

Sonnenaufgang, Sonnenuntergang

Unsere Tage beginnen und enden in Schönheit. Mittags ist die Sonne so stark, daß wir sie nicht übersehen können, aber sie ist auch so hell, daß man sie nicht direkt betrachten darf, und nachts erleben wir sie nur aus zweiter Hand, reflektiert durch Mond und Planeten. Nur wenn sie auf- oder untergeht, können wir sie unmittelbar beobachten, jenen Stern, der das Leben auf der Erde möglich macht.

Wie wir heute wissen, ist die Sonne ein mittelgroßer Stern; sie mißt etwa 1,38 Millionen Kilometer im Durchmesser (das ist das 109fache des Erddurchmessers), und die Wärme, die sie abstrahlt, entsteht in ihrem Zentrum, wo Wasserstoff in einer Kernreaktion in Helium verwandelt wird; dabei entstehen Temperaturen bis zu 22 Millionen Grad. Mit etwa 5 Milliarden Jahren ist die Sonne nach den Maßstäben des Universums ein Stern mittleren Alters, der seine Lebenserwartung von ungefähr 10 Milliarden Jahren etwa zur Hälfte hinter sich hat.

Die entscheidende Bedeutung der Sonne als Lebensspender war offenbar den Kulturen aller Zivilisationsstufen bekannt. Die Ägypter personifizierten die Sonne als Amun-Ra, die Griechen als Helios, die Römer als Sol, die Azteken als Tonatiuh, und überall nahmen diese Götter einen wichtigen Platz ein. Plinius zollt der Sonne in seiner *Naturgeschichte* eine Hochachtung, in der sich primitive und höher entwickelte Einstellungen in seltsamer Form mischen:

> In ihrer [der Planeten] Mitte bewegt sich die Sonne, deren Umfang und Kraft am größten ist und die nicht nur der Herrscher der Jahreszeiten und Länder ist, sondern auch der Sterne selbst und des Himmels. Stellt man alles in Rechnung, was sie bewirkt, muß man glauben, daß sie die Seele oder genauer der Geist der ganzen Welt ist, das überragende, beherrschende Prinzip und die Göttlichkeit der Natur. Sie stattet die Welt mit Licht aus und vertreibt die Dunkelheit, sie verdeckt und erhellt die übrigen Sterne, sie steuert in Übereinstimmung mit dem Vorbild der Natur den Wechsel der Jahreszeiten und die ständige Wiedergeburt des Jahres, sie zerstreut das Glimmen des Himmels und beruhigt sogar die Gewitterwolken im Geist der Menschen, und sie leiht auch den übrigen Sternen ihr Licht; sie ist prachtvoll und beherrschend, allsehend und sogar allhörend.

Um diese allsehende und allhörende Vorherrschaft richtig einschätzen zu können, muß man morgens früh aufstehen oder bis gegen Abend warten. Von dem, was unsere Mütter uns gesagt haben, ist zumindest eines wahr: Wenn man in die Sonne starrt, kann man blind werden. Nur wenn sie beim Auf- und Untergehen flach durch die Atmosphäre scheint, werden so viel schädliche Strahlen abgelenkt, daß man sie gefahrlos mit bloßem Auge betrachten kann. Die gleiche Strecke in der Atmosphäre läßt auch einige der farbigsten Szenen auf der Erde entstehen.

Obwohl wir zeit unseres Lebens Zeugen von Sonnenauf- und -untergängen werden, können sie uns, wenn sie besonders prächtig sind, immer wieder die Sprache verschlagen. Plinius glaubte, derart lebhafte Farben könnten nur durch Feuer entstehen: «Man hat oft gesehen, und es überrascht nicht», so schreibt er, «daß der Himmel selbst Feuer fängt, wenn die Wolken durch besonders große Flammen in Brand gesetzt wurden.»

Die Ursache dieser flammenden Farben ist in Wirklichkeit das Licht, das waagerecht durch die Atmosphäre fällt. Je tiefer die Sonne steht, desto größere Luftmassen muß es durchdringen, und desto mehr Licht wird von Partikeln in der Atmosphäre gestreut. Kommt es senkrecht von oben, ist die Streuung immerhin so stark, daß die Sonne, die weißes Licht ausstrahlt, gelb erscheint. Steht sie dagegen tief am Himmel, wird ein größerer Teil der kurzwelligen Strahlung gestreut, so daß Rot als vorherrschende Farbe übrigbleibt. Da die Atmosphäre aus vielen Luftschichten mit unterschiedlicher Temperatur und unterschiedlichem Gehalt an Wasserdampf, Staub, Asche und Gasen besteht, wird das Licht auf vielerlei Weise beeinflußt. Das erklärt nicht nur, warum die Sonne in der Nähe des Horizonts eine andere Farbe annimmt, sondern auch, warum sie oft verzerrt aussieht. In der Nähe des Horizonts wird das Sonnenlicht beim Durchgang durch die Atmosphäre stark gebrochen; am auffälligsten ist diese Brechung auf Meereshöhe, wo die Atmosphäre am dichtesten ist – sie kann bewirken, daß die Sonne scheinbar um ihren vollen Durchmesser höher steht, als es ihrer wirklichen Position entspricht. Eine weitere Folge der Brechung ist die scheinbare Abflachung der Sonne (und auch des Mondes) in der Nähe des Horizonts. Sie sieht dort nicht kreisrund, sondern eher elliptisch aus, manchmal so stark, daß sie Streifen oder Stufen zu haben scheint.

Rot erscheinen Sonne und Himmel vor allem deshalb, weil die Gase der Atmosphäre das blaue Licht aus dem Farbenspektrum stärker streuen als das rote, so daß mehr Rot als Blau zum Beobachter durchdringt. An diesigen Tagen mit geringer Sichtweite kann man im allgemeinen mit einem besonders schönen Sonnenuntergang rechnen; bei klarem Wetter ist das Schauspiel meist weniger eindrucksvoll. Die Farben werden von Wolken verstärkt; die beste Voraussetzung sind Wolken, die gerade so dick sind, daß sie die roten Anteile reflektieren, ohne aber die Sonne völlig zu verdecken.

Da das Schauspiel von Sonnenauf- und -untergang sich zu einem großen Teil auf Wolken ereignet, entscheidet ihr Umfang gewöhnlich darüber, wieviel Farbe sichtbar ist. Aber auch ein wolkenloser Himmel kann sehr reizvoll sein. Bei klarem Wetter zeigen sich die schönsten Farben vor Sonnenaufgang und nach Sonnenuntergang, wenn das Licht in den oberen Schichten der

Atmosphäre gebrochen wird und Bereiche mit raffinierten, abgestuften Farbtönen hervorbringt. Die tiefstehende Sonne sättigt den Himmel mit Farben – das Blau oben in der Mitte wird tiefer, die gelben, gelbgrünen und violetten Streifen am Horizont hellen sich auf, und die Sonne selbst färbt sich rötlichgelb. Je mehr sie sich dem Horizont nähert, desto dunkler und intensiver werden die Farben. Rötlichgelb verstärkt sich zu Orange, dann zu Rotorange und schließlich zu Rot. Steht die Sonne unter dem Horizont, mischt sich das Rot mit dem Blau, und eine rosaviolette Schattierung breitet sich aus. In der Dämmerung, also zwischen Sonnenuntergang und Dunkelheit, werden die Farbstreifen immer dichter und kleiner, bis das Licht allmählich vom Himmel verschwindet. Nach einer alten Faustregel war die Dämmerung zu Ende, wenn man bei Tageslicht keine Zeitung mehr lesen konnte, aber die Astronomen nennen dafür heute lieber den Zeitpunkt, wenn die Sonne 18 Grad unter dem Horizont steht und die ersten Sterne zum Vorschein kommen.

In den Alpen beobachtet man an klaren, wolkenlosen Tagen das Alpenglühen: Die vielfältigen Farben der Sonne, die in den Tälern schon untergegangen ist, färben die schneebedeckten Berggipfel. Natürlich haben die Alpen kein Monopol auf dieses Phänomen: Es kommt überall auf der Welt im Gebirge häufig vor.

Wenn man ein paar Minuten nach Sonnenuntergang nach Osten blickt, also in die der Sonne abgewandte Richtung, und wenn der Himmel wolkenlos und leicht dunstig ist, taucht manchmal der Erdschatten als gebogener, blaugrauer Streifen unmittelbar über dem Horizont auf. An seinem oberen Rand erkennt man oft einen blassen, roten oder rosafarbenen Lichtstreifen, auch Venusgürtel genannt; er entsteht, weil die Atmosphäre noch im Sonnenlicht liegt und von den waagerecht durch die Luft fallenden Strahlen gefärbt wird. Je mehr Dunst die Luft enthält, desto mehr wirkt die Atmosphäre wie eine Projektionsleinwand, und desto besser ist der Schatten zu erkennen.

Nach Sonnenuntergang und vor Sonnenaufgang kann man auch das Zodiakallicht sehen; dieses bogen- oder pyramidenförmige Glimmen am Himmel entsteht, weil das Sonnenlicht von winzigen Staubteilchen in den höheren Luftschichten reflektiert wird. Morgens nennt man es manchmal auch falsche Dämmerung, und in der Nähe des Äquators erstreckt es sich manchmal fast über den ganzen Himmel. Zodiakallicht heißt es, weil es im Tierkreis oder Zodiak auftaucht, jenem gedachten Bogen am Himmel, den Sonne, Mond und die sichtbaren Planeten durchlaufen.

Wer die Augenblicke des anbrechenden und scheidenden Tages besonders liebt, möchte vielleicht an den Enden der Welt wohnen. Die Dauer von Sonnenauf- und -untergang verändert sich mit der geographischen Breite erheblich. Am Äquator geht die Sonne schnell auf und unter, weil sie sich in einem Winkel von fast oder genau 90 Grad zum Horizont bewegt und deshalb schnell hochsteigt und verschwindet. Je mehr man sich den Polen nähert, desto indirekter wird ihr Weg, und entsprechend länger braucht sie, um den Horizont zu passieren. Deshalb ist die Dämmerung in den Tropen nur kurz, während sie in der Arktis mehrere Stunden dauert.

Leidenschaftliche Beobachter der auf- und untergehenden Sonne wissen, daß eine der bekanntesten Wetterregeln sich oft als richtig erweist: Morgenrot kündigt häufig schlechtes, Abendrot dagegen gutes Wetter an. Das erscheint paradox, denn das Abendrot könnte ein Hinweis auf Wolken sein, die sich mit dem vorherrschenden Wind nähern und deshalb Regen und Wind mitbringen; und Morgenrot könnte bedeuten, daß die gleichen Wolken nach Osten abgezogen sind, so daß nun besseres Wetter bevorsteht. In Wirklichkeit geschieht aber etwas anderes: Abendrot entsteht, wenn der Himmel im Westen aufklart, so daß die Sonne hinter einer Wetterfront durchbricht; die Farben werden von Wolken zurückgeworfen, die bereits in der Auflösung begriffen sind. Morgens wird die herannahende Schlechtwetterfront zur Projektionsfläche, auf welche die aufgehende Sonne ihre Farben wirft, und das kündigt oft einen regnerischen Tag an.

Vulkanische Sonnenuntergänge

Bei einem Vulkanausbruch gelangt feine Asche in gewaltigen Mengen in die Stratosphäre, und von dort aus verteilt sie sich über die ganze Welt. In den ersten ein bis zwei Jahren nach einem größeren Ausbruch sieht der Himmel noch Hunderte oder sogar Tausende von Kilometern entfernt diesig oder milchig aus. Die Sonne ist von einem großen weißen oder leicht gefärbten Hof umgeben, der sogenannten Aureole; seltener beobachtet man einen blassen braunrosa Streifen mit hellgrünem Inneren, den Bishop-Ring. Er wurde zum erstenmal von dem Geistlichen S. E. Bishop beschrieben, der das Phänomen 1883, nach dem Ausbruch des bei Java gelegenen Krakatau, auf Hawaii beobachtete; der Bishop-Ring ist scharf umgrenzt, sein Inneres ist von silbrigem oder silbrigblauem Licht erfüllt, und er unterscheidet sich deutlich von einem Sonnenhalo, der durch die Lichtbrechung an Eiskristallen entsteht.

Einige der ungewöhnlichsten Sonnenauf- und -untergänge der Erde ereigneten sich in den Wochen, Monaten und Jahren nach Gas- und Staubausbrüchen. Beobachter überall auf der Welt berichteten über besonders farbenprächtige Sonnenuntergänge, nachdem im August 1883 der Krakatau ausgebrochen war. Die Eruption schleuderte schätzungsweise 18,5 Kubikkilometer Gestein mit einer Geschwindigkeit von 800 Metern pro Sekunde in die Luft, forderte 63000 Todesopfer und donnerte so laut, daß man sie noch fast 5000 Kilometer entfernt auf der Insel Madagaskar hören konnte. In den Monaten danach gab es überall auf der Welt atemberaubende Sonnenuntergänge. Am Abend des 30. Oktober waren sie in New Haven (Connecticut) und Poughkeepsie (New York) so farbenprächtig, daß man Feueralarm auslöste und die Feuerwehr in Marsch setzte, weil man glaubte, im Westen sei ein großer Brand ausgebrochen. Auch der Ausbruch des Mount Agung auf der südostasiatischen Insel Bali und die Eruption des Mount Saint Helens führten zu außergewöhnlich leuchtenden, farbigen Sonnenuntergängen. Vulkanische Aschewolken befinden sich meist in einer Höhe von etwa 20000 Metern und sind vor Sonnenaufgang sowie nach Sonnenuntergang etwa 45 Minuten lang beleuchtet. Sie sind weiter verteilt als die nachtleuchtenden Wolken und lassen ein größeres, vielfältigeres Farbenspiel entstehen.

Einer der größten Vulkanausbrüche im 20. Jahrhundert war der des Pinatubo auf den Philippinen im Juni 1991. Seine Asche hatte die Welt innerhalb von sechs Monaten einmal umrundet und dabei sowohl für eine geringfügige Verdünnung der Ozonschicht als auch für eine vorübergehende weltweite Abkühlung gesorgt. Sonnenauf- und -untergänge waren seit den Ausbrüchen des El Chichón in Mexiko 1982 und des Agung in Indonesien 1963 nicht mehr so farbig gewesen. Ende November konnte man die Auswirkungen im Norden Michigans beobachten: Dort war auch klarer Himmel noch lange nach Sonnenuntergang in ein leuchtendes, ungewöhnliches Violett getaucht.

Unter Normalbedingungen, wenn es seit mehreren Jahren keinen Vulkanausbruch gegeben hat, ist der Himmel in der Abenddämmerung meist blau und grau; Gelb und Orange tauchen nur über dem Horizont auf. Ein vulkanischer Sonnenuntergang dagegen taucht alles in Rot. Das normale Gelb und Orange leuchtet stärker und breitet sich über einen größeren Teil des Himmels aus. Der Bereich darüber, der normalerweise dunkelblau wird, färbt sich durch die Mischung mit dem Rot schließlich lila, dunkel- oder hellrosa, hellrot oder leuchtend scharlachrot. Das normale Abendrot, jener orangefarbene oder gelbe Lichtstreifen, der am Horizont steht, wenn die Sonne verschwunden ist, wird heller, breiter und bleibt länger erhalten als sonst. Die Sonne selbst erscheint kupferfarben, blau oder sogar grün und steht vor einem roten, violetten, gold- oder silberfarbenen Hintergrund. Gelegentlich erkennt man unmittelbar nach Sonnenuntergang auch Aschewolken, manchmal Ultracirrus genannt; sie stehen als schmale Streifen hoch in der Luft, als sei der Himmel mit einer sehr dünnen Schicht grauer Wasserfarbe bepinselt, wobei man die Pinselstriche noch erkennt. Sie sind wegen ihrer großen Höhe auch nach Sonnenuntergang noch eine ganze Zeitlang erleuchtet.

Vulkanasche bewirkt, daß die Abenddämmerung viel länger dauert als sonst. Der Ascheschleier streut das Licht über einen großen Bereich, so daß man Farben noch bis zu 30 Minuten nach dem Ende der astronomisch definierten Dämmerung erkennen kann. Durch Asche in hohen Luftschichten sehen Mond und Sterne manchmal grün aus, wenn man sie im letzten dunkelroten Abendlicht betrachtet. Der Mond erscheint gelegentlich auch blau, weil sein Licht von der Asche gebrochen wird.

Vulkanasche führt in der Atmosphäre meist nur zu vorübergehenden Effekten. Nach einer oder zwei Wochen mit farbenprächtigen Sonnenuntergängen folgt wieder eine Phase mit normal gefärbtem Himmel. Wenn die Selbstreinigung der Atmosphäre die Ascheteilchen verschwinden läßt, verblaßt nach und nach auch die Leuchtkraft des abendlichen Schauspiels.

Das geheimnisvolle grüne Leuchten

Seit über einem Jahrhundert streiten die Himmelsbeobachter über die Ursache eines hellen grünen Leuchtens, das manchmal unmittelbar vor Sonnenaufgang oder nach Sonnenuntergang ein paar Sekunden lang aufblitzt. Es tritt nur selten auf, meist nur bei sehr klarer Luft und nur wenn die Sonne sich deutlich gegen einen scharf begrenzten Horizont abhebt, beispielsweise gegen ein Gebirge oder das Meer. Jules Verne beschreibt das Phänomen in einem Roman und erwähnt dabei eine alte schottische Legende, die dem grünen Leuchten übernatürliche Kräfte zuschreibt: «Wenn es auftaucht, verschwindet alle Täuschung und Falschheit, und wer das Glück hatte, es zu sehen, kann tief in sein Herz blicken und die Gedanken anderer lesen.»

Auch heute ist die Ursache des grünen Leuchtens noch nicht

ganz geklärt, aber es handelt sich mit ziemlicher Sicherheit um ein Brechungsphänomen. Aden und Marjorie Meine vom Optical Sciences Center der University of Arizona vertreten in ihrem Buch *Sunsets, Twilights and Evening Skies* sehr überzeugend die Ansicht, die Brechung in der Atmosphäre trenne das Abbild der Sonne in einen Ring aus Farben, wobei das Grün geringfügig höher als das vorherrschende Rot liegt. Wenn die Sonne unmittelbar unter dem Horizont steht, wird für ein bis zwei Sekunden ein schmaler grüner Streifen über den Horizont geworfen, so daß er zum letzten Schimmer des sichtbaren Sonnenlichts wird, der sich als schweigender, kurzzeitiger Smaragdblitz zeigt. Das grüne Leuchten kann bei Sonnenaufgang ebensogut auftreten wie bei Sonnenuntergang, aber dann ist es schwieriger, genau den Punkt zu beobachten, an dem die Sonne auftauchen wird.

Strahlen von Licht und Schatten

Bei Auf- und Untergang der Sonne erkennt man gleichermaßen die Dämmerungsstrahlen, die wie gespreizte Lichtfinger von der Sonne ausgehen. Sie sind recht einfach zu erklären: Es handelt sich um Lichtstrahlen, die durch Staub und andere Partikel in der Atmosphäre sichtbar werden. Daß sie scheinbar zusammenlaufen, ist eine perspektivische Täuschung, wie bei den Eisenbahnschienen, die sich am Horizont zu vereinigen scheinen.

Manchmal sieht man keine Lichtstrahlen, sondern blaugraue Schattenstreifen, die von der Sonne ausgehen. Am häufigsten beobachtet man sie in den diesigen Zeiten des Sommers, wenn die Luft zu stehen scheint; sie sind die Schatten von Wolken dicht über dem Horizont, die das Sonnenlicht in einzelne Strahlenbündel aufspalten. Ein Effekt ähnlich dem der Dämmerungsstrahlen entsteht manchmal, wenn die Sonne hoch am Himmel steht und durch Wolkenlücken auf die Erde scheint. Wenn die hellen, scharf begrenzten Strahlenbündel auf das Meer oder einen See fallen, spricht man manchmal davon, daß die Sonne «Wasser anzieht», als ob die Wärme der Strahlen das Wasser verdunsten läßt und in die Höhe saugt. In manchen Gegenden heißt die gleiche Erscheinung auch «Jakobsleiter» in Anspie-

lung auf die biblische Geschichte von Jakob, der die Engel auf einer Leiter zwischen Himmel und Erde hinauf- und hinabsteigen sah. Für die Wissenschaftler entsteht es durch den Tyndall-Effekt; sein Namenspatron, der britische Physiker John Tyndall, entdeckte im 19. Jahrhundert, daß Licht, das durch Rauch oder Staub fällt, von den Teilchen gestreut wird und so zum Auge des Beobachters gelangt, so daß der Lichtstrahl sichtbar wird. Die Strahlenbündel, die durch die Wolkendecke brechen, lassen Staub und Wasserdampf in der Atmosphäre aufleuchten und werden gleichzeitig von der Dunkelheit der umgebenden Wolken verstärkt.

Flecken auf der Sonne

Wenn die Sonne auf- oder untergeht, kann man auf ihrer Oberfläche manchmal die Sonnenflecken erkennen. Sie einfach nur als Flecken zu bezeichnen ist unglaublich irreführend: Sie haben oft einen größeren Durchmesser als die Erde. Zum erstenmal bemerkten sie Galilei und seine Zeitgenossen; viele von ihnen waren skeptisch, ob es die Sonnenflecken wirklich gibt, denn die Vorstellung von einer unvollkommenen Sonne ließ an einen unvollkommenen Gott denken, aber später erkannte man, daß es sich um Bereiche mit magnetischen Stürmen auf der Sonnenoberfläche handelt. Sie sehen dunkel aus, weil sie kühler sind als die umgehende Oberfläche. Es gab unzählige Untersuchungen über die Auswirkungen der Sonnenfleckenaktivität auf die Erde, aber die Ergebnisse sind alles andere als schlüssig. Ihre Zahl schwankt in einem elfjährigen Zyklus. In Phasen starker Aktivität, wenn gewaltige Mengen geladener Protonen durch Magnetstürme in alle Richtungen geschleudert werden, wird unsere Atmosphäre in mehrfacher Hinsicht beeinflußt. Die geladenen Teilchen verstärken zum Beispiel die

Störungen im Radio und sorgen häufiger für leuchtendes Morgenrot. Manchen Untersuchungen zufolge besteht ein Zusammenhang zwischen dem Sonnenfleckenzyklus und den Populationszyklen von Meeresalgen, Korallenkolonien, Fischen, Insekten und manchen Säugetieren. Schwieriger ist der Nachweis, daß Sonnenflecken bei den Menschen für eine höhere Unfallhäufigkeit, Epidemien, Viruserkrankungen oder Herzleiden verantwortlich sind.

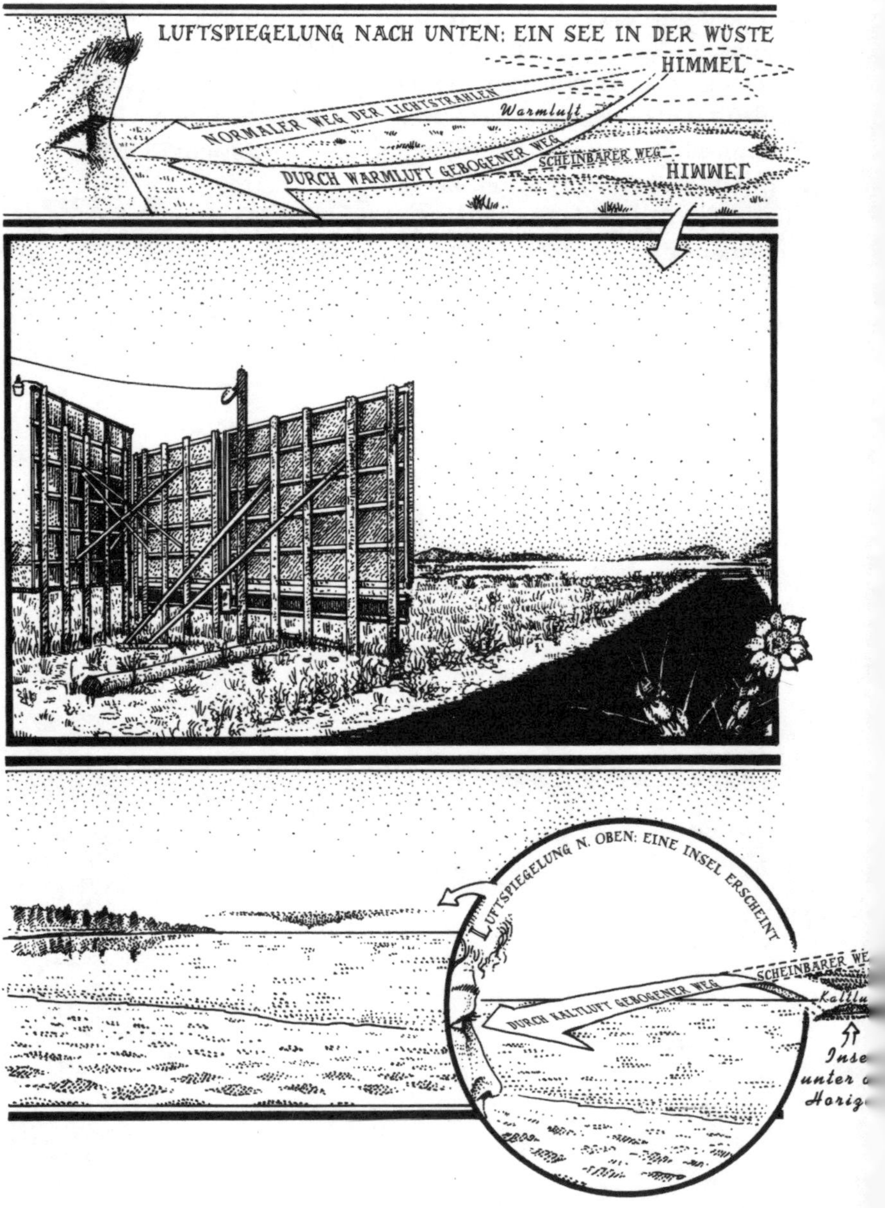
LUFTSPIEGELUNG NACH UNTEN: EIN SEE IN DER WÜSTE
HIMMEL
NORMALER WEG DER LICHTSTRAHLEN
Warmluft
SCHEINBARER WEG
DURCH WARMLUFT GEBOGENER WEG
HIMMEL
LUFTSPIEGELUNG N. OBEN: EINE INSEL ERSCHEINT
SCHEINBARER WE
DURCH KALTLUFT GEBOGENER WEG
Kaltlu
Inse
unter
Horiz

Frevelhafte Illusionen: Luftspiegelungen und andere optische Phänomene

Im Jahr 1818 erkundeten die britischen Entdecker John und James Ross die eisigen Gewässer zwischen Grönland und der Baffinbay; sie suchten nach der Nordwestpassage zwischen Atlantik und Pazifik, aber sie stießen auf Berge, die sich vor ihnen über dem Meer erhoben und ihnen den Weg versperrten. Entmutigt kehrten sie nach England zurück und berichteten, es gebe die Nordwestpassage nicht. Robert Peary begegnete 75 Jahre später dem gleichen Hindernis, und er war ebenfalls überzeugt, die Route sei nicht passierbar. Den Gebirgszug nannte er Crockerland, und er wandte sich in eine andere Richtung, um eine freie Durchfahrt zu finden. Im Jahr 1913 machte sich eine Expedition unter der Leitung von Donald MacMillan auf, um Crockerland zu erforschen, aber wie die Forscher zu ihrer Verblüffung feststellten, befanden sich die Berge über 300 Kilometer westlich von der Position, über die Ross und Peary berichtet hatten. MacMillan und seine Begleiter wanderten zu Fuß kilometerweit über das Packeis, um die Küste zu erreichen, aber es sah so aus, als kämen sie nicht voran. Je schneller sie gingen, desto schneller wichen die Berge vor ihnen zurück. Erst als die Mitternachtssonne für kurze Zeit unter den Horizont tauchte, sahen die Entdecker zu ihrem Erstaunen, wie sich die gezackten Bergspitzen von Crockerland in Nichts auflösten. Die Berge, die eine Erforschung der Arktis verhindert hatten, waren eine Fata Morgana.

Wenn die Luft dicht über dem Erdboden Schichten mit unterschiedlicher Temperatur bildet, geschieht etwas Seltsames. Licht verhält sich in jedem Medium anders und wird zum Beispiel abgelenkt, wenn es aus heißer in kühlere Luft oder aus Luft ins Wasser fällt – deshalb erscheinen die Beine so unnatürlich abgeknickt, wenn man in einem See oder einem Schwimmbecken steht. Fällt Licht auf die Grenze von heißer und kühler Luft, wird es manchmal auch wie von einem Spiegel zurückgeworfen. Wenn ein Bild auf einen großen Bereich einer solchen reflektierenden Grenzfläche geworfen wird, kann ein Beobachter dem, was er sieht, nicht mehr trauen.

Am häufigsten sieht man solche Luftspiegelungen an heißen Tagen als vermeintliche Pfützen auf der Straße. Dieser Bereich glitzernden «Wassers» ist ein Beispiel für eine Luftspiegelung nach unten, bei der ein Gegenstand unterhalb seiner wirklichen Position zu liegen scheint; in Wirklichkeit handelt es sich um ein Spiegelbild des Himmels. Die Reflexion entsteht durch eine heiße Luftschicht, die sich durch die Sonneneinstrahlung über dem dunklen Straßenbelag gebildet hat. Die Lichtstrahlen werden in Bodennähe nach oben geworfen und erzeugen ein Abbild des Himmels. Das gleiche geschieht in einer Wüste, wenn am Horizont scheinbar kopfstehende Palmen wachsen und entfernt riesige Seen zu glitzern scheinen. Solche vermeintlichen Wasserflächen auf heißen Straßen sind ungefährlich, aber in der Wüste, wo Wasser lebensnotwendig ist, erweisen sich Luftspiegelungen als grausamer Scherz der Natur; da sie schon manchen Reisenden in den Tod getrieben haben, heißen sie in Arabien *Bahr el Shaitan* («Seen des Teufels»).

Andersartige Spiegelungen entstehen, wenn kalte Luftschichten in Bodennähe liegen. Einmal, als ich auf einem großen zugefrorenen Binnensee stand, sah ich zu meiner Verblüffung am gegenüberliegenden Ufer zehn oder fünfzehn farbenprächtige Eishütten in der Luft hängen, etwa drei bis fünf Meter über dem Eis. Es war eine Luftspiegelung nach oben, und ihre Ursache war Licht, das von der dichten Kaltluftschicht über dem Eis nach unten gebogen wurde. Diese abwärts geknickten Lichtstrahlen machen Gegenstände sichtbar, die unter dem Horizont liegen, oder die Gegenstände befinden sich, wie die Hütten an dem zugefrorenen See, scheinbar höher, als es ihrer wirklichen Position entspricht. Im Nord- und Südpolarmeer bilden sich durch das eisige Wasser und die von der nie untergehenden Sonne aufgeheizte Luft sehr hohe, scharf abgegrenzte Temperaturschichten. Liegt eine Warmluftschicht weit über der kalten Luft in Wassernähe, läßt das reflektierte Licht manchmal hoch über dem Meer ein Bild entstehen. Es ist nichts Ungewöhnliches, daß man einen riesigen Eisberg sieht, der ein paar hundert Meter hoch in der Luft zu hängen scheint. Die Überlebenden der Scott-Südpolexpedition von 1912 sahen zwei Bilder ihres Versorgungsschiffes am Himmel stehen, das eine verkehrt herum, das andere aufrecht, und der Rauch aus den Schornsteinen traf sich in der Mitte; in Wirklichkeit war die Küste durch eine hohe Bergkette verdeckt. Ähnliche Verhältnisse führen auch dazu, daß man die Berge Islands als kopfstehendes Bild sieht, wenn sie noch ein paar hundert Kilometer entfernt sind; dieses Phänomen war für manche Autoren Anlaß zu der Vermutung, ähnliche Luftspiegelungen hätten es auch den Wikingern ermöglicht, mit ihren einfachen Schiffen bis nach Nordamerika zu segeln.

Gelegentlich sorgen die Schichten mit unterschiedlicher Lufttemperatur auch dafür, daß entfernte Gegenstände grotesk vergrößert erschienen. Eine Art solcher Verzerrungen bezeichnet man als Fata Morgana nach König Artus' Halbschwester, der Magierin Morgan le Fay, die gerne Schlösser in die Luft zauberte. Fata Morganas sind äußerst selten: Sie entstehen nur dann, wenn eine komplexe, ungleichmäßige Verteilung gleichzeitig Luftspiegelungen nach oben und nach unten entstehen läßt. Liegt eine kalte Luftschicht zwischen zwei Warmluftschichten, werden die Bilder reflektiert; sie überlagern sich, türmen sich übereinander und wachsen zu einer gewaltigen Spiegelung, die weit entfernt in der Luft hängt. Eine der wenigen

Stellen auf der Welt, wo man die Fata Morgana mit einer gewissen Regelmäßigkeit beobachten kann, ist die Straße von Messina in Italien; dort verwandelt das Schauspiel eine einfache Wolke am Horizont in eine schöne Hafenstadt, komplett ausgestattet mit Fußgängern in weißen Gewändern, farbenprächtigen Läden und raffiniert aufgetürmten Palästen, die von Zinnen und Türmen gekrönt sind. Manche Beobachter behaupten, sie hätten in der Fata Morgana Einzelheiten aus Hafenstädten erkannt, die in Wirklichkeit Hunderte von Kilometern entfernt waren. Nach anderen Äußerungen handelt es sich um den Geist von Städten, die schon vor langer Zeit vom Meer überflutet wurden.

Halos und andere Lichtringe

Wenn sich das Licht in der Atmosphäre in Wassertröpfchen und Eiskristallen bricht, kann eine verwirrende Vielfalt optischer Erscheinungen entstehen. Am verbreitetsten ist der *Halo* von Sonne oder Mond; er bildet sich, wenn das Licht durch den Prismeneffekt der Eiskristalle von Feder-Schichtwolken in seine Farbbestandteile zerlegt wird. Das Eis bricht die Lichtstrahlen in einem Winkel von 22 Grad; wenn sie sich im Auge des Beobachters treffen, sieht er um Sonne oder Mond einen Ring von 22 Grad – er hat ungefähr den Durchmesser von zwei Faustbreiten, wenn man die Fäuste mit gestreckten Armen vor sich hält. Der Halo ist ein blasser, schwach gefärbter Ring mit der roten Färbung auf der inneren und der blauen auf der äußeren Seite.

Durch gleiche oder ähnliche Bedingungen können vielfältige farbige Ringe, Bögen, Punkte oder Flecken entstehen. Manchmal erkennt man mehrere teilweise ausgeprägte oder vollständige Sonnenhalos gleichzeitig, so daß die Sonne wie eine Schießscheibe aussieht, oder von einem Halo in der Mitte gehen symmetrische «Beine» oder «Flügel» aus.

Unterbrochene Cirruswolken können einen Teilhalo entstehen lassen, den man auch als *parhelia* (vom griechischen «mit der Sonne») oder Nebensonne bezeichnet. Ihre hellen Teile sehen ähnlich aus wie eine Sonne, die durch eine dichte Wolkenschicht scheint; am häufigsten beobachtet man sie, wenn die Sonne tief am Himmel steht und von dünnen Federwolken verschleiert ist. Oft sieht man Nebensonnen beiderseits eines Halos, so daß drei Sonnen nebeneinander zu stehen scheinen. Sie können blaßweiß oder wie ein Regenbogen gefärbt sein.

Lichtsäulen entstehen, wenn Eiskristalle einen Sonnenstrahl

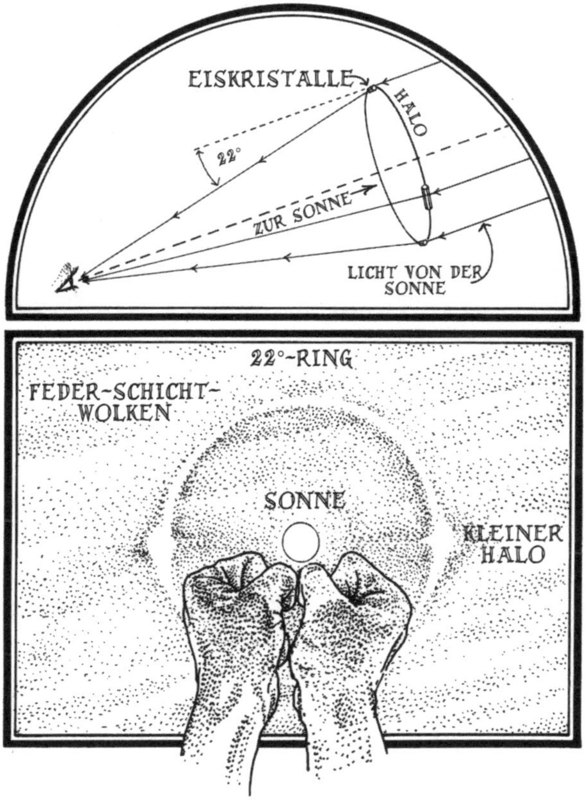

in ausreichendem Umfang nach oben reflektieren, wobei die auf- oder untergehende Sonne wie ein feststehender Scheinwerfer wirkt. Die *Doppelsonne*, ein seltener Haloeffekt, ist ein Abbild der Sonne, das unmittelbar über (oder noch seltener unter) der echten Sonne steht. In sehr seltenen Fällen beobachtet man zwei oder mehr Doppelsonnen, die in einer Reihe übereinander stehen. Sie sind vermutlich nichts anderes als unvollständige, aber sehr helle Lichtsäulen.

Die Untersonne sieht man von Flugzeugen aus. Sie zeigt sich in Eiswolken unter dem Betrachter in Höhen unterhalb des Sonnenstandes und sieht wie eine langgezogene Ellipse aus, die sich um so mehr der Kreisform nähert, je höher die Sonne über den Horizont steigt. Gelegentlich kann sie so hell werden, daß sie einen eigenen Halo bildet.

Wenn Licht durch dünne Wolken scheint, deren Wassertröpfchen eine ähnliche Größe wie Eiskristalle haben, kann eine Sonnen- oder Mond-Korona entstehen (nicht zu verwechseln mit der Korona am äußeren Rand der Sonnenatmosphäre). Eine Korona ist eine helle rosafarbene oder weiße Lichtscheibe, gewöhnlich mit rosafarbenem oder rotem Rand. Je kleiner die Tröpfchen in der Wolke sind, desto größer ist die Korona.

Ein seltsamer Halo zeigt sich manchmal früh am Morgen, wenn die Sonne gerade aufgegangen ist und wenn ein kurz geschnittener Rasen sich mit Tau vollgesogen hat. Wenn man das Phänomen beobachten will, stellt man sich mit dem Rücken zur Sonne, so daß der eigene Schatten über das Gras fällt. Sofern alle Bedingungen stimmen, erkennt man um den Schatten des Kopfes einen leuchtenden weißen Halo – ein Effekt, der beängstigend an einen Heiligenschein erinnert. Thoreau bemerkte das gleiche in der Nähe seiner Hütte in Walden Pond: «Als ich den Bahndamm entlangging, wunderte ich mich über den leuchtenden Ring um meinem Kopf, und notgedrungen mußte ich mich für einen der Auserwählten halten.» Dieser «Heiligenschein» ist so verblüffend, daß er den unbescheidenen Bildhauer Benvenuto Cellini im 16. Jahrhundert zu der Vorstellung veranlaßte, er sei tatsächlich ein Heiliger oder er habe für sein Genie zumindest göttliche Belohnung empfangen.

Zu Benvenutos Bedauern kann aber ein solcher Heiligenschein, auch wenn er sicher keine Alltäglichkeit ist, gleichermaßen um den Kopf von Heiligen und Sündern auftauchen. Er entsteht, wenn das Sonnenlicht am Kopf des Betrachters vorbei auf Regentropfen trifft. Genau wie beim Regenbogen durchdringt das Licht die einzelnen Tropfen, wird leicht abgelenkt und läuft dann von der «Rückseite» des Tropfens wieder zum Betrachter zurück.

Ein ähnliches Phänomen ließ den ersten Bergsteigern, die den nebelumwallten Brocken im Harz bestiegen, vor Angst die Glieder gefrieren. Die verängstigten Alpinisten kehrten von dem Berg zurück und berichteten über eine bizarre Gestalt, die in der Nähe des Gipfels scheinbar neben ihnen hergeklettert war. Diese Geschichten vermischten sich schnell mit alten Sagen, wonach der Brocken in der Walpurgisnacht zum Treffpunkt der Hexen wurde, eine Legende, die Goethe im zweiten Teil seines *Faust* in der Szene vom Hexensabbat wiederaufleben ließ.

Wie sich später herausstellte, handelte es sich bei der geheimnisvollen Gestalt, die man auch «Brockengespenst» nannte, um den eigenen Schatten der Kletterer, der sich über, unter oder neben ihnen vergrößert auf Wolken oder Nebelbänken widerspiegelte. Wenn das Licht in den Wassertröpfchen des Nebels gestreut wird, entsteht um den Schatten herum manchmal eine farbige Glorie, die das Gespenst mit Regenbogenfarben umgibt und zu der furchterregenden Wirkung beiträgt.

Am häufigsten sieht man einen solchen Bogen, wenn man auf eine Nebelbank blickt, während die Sonne von hinten den eigenen Schatten auf den Nebel wirft. Unter diesen Umständen kann um den Schatten des Kopfes ein vielfarbiger Ring entstehen. Ähnliches beobachtet man auch beim Fliegen, wenn der Schatten des Flugzeuges auf den darunterliegenden Wolken zu erkennen ist.

Die Insekten der Nacht

Wenn man sich für Insekten interessiert, ist die Nacht bekanntermaßen eine schwierige Zeit. Nicht etwa deshalb, weil es dann keine Krabbeltiere gäbe: An vielen Stellen kann man damit rechnen, daß man eine Fülle von Nachtinsekten findet – oder besser gesagt, daß man von ihnen gefunden wird. Oder man beobachtet Junikäfer, die schwerfällig gegen Windschutzscheiben fliegen und über Höfe und Bürgersteige stelzen. Manche Eintagsfliegen paaren sich nach Einbruch der Dunkelheit und schwärmen in so großen Massen über Flüsse und Seen, daß ihre Flügel wie elektrisiert summen.

Am einfachsten kann man Nachtinsekten sehen, wenn man im Freien eine Lampe einschaltet. Sie zieht die Insekten an – eben wie das Licht die Motten. Die meisten Schmetterlingsarten sind nachtaktiv; tagsüber hängen sie getarnt an Baumrinden oder an der schattigen, geschützten Seite von Gebäuden. Auch manche Blütenpflanzen sind darauf eingestellt: Sie öffnen ihre Blüten erst nachts und geben dann Duftstoffe ab, die einen Schmetterling aus über 500 Meter Entfernung anziehen können. Geleitet von seinem Geruchssinn in den Antennen, sucht der Schmetterling eine offene Blüte, um sich von ihrem Nektar zu ernähren; den Saugrüssel, den er dazu verwendet, hat er eingerollt, solange er ihn nicht braucht.

Eigentlich gibt es kaum einen Grund, warum eine Motte, die Nektar schlürft und im Dunkeln vor Verfolgern geschützt ist, sich von so etwas Gefährlichem wie einem künstlichen Licht ablenken lassen sollte. Und doch sind Lichter an Häusern und Straßen für sie unwiderstehlich. Die Motten umkreisen das Licht wie elektrisiert in wilden, taumelnden Bewegungen. Sind sie erst einmal in ihrer blinden Kreisbahn gefangen, werden sie eine leichte Beute für Fledermäuse und andere Räuber, oder sie strampeln sich zu Tode, verbrennen sich die Flügel an der heißen Fläche oder sterben vor Erschöpfung. Und niemand weiß, warum.

Wie man festgestellt hat, fliegen männliche Motten nachts viel höher als die Weibchen; dieses Verhalten führt wahrscheinlich zur Verbreitung der Arten und erhält die genetische Lebensfähigkeit aufrecht. Nach den Theorien mancher Insektenforscher wirkt der Mond möglicherweise als «Auslöser», der die männlichen Motten anzieht und sie veranlaßt, so hoch zu fliegen, daß sie sich über die ganze Umgebung verteilen. Wenn das stimmt, werden die Tiere durch fehlerhafte Orientierung vom Licht angezogen, ähnlich wie paarungsbereite Eintagsfliegen, die dazu neigen, eine glitzernde Straßenfläche fälschlich für einen Fluß zu halten. Vielleicht nähern sich die Motten dem Licht genauso, wie sie versuchen, den Mond zu erreichen.

Nach einer anderen Theorie dient das Sternen- oder Mondlicht den Motten bei ihren nächtlichen Flügen zur Orientierung. Wenn eine Motte sich auf eine Lichtquelle am Himmel festgelegt hat, kann sie in gerader Linie fliegen, zum Beispiel indem sie das Licht immer rechts oder links von sich hat. Gerät sie dabei zufällig in den Bereich einer künstlichen Beleuchtung, fliegt sie endlos im Kreis, denn der Instinkt befiehlt ihr, die Lichtquelle immer auf der gleichen Seite zu haben.

Als ich ein Kind war, beschränkte sich mein Interesse an Insekten darauf, sie zu besitzen, und je schwieriger sie zu fangen waren, desto interessanter wurden sie. Nur wenige waren so schwer faßbar und faszinierend wie die Leuchtkäfer oder Glühwürmchen – beide Begriffe bedeuteten für uns das gleiche –, die in warmen Sommernächten über dem Feld hinter unserem

Haus glimmten und auch am Waldrand jenseits der Straße zu sehen waren. Mein Bruder und ich jagten sie unermüdlich, aber sie blitzten nur gelegentlich und für so kurze Zeit auf, daß wir sie kaum einmal im Flug erwischten. Eher gelang es uns, diejenigen zu fangen (wie ich heute weiß, sind es die Weibchen), die unbeweglich blinkend im Gras oder auf niedrigen Ästen saßen. Wir sammelten ein paar von ihnen und setzten sie in Glasgefäße. Als ihr Glimmen nachließ, verloren wir das Interesse: Wir ließen sie frei und suchten nach stärker leuchtender Beute.

Glühwürmchen sind keine Würmer, sondern Käfer: Sie gehören zur Familie *Lampyridae* (nach dem griechischen Wort für «leuchtendes Feuer»), die weltweit etwa 2000 Arten von Leuchtinsekten umfaßt. Der verbreitete europäische Leuchtkäfer ist ein flügelloses Weibchen, das ständig Licht aussendet und so die nichtleuchtenden, fliegenden Männchen anlockt. Bei den meisten nordamerikanischen Arten leuchten Männchen und Weibchen, und ihre ebenfalls glimmende Larve wird als Glühwurm bezeichnet. Bei vielen Arten leuchten sogar die Eier.

Das Licht der Leuchtkäfer entsteht in einem besonderen Organ am Ende des Hinterleibs, das nachts ein hellgrünes, gelbes, blaues oder (zumindest bei einer Art) rotes Glühen aussendet. Vermutungen, das Licht diene vielleicht der Verteidigung, weil es Verfolger abschreckt, sind vermutlich unbegründet, denn das Leuchten kann ebenso anziehend wie abstoßend wirken. Frösche lassen sich damit jedenfalls nicht verscheuchen: Man hat schon Glimmen in ihrem Innern beobachtet, wenn sie kurz zuvor Leuchtkäfer gefressen hatten. Wahrscheinlich hat das Licht ausschließlich den Zweck, Paarungspartner anzulocken. Warum sich dieses ungewöhnliche Werbungsverhalten ursprünglich entwickelt hat, kann man nur vermuten; nach den Spekulationen mancher Biologen war es anfangs ein Mechanismus zur Verbrennung überschüssigen Sauerstoffs; zu jener Zeit war Sauerstoff noch ein neuer, für viele Lebewesen giftiger Luftbestandteil.

Besondere Zellen im Leuchtorgan des Leuchtkäfers enthalten

eine Substanz namens Luciferin. Um diese Zellen herum liegen Röhren, die sich öffnen und Luft hereinlassen können. Wenn der Sauerstoff in den Röhren mit dem Luciferin in Berührung kommt, wird das Enzym Luciferase ausgeschüttet (beide Namen gehen auf Luzifer zurück, den gefallenen Erzengel, der das Licht trug, bevor er aus dem Himmel vertrieben wurde), das als Katalysator wirkt und das charakteristische «kalte» Licht der Biolumineszenz hervorbringt. Es ist eine der effizientesten Lichtquellen, die man kennt: Die eingesetzte Energie wird fast zu 100 Prozent in Licht verwandelt. Eine normale Glühbirne dagegen setzt 90 Prozent der Energie in Wärme und nur zehn Prozent in Licht um. Hinter dem Leuchtorgan liegen beim Leuchtkäfer reflektierende Zellen, die das Licht nach außen lenken. Das charakteristische Aufglühen und Verlöschen reguliert das Insekt durch die Sauerstoffversorgung.

Jede Leuchtkäferart verfügt über ein eigenes Blinkmuster, das nachts, wenn viele Arten aktiv sind, der Erkennung dient. Die Männchen fliegen meist umher und lassen ihr Licht nach dem Muster der jeweiligen Art aufblitzen; diese Muster unterscheiden sich in Farbe, Dauer, Abstand und Zahl der Blitze sowie durch die Entfernung, die sie zwischen den Signalen fliegen. Macht ein Weibchen, das auf dem Boden oder einem niedrigen Ast sitzt, das Signal eines vorüberfliegenden Männchens der eigenen Art aus, antwortet es mit dem gleichen Signal, und damit zieht es das Männchen an. Wenn alle Voraussetzungen stimmen, findet die Paarung statt. Anschießend legt das Weibchen die befruchteten Eier auf der Erde oder unmittelbar darunter ab. Aber diese Liebe hat auch ihre Gefahren. Das Weibchen der fleischfressenden Gattung *Photuris* nutzt das liebestolle Verhalten der Leuchtkäfermännchen zu seinem eigenen Vorteil aus. Es sitzt auf einem Ast und wartet auf die Lichtsignale; erkennt es ein solches Leuchten, ahmt es das Signal des Leuchtkäferweibchens nach, und wenn das Männchen sich daraufhin nähert, wird es sofort gefressen.

Das Leben eines Leuchtkäfers beginnt als Larve, die sich von

Schnecken, Regenwürmern und unausgereiften Insekten ernährt; sie injiziert ihrer Beute ein lähmendes Gift und macht aus ihrem Innern eine Flüssigkeit, die sie nach Bedarf aussaugen kann. Im Spätherbst vergraben sich die Larven zum Überwintern in der Erde, aber im Frühjahr kommen sie wieder heraus und fressen weiter. Im Frühsommer bauen sie eine kleine Erdhülle, in der sie sich verpuppen, und zwei Wochen später schlüpft daraus das ausgereifte, geflügelte Insekt. Diese ausgereifte Form lebt bei manchen Arten räuberisch und ernährt sich vorwiegend von kleinen Insekten; andere fressen überhaupt nicht, sondern sind ausschließlich damit beschäftigt, mit ihrem Licht den Paarungspartner anzulocken.

An der amerikanischen Pazifikküste gibt es kaum Leuchtkäfer, aber im übrigen Nordamerika sowie in Europa, Asien und den meisten tropischen Gebieten der Erde sind sie weit verbreitet. Im Osten der USA findet man sie oft in Sumpfgebieten, über Wiesen und an Waldrändern.

Eine der seltsamsten Verhaltensweisen beobachtet man bei der Leuchtkäfergattung *Pteroptyx* in Südostasien: Ihre Männchen steigen nach Einbruch der Dunkelheit in Schwärmen aus dem Unterholz auf und sammeln sich in Bäumen. Zunächst sind ihre vielen tausend Blitze nur wegen der hohen Zahl ungewöhnlich, aber nach wenigen Minuten fangen die Tiere wie auf ein Kommando an, im gleichen Rhythmus zu blinken. Das Ganze erfolgt so gleichmäßig, daß man es nicht mit der Reaktion jedes Einzeltiers auf den Blitz seines Nachbarn erklären kann. Es ist vielmehr so, als leuchteten sie im Einklang mit einem gemeinsamen Herzschlag oder als wären sie mit einem Schalter verbunden, der rhythmisch ein- und ausgeschaltet wird. Ein solcher hell erleuchteter Baum zieht die partnersuchenden Weibchen über große Entfernungen an. Die Liebesleidenschaft der Insekten wird nicht einmal durch heftigen Regen gedämpft; nur der hell aufgehende Mond läßt das Leuchten sofort erlöschen.

Der hellste Leuchtkäfer ist wahrscheinlich der Schnellkäfer

Pyrophorus in den tropischen Gebieten Amerikas. Es ist über fünf Zentimeter lang und besitzt zwei grüne Leuchten, in deren Licht man nachts Zeitung lesen kann. Den Eingeborenen dieser Gebiete dient er manchmal, mit Faden gefesselt und im Haar oder an der Kleidung befestigt, als Schmuck.

Eine der ersten Erwähnungen von Leuchtkäfern findet sich im chinesischen *Shih Ching*, dem «Buch der Oden» aus der Zeit zwischen 1500 und 1000 v. Chr., in dem von dem «unbeständigen Licht der Leuchtkäfer» die Rede ist. Aristoteles schenkte Leuchtkäfern und Glühwürmchen eine gewisse Aufmerksamkeit und interessierte sich immerhin so für die Biolumineszenz, daß er bemerkte: «Manche Dinge sind zwar in ihrem Wesen kein Feuer und keine Art von Feuer, aber sie scheinen dennoch Licht zu erzeugen.» Plinius meinte fälschlicherweise, der Leuchtkäfer erzeuge sein blinkendes Licht durch Öffnen und Schließen der Flügel. In Japan, wo man Leuchtkäfer seit Jahrhunderten fängt und für Lampen verwendet, herrschte die Ansicht, Leuchtkäfer gingen aus verwesendem Gras oder Bambussprößlingen hervor.

Wie die meisten Tiere mit rätselhaften Eigenschaften, so gaben auch die Leuchtkäfer Anlaß zu vielen mythologischen Erklärungen über ihre Entstehung. In Indien behauptet man, Funken aus einem Feuer würden sich in Leuchtkäfer verwandeln, und Fledermäuse würden die Insekten häufig sammeln, um damit ihre ansonsten dunklen Höhlen zu beleuchten, wo sie ihre Jungen aufziehen. Stammesangehörige im indischen Orissa glauben, Leuchtkäfer seien die Augen von Göttern, die vor langer Zeit im Kampf getötet wurden. In Indonesien wird ein Schwerkranker unter Umständen von einem Zauberer behandelt, der einen Leuchtkäfer auf die Stirn des Patienten setzt; damit soll derjenige ersetzt werden, den die Seele benutzt hat, um den kranken Körper zu verlassen.

Wegen ihres körperlosen Blinkens scheinen Leuchtkäfer mehr mit Elfen gemein zu haben als mit Insekten. Da kann es kaum überraschen, daß Tinkerbell in *Peter Pan* eindeutig wie ein

Leuchtkäfer aussieht. In Woody Allens Film *Eine Sommernachts-Sexkomödie* stellen Leuchtkäfer die glühenden Seelen der Männer und Frauen dar, die während des Liebesaktes gestorben sind. Oder wie José Ferrer in der Rolle des Leopold sagt, bevor er sich zu den Leuchtkäfern gesellt, die leuchtende Pfade in die Dunkelheit zeichnen: «Dieser Wald ist verwunschen.»

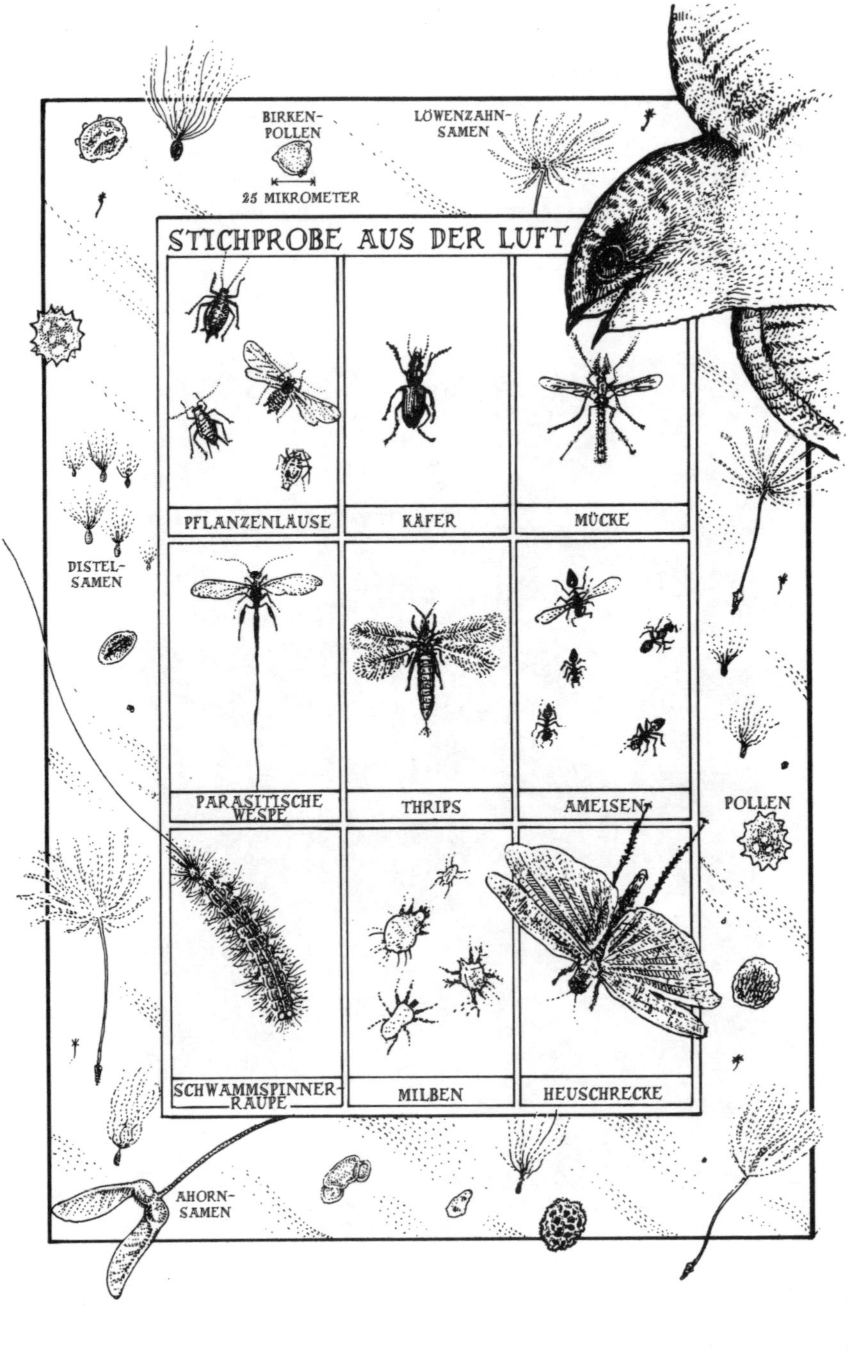

BIRKEN-
POLLEN
25 MIKROMETER
LÖWENZAHN-
SAMEN
STICHPROBE AUS DER LUFT
PFLANZENLÄUSE
KÄFER
MÜCKE
DISTEL-
SAMEN
PARASITISCHE WESPE
THRIPS
AMEISEN
POLLEN
SCHWAMMSPINNER-RAUPE
MILBEN
HEUSCHRECKE
AHORN-
SAMEN

Die Bewohner der Lüfte

Mein armer Nachbar ist zu bedauern. Er ist ein Vorkämpfer im Krieg gegen das Unkraut, der am Samstagmorgen das Viehgras besichtigt und Montag abends Pflanzengift ausstreut. Er patrouilliert an den Grenzen seines Grundstücks, den Kopf gesenkt und den Unkrautstecher in der Hand, bereit, sich auf jedes eingedrungene Kraut zu stürzen. «Sehen Sie nur», ruft er mir zu, wobei er den ausgerissenen Feind in der Hand hält, «Löwenzahn!» In seiner Stimme schwingt ein leichter Vorwurf mit. Er gibt mir die Schuld für seinen Ärger, denn ich freue mich über den Löwenzahn, der in meinem Garten gedeiht, und ich tue nichts, um ihn auszurotten. Er blüht, über meinen Rasen verteilt, wie die Sternbilder am Nachthimmel. Meine Kinder pflücken die «Butterblumen» mit den nackten Zehen oder reiben sich die gelben Blüten an der Wange ab und sagen dann, es sei Butter.

Ich schlendere hinüber und sehe zu, wie er den Feind angreift und wie die weißen, empfindlichen Schirmchen der Löwenzahnsamen mit dem Wind hinübertreiben, wie Fliegen, die von einem Fluß mitgerissen werden. Plötzlich bleibt mein Nachbar stehen, Wurzeln hängen aus seiner Faust, und ohne es zu bemerken, fängt er einen treibenden Samen mit den Haaren auf. Das Körnchen bleibt dort hängen, keck, wie ein frisch gepflücktes Gänseblümchen, dann legt es sich auf den nächsten Windhauch und weht über seine Schulter, um sich auf diesem reichhaltigen, gehätschelten Boden im Gras niederzulassen. Die Konkurrenz anderer Pflanzen wird ihm dort keine Schwierigkeiten bereiten.

Der Wind verteilt das Leben in gewaltigem Umfang auf der Erde, und Pflanzen, die aus etwas Gutem immer schnell Kapital schlagen, haben viele Mechanismen entwickelt, um sich seiner zu bedienen. Löwenzahnsamen, die geduldig unter ihrem Fallschirm aus Daunen hängen, können stundenlang im Wind treiben. Die winzigen, gefiederten Samen von Binsen und Schilf sind viele hundert Kilometer über das Meer geflogen und haben abgelegene Inseln besiedelt. Eine Luftprobe, die man in 1500 Meter Höhe über Louisiana nahm, enthielt die Samen von Gänseblümchen, Pappeln, fünf Gras- und vier Distelarten.

Aber in dieser Probe fand sich neben Pflanzensamen noch anderes. Wenn wir uns die Bewohner der Lüfte vorstellen, denken wir meist an Schwärme von Amseln und wandernde Chrysippusfalter, Eintagsfliegen und Schwalben oder an Raubvögel, die sich auf senkrechten Luftströmungen in die Höhe schrauben. Gelegentlich überqueren interessante geflügelte Lebewesen den Himmel, aber meistens ist er in unserer Vorstellung leer.

In Wirklichkeit enthält im Sommer jeder Kubikkilometer Luft ein Gewimmel von bis zu acht Millionen Insekten, Spinnen und anderen Tieren, die in der Luft schweben oder treiben wie das Plankton in den Ozeanen. Zahllose winzige Geschöpfe füllen den Himmel bis in erhebliche Höhen, und sie legen mit dem Wind riesige Entfernungen zurück.

Auf den Eisfeldern des Mount Everest, in einer Höhe von 8000 Metern, ist eine Art springender Spinnen zu Hause, und diese Tiere sind vermutlich die am höchsten lebenden Gebirgsbewohner der Erde. Anfang unseres Jahrhunderts wunderten sich die Biologen über diese Spinnen, denn ihr unwirtlicher Lebensraum schien nichts zu bieten, wovon sie sich hätten ernähren können. Schließlich stellte sich zum allgemeinen Erstaunen heraus, daß die Spinnen auf ihre Mahlzeiten nur zu warten brauchten. Jeden Tag wurden zahllose Fliegen, Blattläuse, Schmetterlinge, Käfer, Ameisen, Mücken und Milben, die alle nicht in dieser Höhe zu Hause waren, von Aufwinden auf die Berggipfel getragen und dort auf Eis und Schnee abgesetzt. Seither haben Wissenschaftler sowohl im Himalaja als auch in der kalifornischen Sierra Nevada beobachtet, wie innerhalb weniger Minuten Hunderte von Insekten auf eine kleine Fläche fielen.

In den dreißiger Jahren ließen zwei Insektenforscher in England einen Kastendrachen aufsteigen, an dem ein Fangnetz befestigt war. Nach 125 Flugstunden hatten sie in Höhen zwischen 45 und 600 Metern insgesamt 839 Insekten gesammelt, darunter Blattläuse, kleine Fliegen, Thripse und parasitisch lebende Wespen; meist handelte es sich um kleine, leichtgewichtige Insekten mit geringer Flugfähigkeit. Ungefähr zur gleichen Zeit flog Perry Glick, ein amerikanischer Insektenforscher, etwa 1450 Stunden in einem Doppeldecker, zwischen dessen Tragflächen Fangnetze aufgespannt waren. Er sammelte im Himmel von Louisiana in Höhen von 6 bis 4500 Metern insgesamt 30 033 Einzelinsekten aus 700 Arten und gelangte zu dem Schluß, eine quadratische Luftsäule mit einer Kantenlänge von einer Meile, die sich von 15 bis 4200 Meter Höhe erstreckt, müsse etwa 25 Millionen Insekten sowie unzählige Samen, Sporen, Pollenkörner, Bakterien und andere Kleinstlebewesen enthalten. Der Biologe L. W. Swan taufte diesen belebten Bereich 1963 auf den Namen «äolische Zone» nach Äolus, dem griechischen Windgott.

Nicht alles, was in der äolischen Zone schwebt, ist winzig. Die Hochebenen der Rocky Mountains bekommen oft Besuch von Heuschrecken, die von aufsteigenden Luftströmungen an den Berghängen entlang nach oben getragen werden. Wenn der Wind sie schließlich fallen läßt, landen sie vielfach auf Schnee oder Eis, wo sie sterben, erfrieren oder verschüttet werden. Tausende solcher Tiere hat man in einer Eiswand der Beartooth Mountains im Süden Montanas gefunden; dort liegen sie in Schichten, die bis zu 18 Meter dick und mehrere hundert Jahre alt sind. Wenn das Eis in einem heißen Sommer schmilzt, werden die Schichten mit den Heuschrecken der Sonne ausgesetzt, und dann bilden sie ein frisch aufgetautes Tiefkühlgericht für Vögel und Bären.

Die meisten Tiere, die vom Wind weitergetragen werden, reisen vermutlich unfreiwillig, aber viele Spinnenarten haben sich auch glänzend an den Lufttransport angepaßt und verteilen ihre Jungen auf diesem Weg auf weit voneinander entfernte Gegenden der Erde. An einem sonnigen, windigen Tag verläßt eine junge Spinne, die nun allein in die Welt hinausgehen soll, ihre Mutter; sie hatte das Junge bisher beschützt, aber jetzt lebt es zunächst von dem erst teilweise verdauten Embryonendotter in seinem Verdauungstrakt. Es klettert auf eine Zweigspitze, einen Grashalm oder einen Fahnenmast, hebt den Hinterleib in die Luft und spinnt einen feinen Seidenfaden. Es produziert so viel Seide, bis der Faden zwei bis drei Meter durch die Luft pendelt und vom Wind erfaßt wird. Dann gibt die junge Spinne ihren sicheren Sitzplatz auf, hangelt sich an dem Faden entlang und wird vom Wind mitgenommen. Es kann eine sehr lange Flugreise werden. Spinnen an feinen Fäden hat man schon acht Kilometer über dem Meeresspiegel gefunden, und manchen Berichten zufolge wurden sie sogar in zwölf Kilometer Höhe in der Stratosphäre beobachtet. Selbst in der Takelage von Schiffen, die mehrere hundert Kilometer von der nächsten Küste entfernt waren, haben sie sich verfangen.

Bei manchen Arten verlieren die erwachsenen Tiere die Fähigkeit zum Reisen nie. Einige bodenbewohnende Springspinnen strecken bei Bedrohung durch einen Räuber ihren Hinterleib in die Höhe, spinnen ein Stück Seidenfaden und flüchten mit dem Wind.

Wenn eine Spinne nach einer solchen Reise landet, trennt sie den Faden ab, so daß der Wind ihn mitnehmen kann. Manchmal sieht man solche Fäden im Sonnenlicht schimmern, wenn sie in der Luft treiben. Oft verfilzen viele Fäden zu einer dünnen, silbrigen Gaze, die so schwer ist, daß sie nicht mehr schwebt. Und an bestimmten Stellen, zum Beispiel im Yosemite

Valley in Kalifornien, sammelt sich die Seide in großen Mengen an, weil sie vom Wind dorthin getragen wird; sie bedeckt Bäume und Steine, bis sie, wie Jean Craighead George es in *Beastly Inventions* ausdrückte, aussehen «wie abgedeckte Möbel in einem verlassenen Haus.»

Ein weiterer verblüffender Flugkünstler, der den Wind gut ausnutzt, ist die Raupe des Großen Schwammspinners. Sie frißt nicht nur unersättlich die Blätter von Eichen, Buchen, Birken und Apfelbäumen, sondern scheidet auch Seidenstränge aus, die von Luftströmungen ergriffen und mit unbekanntem Ziel mitgenommen werden. Die Körperhaare der Raupe sind hohl, so daß sie besser schweben kann und bis in 600 Meter Höhe sowie viele Kilometer weit getrieben wird. In Nordamerika tauchte der Große Schwammspinner erstmals 1868 in Medford im Bundesstaat Massachusetts auf; er entkam bei den stümpferhaften Versuchen eines Amateur-Insektenforschers, die Raupen zur Seidenproduktion zu züchten; seither hat er allen Eindämmungsversuchen widerstanden und sich im Norden bis Maine, im Westen bis Minnesota und Texas ausgebreitet.

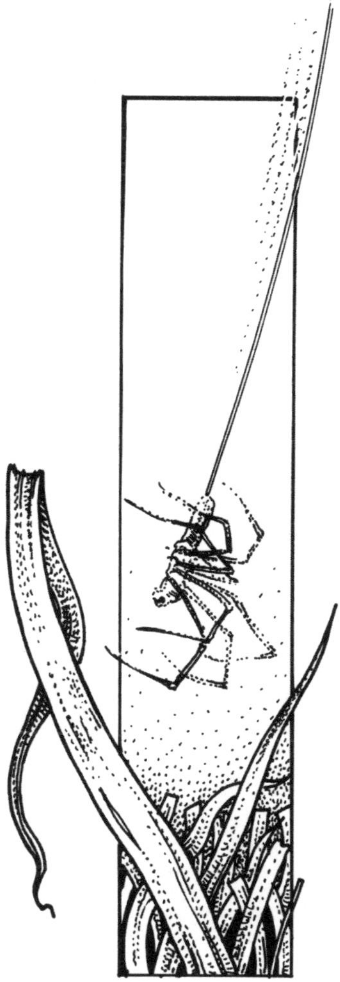

Wenn ich in meinem Garten

inmitten eines Kranzes aus Löwenzahnblüten auf dem Rücken liege, kann ich an jedem Sommernachmittag sehen, wie der Wind Insekten vorübertreibt. Wie weit sie nach oben gelangen, kann ich nicht sagen, aber manchmal sehe ich Schwalben so hoch dahinschießen, daß sie kaum größer erscheinen als die Insekten selbst. Das Leben wirbelt und brodelt bis an die äußersten Grenzen der bewohnbaren Erde. Könnte der Wind durch den riesigen, luftleeren Raum zwischen den Planeten wehen, würde es zweifellos auch den Weltraum bevölkern.

Vögel und Insekten als Wetterpropheten

Mark Twain beschwerte sich einmal, alle redeten über das Wetter, aber niemand tue etwas dafür; dabei mißachtete er das Verdienst der unzähligen Menschen, die versuchten, das Wetter zu beeinflussen, indem sie beteten, tanzten, mit Kanonen in die Luft schossen, auf Spinnen traten oder Schlangen den Kopf abschnitten. Wenn solche Methoden nicht den gewünschten Erfolg bringen, verlegen wir uns auf die Vorhersage. Wir können das Wetter zwar nicht ändern, aber zumindest können wir Vorwarnungen ausgeben.

Wenn die Wissenschaft das Wetter nicht genau vorhersagen kann – und sie irrt in 30 bis 50 Prozent der Fälle –, besinnen wir uns oft auf Volksweisheiten. Zu allen Zeiten und an den unterschiedlichsten Orten haben die Menschen folgende Phänomene als sichere Vorzeichen für Regen betrachtet: wenn ausgetrocknete Quellen wieder sprudelten, wenn der Wald brannte, wenn Blumen süßer oder Jauche schlechter dufteten als sonst, wenn Steine feucht wurden, wenn Türen und Fenster klemmten, wenn sich Löwenzahnblüten schlossen, wenn abgestorbene Äste bei Windstille herunterfielen, wenn Lampendochte knisterten, wenn Kerzen zischten oder wenn sich Ringe um Sonne oder Mond bildeten.

Fast allen Lebewesen schrieb man irgendwann einmal für das bevorstehende Wetter ein feineres Gespür zu, als wir dummen Menschen es besitzen. Wir haben vor einem Unwetter vielleicht

FORMEL ZUR ABSCHÄTZUNG DER TEMPERATUR
(ZWISCHEN 45 UND 85 GRAD FAHRENHEIT)

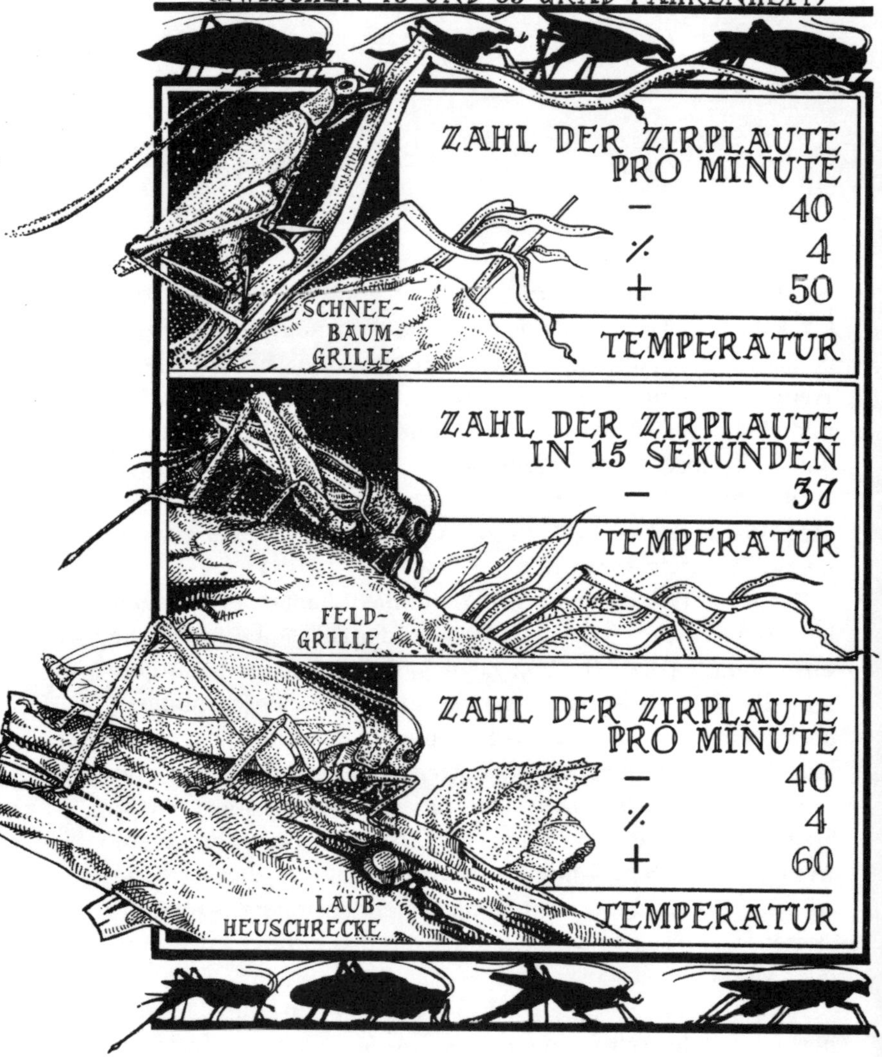

Schmerzen in Gelenken und Fußballen, weil sich bei sinkendem Luftdruck Gase im Gewebe ansammeln, aber ansonsten sind wir oft einmalig unachtsam gegenüber den Anzeichen, die für andere Tiere unübersehbar sind. Deshalb kann man zumindest nach dem Volksglauben mit Regen rechnen, wenn Grillen auf der Erde zirpen, wenn Hähne am Abend krähen, wenn Eulen heulen, Frösche quaken, Ziegen schnauben, Esel schreien, Tauben gurren und Fliegen stechen. Ebenso sicher steht Regen bevor, wenn Bienen in der Nähe des Stocks bleiben, Stare sich versammeln, Fische springen, Ameisen in gerader Linie wandern, Schweine Strohnester bauen oder sich an Pfosten reiben, Schafe lebhaft sind, Katzen die Ohren bedecken, Hunde sich auf dem Rücken wälzen, heulen oder Gras fressen, Pferde mit den Hufen scharren oder sich auf den Boden legen, Kühe sich zusammendrängen oder sich die Ohren kratzen oder den Schwanz heben, Enten ihre Federn ölen oder Spinnen aus dem Netz fallen. Jahrhundertelang galten Blutegel, die man in Gläsern gefangenhielt, als natürliches Barometer: Stieg das Tier in den Flaschenhals, fiel der Luftdruck, und Regen stand bevor; lag es dagegen zusammengerollt auf dem Flaschenboden, stieg das Barometer, und man konnte mit gutem Wetter rechnen; und wenn der Egel sich schnell bewegte, war starker Wind im Anmarsch.

Die verbreitetsten Wetterlegenden haben vielfach mit Vögeln oder Insekten zu tun. Kleine Mücken, die in der Sonne Schwärme bildeten, galten als Hinweis auf gutes Wetter; schwärmten sie im Schatten, rechnete man mit Regen. Wenn die Fischer in Neuengland sich entscheiden mußten, ob sie morgens aufs Meer fahren sollten, achteten sie üblicherweise auf die Möwen: Blieben sie am Strand, taten die Fischer das gleiche. Andere Wetterpropheten behaupteten, die Singvögel hörten ein bis zwei Tage vor einem schweren Sturm auf zu singen. Nach Überzeugung japanischer Wetterbeobachter war es eine Warnung, daß ein Sturm bevorstand, wenn die Eichelhäher Mitte September, auf dem Höhepunkt der Taifunzeit, verschwanden. Die Japaner hörten auch auf das schrille Zirpen der Grillen, das nach ihrer Ansicht den herannahenden Winter ankündigte.

Wie sich herausgestellt hat, gründen sich diese Volksweisheiten teilweise auf Tatsachen. Manchen Hinweisen zufolge sind Vögel besonders empfindlich für niederfrequente Schallwellen, die von Gewittern ausgehen; das wäre eine Erklärung für den verbreiteten Aberglauben, wonach Krähen, Enten, Gänse, Eulen, Spechte und andere Vögel kurz vor einem Sturm besonders lautstark werden. Die Vorstellung, daß Rotkehlchen vor einem Sturm in der Nähe des Nestes bleiben, findet sich in einer alten Bauernregel:

Bleibt das Rotkehlchen im Nest,
Kommt ein rauher Sturm aus West,
Steigt es aber hoch hinauf,
Nimmt die Sonne ihren Lauf.

Im Sinne der Evolution ist dieses Verhalten durchaus sinnvoll, denn das Nest des Rotkehlchens ist so zerbrechlich, daß starker Sturm und heftiger Regen es durchaus zerstören können, und deshalb ist es sicher im Interesse der Arterhaltung, wenn der erwachsene Vogel es bei einem Unwetter mit seinem Körper abdeckt und schützt. Außerdem ist die Luft bei dem niedrigen Luftdruck vor einem Sturm weniger dicht, und deshalb ist es schwieriger, darin zu fliegen. Bei gutem Wetter mit hohem Luftdruck und stetigen Konvektionsströmungen können die Vögel viel leichter bis in große Höhen aufsteigen; so kommt es zu der Bauernregel

Fliegt die Schwalbe hoch da oben,
Können wir das Wetter loben.

Gänse und andere große Vögel suchen sich zum Fliegen oft genau die Höhe mit der dichtesten Luft aus, weil ihre Flügel dort den stärksten Auftrieb bekommen. Diese Idealhöhe liegt bei gutem Wetter um ein paar hundert Meter höher. Rückt dagegen das Tiefdruckgebiet heran, das einem Sturm vorausgeht, liegt die optimale Flughöhe kurz über dem Erdboden.

In *Cache Lake Country*, einer Chronik über ein Jahr in der Wildnis von Ontario, berichtet John J. Rowlands sehr sachlich, die Schneebaumgrille werde auch «Temperaturgrille» genannt, weil sie die geradezu unheimliche Fähigkeit besitzt, die Außentemperatur auszuposaunen: «Man braucht nur zu zählen, wie oft sie in der Minute zirpt; dann zieht man 40 ab, teilt das Ergebnis durch vier, zählt 50 hinzu und hat auf ein bis zwei Grad genau die Außentemperatur. Wenn Sie mir nicht glauben, versuchen Sie es selbst – es wird Sie überzeugen.»

Damit gab Rowlands eine Formel wieder, die der Physiker A. E. Dolbear aufgestellt und 1897 in einem Artikel mit dem Titel «Die Grille als Thermometer» veröffentlicht hatte. Dolbear gibt zwar nicht an, auf welche Grillenart sich die Formel in seinem Artikel bezieht, aber man glaubt, die Schneebaumgrille sei in dieser Hinsicht am verläßlichsten. Auf die gemeine Feldgrille kann man ebenfalls zählen, aber sie ändert die Zahl der Zirplaute mit zunehmendem Alter, mit dem Erfolg bei der Suche nach Paarungspartnern und anderen Faktoren, die nichts mit der Temperatur zu tun haben. Albert Lee gibt in seinem Buch *Weather Wisdom: Facts and Folklore of Weather Forecasting* eine etwas andere Formel an, die auf Feldgrillen zutreffen soll; er nennt die Tiere «Thermometer des kleinen Mannes», weil man die Temperatur mit ihnen genauer berechnen kann als mit einem Quecksilberthermometer: «Man zählt, wie oft die Grille in 15 Sekunden zirpt, und zählt 37 dazu; das Ergebnis ist die genaue Temperatur in Grad Fahrenheit. Zirpt sie in 15 Sekunden 40mal, liegt die Temperatur an der Stelle, wo die Grille sitzt, genau bei 77 Grad Fahrenheit (25 Grad Celsius). Abweichungen gibt es nie.» Die gleiche Zahl von Zirplauten würde bei der Schneebaumgrille nach Dolbears Berechnungen auf eine Temperatur von 70 Grad Fahrenheit (21 Grad Celsius) hinweisen.

Nach dem Volksglauben zeigt die Breite des braunen Abschnitts, wie hart der Winter wird.

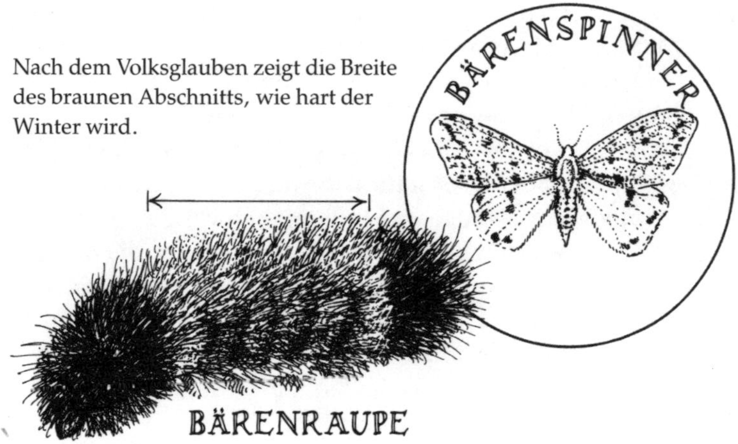

Anderen Behauptungen zufolge kann man die Temperatur auch ermitteln, wenn man die Zirplaute der Laubheuschrecke in einer Minute zählt, 40 abzieht, durch vier teilt und 60 hinzuzählt. Dabei muß man im Gedächnis behalten, daß es im Gras, wo Heuschrecken und Grillen sich aufhalten, meist ein wenig kühler ist. Auch ist es durchaus glaubhaft, daß man mit Hilfe der Grillen die Temperatur sehr genau ermitteln kann, aber bei Temperaturen unter sieben Grad Celsius sind diese Tiere schwerfällig und stumm, und über 30 Grad Celsius werden sie mürrisch und zirpen ebenfalls nicht.

Tiere geben manchmal Hinweise auf kurzfristige Wetteränderungen, aber langfristige Aussagen sind ein wenig schwieriger. In Neuengland und im mittleren Westen der USA berichten die Zeitungen jedes Jahr darüber, wie hart der bevorstehende Winter sein wird; die Voraussagen gründen sich auf das Aussehen der Bärenraupe, der Larve des Bärenspinners. Nach dem Volksglauben wird der Winter besonders kalt, wenn der braune Abschnitt der braun-schwarz gestreiften Raupe ungewöhnlich schmal ist; ist er dagegen breit, steht ein milder Winter bevor.

Mindestens ein Biologe nahm diese Behauptungen so ernst, daß er sich mehrere Jahre damit beschäftigte, Streifenbreiten zu messen und mit den Wetteraufzeichnungen zu vergleichen. Seine Forschung führte zu ermutigenden Ergebnissen, denn seine Befunde bestätigten zum Teil die Überzeugung der Bevölkerung; dann aber entdeckte er, daß eine Raupenpopulation einen harten Winter voraussagte, während eine andere, die nicht weit entfernt zu Hause war, einen milden Winter prophezeite.

Wir neigen dazu, unsere Erfolge im Gedächtnis zu behalten und die Fehlschläge zu vergessen, und natürlich erinnern wir uns an die seltsamsten und ungewöhnlichsten Dinge, die uns zugestoßen sind. Eines aber kann ich mit absoluter Sicherheit sagen: Wenn die normalerweise harmlosen Sandfliegen am Ufer des Michigansees an den nackten Hand- und Fußgelenken der Menschen knabbern, bedeutet das, daß es in ein paar Stunden regnen wird. Es stimmt immer.

Herbst

Einleitung

Der Herbst beginnt mit einer leichten Veränderung des Lichts: Das Blau des Himmels wird dunkler, die Nächte sind plötzlich klar und kalt. In vollem Umfang setzt die Jahreszeit mit dem ersten Frost ein, wenn die Zugvögel abgereist sind und die letzte Ernte des Jahres eingefahren wird. Der Herbst kann schon Mitte August beginnen, mit einem Tag, der ein wenig heller erscheint als der vorige, mit einem indirekteren, leuchtenden Licht, das in einem flacheren Winkel vom Himmel scheint. Man beobachtet eine neue Lebhaftigkeit, wie ein Erwachen aus dem Schlaf. Dann, ein paar Tage später, sieht man in einem Ahorngehölz das erste rote Blatt: Es leuchtet wie ein Tropfen flüssiger Rubin.

Für viele Menschen in Nordamerika ist das eigentliche Wesen des Herbstes etwas Hörbares, das sich in bestimmten September-, Oktober- oder Novembernächten einstellt, wenn es zum erstenmal so kalt ist, daß die Pflanzenabfälle im Garten gefrieren und auf Pfützen und Lachen eine eisige Haut entsteht. Ohne daß man damit gerechnet hätte, ohne daß man zunächst weiß, was es ist, hört man den seltsamen, hundeähnlichen Schrei der kanadischen Wildgänse, die nach Süden in wärmere Gefilde fliegen. Sie ziehen nachts in der vertrauten, V-förmigen Anordnung, nachdem sie den Tag fressend in Kornfeldern und auf Wiesen verbracht haben. Wir hören das unverkennbare «ha-rank, ha-rank», das in uns etwas Tiefgreifendes, Urtümliches aufrührt. Es ist ein wildes Geräusch, und es erinnert uns daran, daß die Jahreszeit unwiderruflich gewechselt hat und daß wir selbst auf irgendeiner Ebene mit dem Leben in der Wildnis verbunden sind.

In Agrargesellschaften war der Herbst immer die Zeit der Ernte und des Feierns. Noch heute werden viele Ernterituale zelebriert: Der jüdische Feiertag Sukkoth wird jeden Herbst nach den Richtlinien des 5. Buches Mose gefeiert: «Das Laubhüttenfest sollst du halten sieben Tage, wenn du eingesammelt hast von deiner Tenne und von deiner Kelter, und du sollst fröhlich sein an deinem Fest.» Eine andere Tradition ist die des britischen Erntefestes Harvest Home; es war ursprünglich ein Fest des Bauern für die Knechte, die ihm beim Einbringen der Feldfrüchte geholfen hatten, und fand am letzten Tag der Ernte statt. Erinnerungen an diesen Brauch kamen mit den Pilgervätern nach Amerika, und nach ihrem ersten beschwerlichen Jahr in Plymouth dankten sie mit einem üppigen Fest für die Ernte. Das genaue Datum dieses ersten Thanksgiving Day (Erntedankfest) läßt sich heute nicht mehr feststellen. Die Kanadier feiern es im Oktober, in den USA wurde es durch einen Erlaß von Abraham Lincoln 1864 auf den letzten Donnerstag im November festgesetzt. Die heutige Form dieses Feiertages mit Footballspielen im Fernsehen hat kaum noch Ähnlichkeit mit dem traditionellen Erntefest der Natchez-Indianer, die sich vor den Feiern mit Ballspielen vergnügten. Geht man in der Geschichte noch weiter zurück, gelangt man zu den Erntefesten der Mayas mit Truthahn auf der Speisekarte und ebenfalls mit rituellen Ballspielen.

Offiziell beginnt der Herbst am 22. oder 23. September, der herbstlichen Tagundnachtgleiche: Die Mittagssonne steht genau über dem Äquator, und Tag und Nacht sind wieder überall auf der Erde gleich lang. Nach dem Kalender dauert er bis zur Wintersonnenwende am 21. Dezember.

In den Monaten des langsam kälter werdenden Wetters gibt es meist ein bis zwei Wochen lang eine Milderung: Im «Indian

Summer», einer Phase mit warmem, diesigem Wetter im Oktober, weht Südwind vom Golf von Mexiko bis in die Mitte und den Osten der USA. Zunächst, im 18. Jahrhundert, bezeichnete man mit diesem Begriff das Wetter im westlichen Pennsylvania, wahrscheinlich wegen der Tradition der Indianer, im Herbst neue Lagerplätze in den winterlichen Jagdgründen aufzusuchen, oder weil die Indianer in dieser Zeit die Siedler angriffen, nachdem sie sich während des guten Wetters erholt hatten. Vielleicht bezeichnete das Wort auch die typische, diesige Atmosphäre dieser Periode – sie läßt an die Lagerfeuer der Indianer denken, an denen sie Fleisch für den Winter räucherten und Gestrüpp verbrannten, um den Maisanbau des kommenden Jahres vorzubereiten. Oder der Begriff stammt aus den Mythen der Stämme Neuenglands, die diese zwei Wochen mit schönem Herbstwetter wohlwollenden Göttern zuschrieben. Nach allgemeiner Überzeugung gab es Kälte und Unwetter immer um die herbstliche Tagundnachtgleiche herum. Erst nach diesem Kälteeinbruch konnte man mit dem «Indian Summer» rechnen.

Europa erlebt kaum einmal eine so erfreuliche Phase des Herbstes wie Nordamerika mit seinem «Indian Summer», aber auch hier nennt man warme Tage manchmal «Altweibersommer» oder «Narrensommer». Verläßlicher findet man etwas Ähnliches wie den «Indian Summer» in Griechenland, wo es Anfang Dezember regelmäßig einige ruhige, warme Schönwettertage gebt. Im Englischen spricht man von «halcyon days», nach der Halkyone der griechischen Mythologie, der Tochter des Äolus; sie sprang vor Verzweiflung ins Meer, als sie erfuhr, daß ihr Mann Ceyx ertrunken war. Die Götter verwandelten sie und ihren Mann in Eisvögel (Halkyone) und befahlen ihnen, sich zur Zeit der Wintersonnenwende auf dem Meer zu paaren. Um ihnen dabei zu helfen, verbot Zeus den Winden sieben Tage vor und nach der Sonnenwende das Blasen.

Herbstblätter

In vielen Gegenden der Erde ist der Herbst nicht vorstellbar ohne bunte Blätter. Wenn die grünen Wälder gelb, orange und rot gesprenkelt sind, wissen wir, daß es an der Zeit ist, die Ernte einzubringen, Feuerholz zu hacken und die Sturmfenster einzuhängen.

Entgegen einer alten Legende ist es nicht Väterchen Frost, der den Blättern ihre leuchtenden Farben verleiht. Temperatur und Frost haben damit überhaupt nichts zu tun. Die lebhafte Färbung der Herbstblätter und ihr späteres Abfallen sind eine Vorsichtsmaßnahme der Bäume, mit der sie sich gegen die Belastungen des Winters schützen. Laubbäume könnten im Winter mit ihren Wurzeln kaum die Wassermenge aufnehmen, die über die Blätter verdunstet, und deshalb machen sie sich die Mühe einfach nicht. Wenn die Menge der Sonnenstrahlung mit Einsetzen des Herbstes abnimmt, schalten die Bäume in den Blättern die Stoffwechselaktivität ab: Sie ziehen die dort gespeicherten Zucker und Proteine ab und produzieren kein Chlorophyll mehr. Die Farben, die in den Blättern verbleiben, entstehen durch Karotinoidpigmente, die dort ständig vorhanden sind und in der wärmeren Jahreszeit durch das leuchtende Grün des Chlorophylls überdeckt werden.

Wenn die Blätter abfallen sollen, sorgen Hormone dafür, daß eine Zellschicht am Hinterende des Blattstiels abstirbt, so daß eine Grenze zwischen Ast und Blatt entsteht. Nach dem Absterben bilden diese Zellen eine korkähnliche Gewebeschicht. Ist sie fertig, genügt ein leichter Windhauch, damit sich das Blatt vom Baum trennt und zu Boden segelt.

Über dem Herbstwald: die Zugvögel

Einmal hörte ich, wie jemand steif und fest behauptete, die rotkehligen Kolibris schafften jeden Herbst die lange Reise nach Mittelamerika, weil sie auf dem Rücken der kanadischen Wildgänse ritten. Wie sonst, so meinte er, könnte ein so kleines, zerbrechliches Geschöpf einen Flug von vielen hundert Kilometern über das offene Meer überleben?

Die Wanderungen der Zugvögel in Frühling und Herbst waren lange eines der größten Geheimnisse der Natur. Die «Anhalter der Lüfte» waren nur eine von vielen Theorien, die man im Laufe der Jahrhunderte aufstellte. Als einer der ersten Naturforscher vermutete Aristoteles, daß Vögel über große Entfernungen ziehen, aber er nahm auch an, daß Schwalben und einige andere Arten in Erdlöchern überwintern. Später spekulierte man, die Wintervögel könnten sich unter Schlamm und Wasser eingraben, und diese Vorstellung war noch bis weit ins 20. Jahrhundert verbreitet. Eine der seltsamsten Ideen vertrat der Bischof von Hereford Anfang des 17. Jahrhunderts in einer Abhandlung mit dem Titel *Der Mann im Mond, ein Bericht über eine Reise dorthin.* Nach den Vorstellungen des guten Bischofs sollte es möglich sein, Vögel vor ein Fahrzeug zu spannen und damit durch den Weltraum zu reisen, denn, so meinte er, es sei doch allgemein bekannt, daß die Vögel jeden Winter zum Mond flögen.

Ein gutes Beispiel dafür, wie sehr der Vogelzug die Menschen

verwirrte, ist der folgende zuversichtliche Abschnitt aus der Naturgeschichte von Plinius:

> Es ist eine gewaltige Entfernung, wenn man sie berechnet, über welche sie [die Kraniche] über das östliche Meer kommen. Sie verständigen sich, wenn sie sich auf den Weg machen, und dann fliegen sie so hoch, daß sie ihren Weg vor sich sehen; sie entschließen sich, einem Führer zu folgen, und einige aus ihrer Zahl befinden sich am Ende der Reihe, um Befehle zu rufen und den Schwarm mit ihren Schreien zusammenzuhalten. Zur Nachtzeit haben sie Wachen, die einen Stein in den Klauen halten, und wenn sie vor Müdigkeit abstürzen, fällt er herunter und überführt sie der Trägheit... Es ist sicher, daß sie, wenn sie das Schwarze Meer überfliegen wollen, sich zuerst zur Meerenge zwischen den Vorgebirgen von Ramsbrow und Carambis aufmachen und sich mit Sand als Ballast versehen. Und wenn sie dann die Mitte des Meeres überquert haben, werfen sie die Kiesel aus ihren Klauen weg; wenn sie schließlich das Festland erreicht haben, entledigen sie sich auch des Sandes in der Kehle.

Heftig umstritten war bis vor einiger Zeit die Frage nach den Wanderungen der Kolibris. Es ging dabei vor allem um ihre Brennstoffvorräte. Kolibris schlagen in jeder Sekunde 50- bis 75mal mit den Flügeln und benötigen deshalb beim Fliegen so viel Energie, daß sie fast ununterbrochen fressen müssen, um zu überleben. Manche Arten verbrauchen jeden Tag ihr eigenes Körpergewicht an Nektar und Insekten, und die Ruhepausen zwischen ihren Mahlzeiten sind selten länger als 15 Minuten. Ein erwachsener Mensch, der im Verhältnis die gleiche Kalorienmenge zu sich nehmen wollte, müßte jeden Tag 130 Kilogramm Hamburger essen. Wegen dieser hohen Anforderungen an die Ernährung bestehen die Wanderungen der Kolibris meist in einem Schwirren von einem Blumenbeet zum nächsten – die Vögel fressen sich buchstäblich jedes Jahr nach Norden und wieder nach Süden durch.

Beim rotkehligen Kolibri, der einzigen Art, die in den USA

östlich des Mississippi vorkommt, ergibt sich aber aufgrund der Wanderungsstrecke ein Dilemma. Er verbringt den Winter am liebsten in Mittelamerika. Bei der Wanderung fliegen die Vögel über den Golf von Mexiko und überqueren dabei 800 bis 1000 Kilometer offenes Meer – eine Reise, von der die Wissenschaftler früher glaubten, sie sei den winzigen Tieren nicht möglich. Wie können sie diesen anstrengenden Flug überleben, der 20 bis 25 Stunden höchsten Energieeinsatzes über dem Ozean erfordert? Bei ihrem hohen Stoffwechselumsatz, der fast ununterbrochenen Brennstoffnachschub in Form von Nektar und Insekten verlangt, hielt man es für unausweichlich, daß die Vögel sterben, bevor sie die Küste erreichen.

Und doch überlebt ganz offensichtlich ein großer Teil der Vögel, die den Weg über das Meer wählen. Die Wissenschaftler kratzten sich am Kopf. Und Laien gelangten zu der Überzeugung, die Vögel müßten sich von kräftigeren Flugtieren mitnehmen lassen.

Schließlich entdeckten die Experten, mit welcher einfachen Taktik die rotkehligen Kolibris die Überquerung des offenen Meers überleben: Sie fressen vorher ein paar Wochen lang besonders viel und steigern so ihr Körpergewicht um mehr als die Hälfte, bis sie schließlich bis zu 40 Prozent aus Fett bestehen. Mit einer solchen Energiereserve ist der 800-Kilometer-Flug über den Golf von Mexiko bei einer Fluggeschwindigeit von 50 Stundenkilometern keine allzu schwierige Angelegenheit.

Aber warum überhaupt die Mühe mit der Wanderung? Häufig werden Klima und Nahrung als Gründe genannt, aber die meisten Vögel ziehen viel weiter, als es erforderlich wäre, wenn sie nur reichlich Futter und gutes Wetter finden wollten. Andere reisen schon ab, lange bevor das Wetter schlecht und das Futter Mangelware wird; andererseits wandern manche Arten überhaupt nicht.

Nach einer Theorie ist der Vogelzug ein Überbleibsel der letzten Eiszeit vor 11 000 Jahren; damals muß das rauhe Klima, das in großen Teilen der Erde herrschte, das Leben der Vögel stark beeinträchtigt haben. Eine andere Ansicht besagt, ursprünglich sei die Südhalbkugel die Heimat vieler Vogelarten gewesen, die heute in den nördlichen Erdteilen leben, und die jährliche Wanderung sei nichts anderes als eine Rückkehr in die angestammte Heimat.

Ungeachtet der Gründe ist es unumstritten, daß der Vogelzug seine Vorteile hat, auch wenn er bei manchen Arten jedes Jahr die Hälfte der Population das Leben kostet. Die gemäßigten Zonen der Nordhalbkugel, wo die Zugvögel in ihrer Mehrheit nisten, sind weitaus geräumiger als die entsprechenden Regionen im Süden. Die nördliche Hemisphäre besteht zu vollen drei Vierteln aus Landflächen, die Südhalbkugel dagegen ist zu 90 Prozent von Meer bedeckt. Und auf den größeren Landflächen im Norden gibt es natürlich mehr Gelegenheiten, die Nachkommen zu füttern und großzuziehen. Außerdem, und das ist ebenso wichtig, sind die Sommertage auf der Nordhalbkugel länger. Am Äquator dauert das Tageslicht am 21. Juni genau zwölf Stunden; auf dem 40. Breitengrad sind es schon 15 Stunden, und auf dem 60. Grad nördlicher Breite, im Norden Kanadas, wo viele Vögel des amerikanischen Kontinents nisten, ist der Tag 19 Stunden lang – diese Zeit reicht aus, um die unersättlichen Jungen zu füttern.

Und der Preis für die längste Wanderung geht an...

Die ehrgeizigste Wanderung unternimmt zweimal jährlich der Borstenbrachvogel, ein kleiner Küstenvogel, der auf den Inseln der Beringstraße nistet und im Winter zu abgelegenen Pazifikinseln fliegt. Von Alaska aus überquert er 4000 Kilometer weit das offene Meer, bevor er auf Hawaii den nächsten Landstützpunkt erreicht. Nach einer kurzen Ruhepause entschließt er sich dann vielfach, nochmals 3400 Kilometer nach Süden bis zu den Marquesas-Inseln zu fliegen.

Bei den Sperlingsvögeln legt der Amerikanische Paperling eine der längsten Zugstrecken zurück: Von seinem Nistgebiet im Norden der USA und in Südkanada wandert er über die Karibik bis nach Südamerika, um schließlich ganz im Süden in den argentinischen Pampas zu überwintern.

Ein noch kleinerer Vogel mit eindrucksvoller Wanderungsstrecke ist der nordamerikanische Singvogel mit dem wissenschaftlichen Namen *Dendroica striata*. Er brütet im Norden der USA, verbringt aber den Winter in Südamerika; dazu fliegt er von der Küste Neuenglands 3700 Kilometer über den offenen Atlantik und die Karibische See. Die Reise über das Meer ist ein Nonstopflug von durchschnittlich 86 Stunden, und die winzigen Vögel sind dabei so stark auf günstigen Wind angewiesen, daß man sie schon in Höhen über 6000 Metern ausgemacht hat, also sechs Kilometer über dem Ozean. Wie der rotkehlige Kolibri, so frißt sich auch *Dendroica striata* zur Vorbereitung auf den Flug Nahrungsreserven an: Sein Gewicht verdoppelt sich fast durch Fettschichten, von denen er während der Reise zehrt. Die Kennzeichnung von Vögeln bezieht sich manchmal auf die Fettspeicher, die man unter der Haut der Tiere leicht fühlen kann und die als Brennstoffvorräte dienen.

Die längste Zugstrecke legt, soweit man weiß, die Arktische Seeschwalbe zurück, ein kleiner, koloniebildender Vogel, der in wenigen hundert Kilometer Umkreis um den Nordpol brütet. Aus Gründen, die den Biologen noch heute Rätsel aufgeben, machen sich die Arktischen Seeschwalben im Frühling und Herbst zu einer Reise auf, die sie buchstäblich von einem Ende der Welt zum anderen führt, nämlich von der Arktis bis in die Antarktis. Außerdem ist es eine Rundreise: Die Vögel fliegen entweder an der Westküste Amerikas oder am westlichen Rand Afrikas und Europas entlang. Insgesamt legt eine Arktische Seeschwalbe im Jahr bis zu 40 000 Kilometer zurück.

Komplizierte Orientierungssysteme

Wie sich Vögel auf ihren Wanderungen so genau orientieren, war für die Wissenschaftler lange Zeit ein Rätsel. Neuesten Forschungen zufolge benutzen sie dazu eine Kombination von Navigationssystemen; am offenkundigsten ist der Sichtflug: Die Vögel orientieren sich an bekannten Zeichen wie Flußtälern, Gebirgen und Meeresküsten. Vermutlich richten sie sich auch nach Sonne, Mond und Sternen, und wie weit sie schon gekommen sind, ermitteln sie mit einem hochentwickelten Zeitgefühl; sie sehen polarisiertes und ultraviolettes Licht, hören niederfrequente Schallwellen (beispielsweise das viele Kilometer entfernte Brandungsdonnern), stellen sich auf das Magnetfeld der Erde ein und lassen sich von den vorherrschenden Winden treiben. All das gelingt ihnen durch ein genau abgestimmtes Wettergefühl.

Jahrelang nahm man an, Jungvögel könnten die Reise nur lernen, indem sie mit älteren Vögeln mitfliegen, welche die Wanderung schon einmal gemacht haben. Aber diese Vorstellung mußte man fallenlassen, denn man hielt Jungvögel, die noch nie gewandert waren, so lange fest, bis die älteren Tiere abgezogen waren, und ließ sie dann erst frei. Wie sich herausstellte, hatten auch die unerfahrenen Vögel einen untrüglichen Richtungssinn: Sie erreichten ihr Winterquartier ohne jede Schwierigkeit.

Wie sich in weiteren bedeutsamen Untersuchungen zeigte, können Vögel sich an Sonne, Mond und Sternen orientieren. In einem solchen Experiment studierte Dr. Stephen T. Emlen von der Cornell University in einem Planetarium das Verhalten von Indigofinken. Um die Wanderungszeiten im Frühling und Herbst nachzuahmen, verlängerte und verkürzte er die Tageslichtzeiten; wie er dabei feststellte, richteten sich die Vögel nach den Sternen an dem künstlichen Himmel und flogen in Richtungen, die dem Norden und Süden des echten Himmels entsprachen. Als Emlen die Lichter in dem Planetarium nach und nach ausschaltete, entdeckte er, daß die Vögel sich an den hoch am

Himmel stehenden, zuverlässigen Sternbildern im Umfeld des Polarsterns orientieren.

Damit schienen die umfassenderen Fragen nach der Navigation der Vögel beantwortet zu sein, aber manche Widersprüche ließen sich auf diese Weise nicht erklären. So fing man zum Beispiel 1951 einen Nordischen Sturmtaucher an seinem Nistplatz auf Skokholm Island in Wales, brachte ihn im Flugzeug über den Atlantik und ließ ihn in Boston frei. Innerhalb von 13 Tagen kehrte er zu seinem Nest zurück. In anderen Experimenten setzte man Vögel (häufig Brieftauben) in lichtdichte Kisten, brachte sie auf Umwegen an weit entfernte Stellen und ließ sie dort frei. Die meisten von ihnen schlugen fast sofort die richtige Richtung für den Heimweg ein, in vielen Fällen schon innerhalb von 30 Sekunden.

Wie die Wissenschaftler in jüngster Zeit entdeckten, besitzen Vögel einen biologischen Kompaß, mit dem sie sich am Magnetfeld der Erde orientieren können. Tauben verfügen (wie Bienen, manche Bakterien und vielleicht viele andere Tiere) über winzige Mengen von Magnetit, einer Verbindung aus Eisen und Sauerstoff, die in ihr Gehirngewebe eingelagert ist. Nach einer Theorie des Forschers William T. Keeton von der Cornell University sorgt diese magnetische Substanz dafür, daß die Vögel die Nord-Süd-Ausrichtung des Erdmagnetfeldes wahrnehmen. Er überprüfte seine Theorie mit zwei Experimenten, die inzwischen Berühmtheit erlangt haben. Als erstes ließ er Brieftauben frei, denen er durch Verbinden der Augen die Möglichkeit der visuellen Orientierung genommen hatte. Die Vögel flogen in der richtigen Richtung nach Hause. Als nächstes hängte er den Vögeln kleine Magnete um den Hals, bevor er sie freiließ. Damit brachte er offensichtlich den inneren Kompaß durcheinander, denn nun verloren die Tauben sofort die Orientierung.

Wenn Zugvögel Rast machen: Warum fallen sie nicht vom Ast?

Wenn Zugvögel sich von ihrem tage- oder nächtelangen Flug ausruhen, beschäftigen sie sich abwechselnd mit Fressen und Schlafen, um Energie für die nächste Etappe zu sammeln. Vögel, die sich in luftiger Höhe niederlassen, müssen etwas Schwieriges zuwege bringen: Sie müssen sich auch während des Schlafens an dem Ast oder einer anderen Sitzgelegenheit festhalten, und das schaffen sie mit einem interessanten anatomischen Hilfsmittel. Von den Muskeln im Oberschenkel erstreckt sich eine Beugesehne nach unten über das Knie, am Unterschenkel entlang, um das Fußgelenk und bis unter die Zehen. Die Sehnen sind so angeordnet, daß sie sich durch das Körpergewicht über die vom gebeugten Knie gebildete «Rolle»

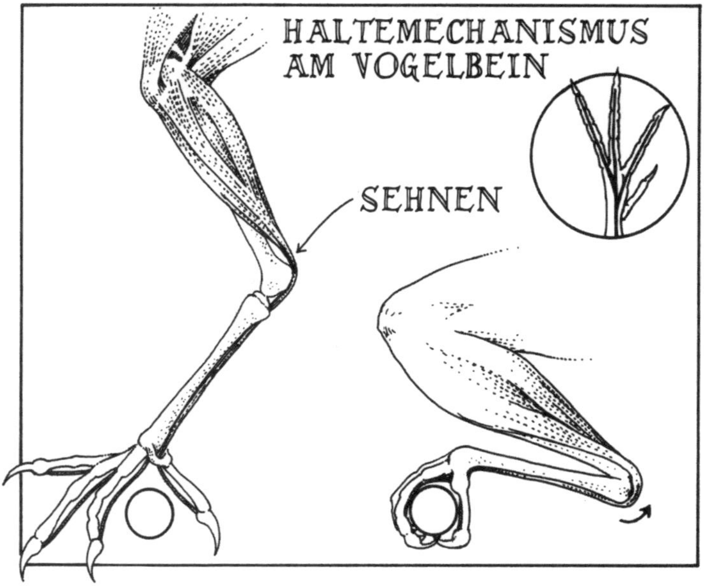

straff ziehen und die Klauen schließen. Auf diese Weise greift der Vogel im entspannten Zustand so fest zu, daß selbst starker Wind ihn nicht vom Ast werfen kann. Manchmal findet man sogar Vögel, die sich noch an ihren Sitzplatz klammern, obwohl sie bereits Tage zuvor gestorben sind.

Die Geschichte von einem Vogel, der Winterschlaf hält

Als Aristoteles die Vermutung äußerte, daß manche Vögel den Winter in Erdlöchern verbringen, hatte er teilweise recht. Mehrere Arten, darunter manche Mauersegler und Kolibris, machen Phasen der Starre oder verminderter Lebensfunktionen durch, um beim Schlafen Energie zu sparen; man kennt aber nur einen Vogel, der als Alternative zum Wandern einen echten Winterschlaf hält. Die Nachtschwalbe *Phalaenoptilis nuttali*, eine Verwandte der Ziegenmelker und Schreienden Ziegenmelker, hält im Südwesten der USA in Felsverstecken einen monatelangen Winterschlaf. Dabei sinkt die Körpertemperatur von den normalen 40 Grad auf 18 Grad ab; der Vogel schläft dabei so tief, daß Herzschlag und Atmung fast nicht mehr nachweisbar sind, und man kann ihn in die Hand nehmen, ohne daß er aufwacht. Zwar weiß man nicht, ob alle Nachtschwalben jeden Winter auf diese Weise überdauern, aber der Biologe Edmund Jaeger, der 1946 aus den Chuckwalla Mountains in Colorado zum erstenmal darüber berichtete, fand ein Exemplar, das sich in mehreren aufeinanderfolgenden Wintern in dieselbe Felsspalte zurückzog.

Beobachtung von Zugvögeln

Nach Schätzungen leben in den USA während der Brutzeit sechs bis sieben Milliarden Vögel, und zwei Drittel davon, also vier bis fünf Milliarden, machen sich jedes Jahr in Frühling und Herbst auf die Reise. Wie groß ist die Wahrscheinlichkeit, daß man den Vogelzug beobachten kann? In manchen Gegenden und für manche Vogelarten ist sie recht hoch. Einige Arten, insbesondere Schnepfenvögel, Wasser- und Raubvögel, fliegen tagsüber, so daß man sie leicht erkennen kann, wenn sie im Frühjahr nach Norden und im Winter nach Süden ziehen. An Stellen wie dem Hawk Mountain in Pennsylvania kann man an einem einzigen Tag Tausende von Habichten, Adlern und Falken beobachten, die auf den Warmluftströmungen am Gebirge entlangfliegen. Wenn man nachts die Vögel beobachten will, sucht man sich am besten eine helle Mondnacht aus, um die Vogelschwärme zu zählen, die am Mond vorüberziehen. Wer mit einem Schiff auf dem Atlantik, im Golf von Mexiko oder auf den Großen Seen unterwegs ist, wird oft erleben, wie die erschöpften Zugvögel Deck und Reling als Landeplatz für eine kurze Ruhepause benutzen. Tagsüber erkennt man die Wasservögel leicht an ihrer typischen V-förmigen Formation.

Viele Vögel ziehen aber ausschließlich nachts und sind deshalb schwer zu beobachten. Die Amerikanische Waldschnepfe zum Beispiel wandert nur nach Einbruch der Dunkelheit, und zwar meist allein oder in kleinen, lockeren Gruppen. Tagsüber verstecken sich die Vögel in dichten Erlen- und Pappelgehölzen, wo sie sich ausruhen und fressen; außer Jägern sieht sie dort kaum jemand.

Die dichtesten Zugvogelschwärme kann man im Herbst bei klarem Wetter und Nordwind beobachten. Oft nutzen die Vögel für ihre Wanderung die Gesetzmäßigkeiten von Wind und Wetter aus. Die Arktische Seeschwalbe fliegt mit den vorherrschenden Nordwestwinden von der Baffinbay nach Südgrönland und mit nordöstlichen Winden von Westeuropa nach Nordwestafrika und von dort mit dem Ostpassat ins östliche Südamerika; von dort aus wandert sie mit nördlichen und nordwestlichen Winden in den Südatlantik, wo ihre Reise endet.

Mit sorgfältig bestückten Futterhäuschen kann man sogar seltene und ungewöhnliche Zugvogelarten anlocken, insbesondere wenn in der Nähe Sträucher und Bäume stehen, die Schutz bieten. Die meisten Vögel kommen in kleinen Schwärmen an; manche Arten allerdings, insbesondere Spatzen, Stare und Amseln, können plötzlich in riesiger Zahl auftauchen. Man sollte nicht damit rechnen, daß man viele Kolibris auf ihrem Flug nach Süden zu Gesicht bekommt: Sie ziehen nachts allein oder in kleinen Gruppen, und fast nie suchen sie die Begleitung größerer Vögel, nicht einmal die angenehme Gesellschaft der kanadischen Wildgänse.

Wandernde Insekten

Die Wanderungen der Insekten sind mindestens ebenso kompliziert wie die der Vögel, und in manchen Fällen weiß man darüber noch weniger. Zu den am besten bekannten Wanderinsekten gehören die Heuschrecken, eine der sieben biblischen Plagen; ihre Population nimmt in regelmäßigen Abständen explosionsartig zu, und dann breiten sie sich in gewaltigen Schwärmen über das Land aus. Weitere Wanderinsekten sind Schmetterlinge, Motten, Bienen, Wespen, Marienkäfer, Libellen, Ameisen und Termiten.

Schmetterlinge halten wir im allgemeinen für zerbrechliche, fast überirdische Geschöpfe. Die meisten von ihnen haben nur eine Lebensdauer von ein bis drei Wochen und verbringen ihr ganzes kurzes Leben in der Nähe der Stelle, wo sie aus der Puppe geschlüpft sind. Einige Arten unternehmen jedoch mühsame Wanderungen, die zu den bemerkenswertesten im Tierreich gehören. Da ihr Leben so kurz ist, macht ein einzelner Schmetterling kaum einmal die ganze Wanderungsstrecke mit; unterwegs werden neue Generationen geboren, die schließlich ans Ende der Strecke gelangen. Der Distelfalter zum Beispiel überwintert in Nordafrika und wandert im Vorfrühling nach Norden über das Mittelmeer und Europa hinweg, manchmal viele tausend Kilometer weit bis nach Skandinavien, Nordrußland und sogar nach Island. Kolumbus bemerkte bei seinen Reisen in die Neue Welt riesige Schmetterlingsschwärme vor der

SIERRA MADRES
DISTEL-
FALTER

Küste Kubas. Darwin, der mit der *Beagle* vor der Küste Südamerikas reiste, berichtete über eine gewaltige Wolke von Schmetterlingen, die nach seinen Schätzungen etwa 200 Meter über dem Meer hing, 1,6 Kilometer breit und viele Kilometer lang war. In seinem Reisebericht schrieb er, die Schmetterlinge seien in Gruppen oder Schwärmen von unzähligen Millionen aufgetaucht, «die sich erstreckten, so weit das Auge reichte. Selbst mit dem Fernrohr konnte man keinen Bereich erkennen, der frei von Schmetterlingen gewesen wäre. Die Seeleute riefen: ‹Es schneit Schmetterlinge›, und so sah es wirklich aus.»

Der englische Naturforscher und Schriftsteller W. H. Hudson wurde Zeuge einer Wanderung von Eckflüglern; die Schmetterlinge zogen über die argentinischen Pampas in einer dichten, drei Kilometer breiten Wolke, die an drei aufeinanderfolgenden Tagen jeweils sieben bis acht Stunden lang vorüberflog. Nach Hudsons Schätzung bestand der Schwarm aus über 75 Millionen Schmetterlingen.

Keine andere Schmetterlingswanderung ist so leicht zu beobachten wie die des Chrysippusfalters in Nordamerika. Dennoch wurden die Wanderungsrouten dieses verbreiteten Schmetterlings erst in den letzten Jahrzehnten aufgeklärt, und unglaublicherweise entdeckte man erst 1975, wohin die Mehrheit von ihnen im Winter wandert. Vorher wußte man nur, daß ein kleiner Teil der Population jeden Herbst nach Westen zieht und in den kalifornischen Küstenwäldern zwischen Los Angeles und Monterey überwintert; im Frühling fliegen sie dann wieder nach Osten, und unterwegs paaren und vermehren sie sich. Aus der Osthälfte der USA zogen Schmetterlinge offensichtlich in ihrer großen Mehrheit nach Süden, um sich in Florida und anderen Südstaaten in einzelnen «Schmetterlingsbäumen» zu sammeln. Das Ziel der Mehrheit der Schmetterlinge kannte man nicht. Sie schienen im Herbst einfach zu verschwinden, so daß manche Wissenschaftler vermuteten, sie würden schlicht über den Golf von Mexiko hinausfliegen und dort sterben.

Schließlich entwickelte der Insektenforscher Fred A. Urquhart, der sich seit über 40 Jahren mit dem Geheimnis des Chrysippusfalters beschäftigte, ein Verfahren zum Wiedererkennen einzelner Schmetterlinge, die er mit leichten Klebstreifen markiert hatte. Nach und nach, im Laufe mehrerer Jahre und mit Hilfe vieler hundert Freiwilliger, die die Schmetterlinge kennzeichneten und ihr Wiederauftauchen beobachteten, näherte er sich bei seiner Suche nach dem Überwinterungsgebiet einer Gegend in dem Gebirge der Sierra Madre in Zentralmexiko. Im Januar 1975 war es soweit: Ein Freund von Urquhart, der unter Anleitung des Insektenforschers arbeitete, stolperte geradezu in ein 80 Hektar großes Waldgebiet, in dem es von überwinternden Chrysippusfaltern nur so wimmelte. Schätzungsweise 1000 Bäume waren fast völlig mit einer lebenden Haut aus halb schlafenden Schmetterlingen bedeckt. In einigen Fällen reichte ihr gesammeltes Gewicht aus, daß sieben Zentimeter dicke Äste abbrachen. Hier war der Sammelpunkt und das Winterquartier der meisten nordamerikanischen Chrysippusfalter.

Wanderheuschrecken waren für die Zerstörung von mehr Nutzpflanzen verantwortlich als jede andere Art von Lebewesen auf der Erde. Wenn die Ernte vernichtet wird, folgen Hunger und Tod, und deshalb ist es nicht verwunderlich, daß Heuschreckenschwärme schon seit alter Zeit als Plage gelten, wie im 2. Buch Mose: «Und sie [die Heuschrecken] kamen über ganz Ägyptenland und ließen sich nieder... sie bedeckten den Erdboden so dicht, daß er ganz dunkel wurde. Und sie fraßen alles, was im Lande wuchs, und alle Früchte auf den Bäumen... und ließen nichts Grünes übrig an den Bäumen und auf dem Felde in ganz Ägyptenland.»

In manchen Ländern hielt man Zauberrituale für das einzige Mittel, um die wütenden Schwärme zu vertreiben. Im antiken Neapel errichtete man Bronze- und Kupferstatuen von Heuschrecken, um die Insekten von der Stadt fernzuhalten. In Albanien stellten sich die Frauen zu einem Trauerzug auf und trugen

ein paar Heuschrecken zu einem Fluß oder Bach, wo man sie in einem Ritual ertränkte, denn das, so hoffte man, werde den Schwarm abschrecken. Indische Dorfbewohner fingen eine einzelne Heuschrecke, kennzeichneten ihren Kopf mit einem roten Farbfleck und ließen sie wieder frei, denn sie hofften, sie werde nun die anderen Heuschrecken vom Dorf wegführen. Auch die Wajagga in Afrika fingen eine einzelne Heuschrecke und banden ihr die Beine zusammen, so daß sie nicht laufen konnte; dann warf man sie in die Luft, damit sie wegflog und die anderen Heuschrecken in weit entfernte Gegenden dirigierte. In Äthiopien wurde den Berichten zufolge im Jahr 1590 eine Heuschreckenplage exkommuniziert, und kurz darauf starben zur allgemeinen Befriedigung viele tausend Tiere durch einen plötzlichen Sturm.

Einen Einfall von Heuschrecken, den der Sudan und Ägypten 1926 erlebten, beschrieb C. B. Williams in seinem Buch *Insect Mi-*

gration so: «Etwa eine Stunde später tauchten die ersten Vorboten auf, riesige Heuschrecken mit etwa sechs Zoll Flügelspannweite und tief braunroter Färbung. Ihre Zahl nahm mit jeder Minute zu, wie brauner Nebel über den Baumkronen. Als sie sich niederließen, änderte der Wald seine Farbe... der Schwarm war über eine Meile breit, über 100 Fuß hoch und zog etwa neun Stunden lang mit einer Geschwindigkeit von ungefähr sechs Meilen pro Stunde vorüber: Bei zwei Insekten je Kubikmeter (eine zu niedrige Schätzung) müssen es etwa zehn Milliarden Heuschrecken gewesen sein.»

Im Jahr 1906 verließen braune Heuschrecken in gewaltiger Zahl die Wüste Kalahari, um in Südafrika Felder und Buschland zu verwüsten. Ein Schwarm war den Berichten zufolge 36 Kilometer breit und 112 Kilometer lang. Gewöhlich ist die afrikanische Heuschrecke ein Einzelgänger, aber sie kann sich innerhalb von 24 bis 48 Stunden in die wandernde Form verwandeln und sich zu Millionen Artgenossen gesellen, die viele tausend Hektar Ackerland verwüsten. Solange das Insekt allein lebt, ist es harmlos; wie wissenschaftliche Untersuchungen zeigten, braucht man es in diesem Zustand nur mit anderen Heuschrekken in einen Käfig zu setzen, damit ein Hormon angeregt wird, das die Tiere schrumpfen und braun werden läßt; gleichzeitig gehen sie in den Wanderzustand über. Hat die Wanderung erst einmal begonnen, finden sich schnell Millionen Einzeltiere zusammen, von denen jedes täglich sein eigenes Körpergewicht an Nahrung braucht. Ein einziger Schwarm kann an einem Tag 80 000 Tonnen Getreide oder andere Nutzpflanzen vernichten.

Heuschreckenbefall war nicht nur in Afrika und dem Nahen Osten eine Plage. In Nordamerika wurde das Jahr 1874 als «Jahr der Heuschrecke» berühmt und berüchtigt, denn über den mittleren Westen brach eine riesige Masse der Insekten herein; sie zerstörten die Ernte und ruinierten die Farmer, denen es nach mehreren Dürrejahren ohnehin schon schlecht ging. Die Heuschrecken überfielen das Land ohne Vorwarnung im Juli und August. Sie zogen über Lincoln in Nebraska von neun Uhr morgens bis drei Uhr nachmittags in einer ununterbrochenen Wolke hinweg, die nach Schätzungen von Ost nach West mindestens 480 Kilometer breit und mindestens 800 Meter hoch war. Als sie sich niederließen, waren die Folgen verheerend. Die schriftlichen Berichte aus dieser Zeit sprechen von unglaublichen Zerstörungen. In *This Place Called Kansas* von C. C. Howes heißt es:

> Die Heuschrecken kamen mit zischendem, summendem Geräusch und in unglaublicher Zahl aus Nordwesten. Sie setzten sich auf alles. Ich war von Kopf bis Fuß bedeckt... plötzlich fingen die Insekten an zu fressen... wir hatten etwa 50 Acre mit Mais, und die älteren Siedler sagten, ein Acre werde etwa 50 Bushels bringen. Die Heuschrecken landeten um vier Uhr. Bis zum Einbruch der Dunkelheit gab es auf dem ganzen Feld keinen Halm von mehr als einem Fuß Höhe... In der Nacht fraßen die Heuschrecken meinen Strohhut oder zumindest den größten Teil davon, sie ließen mir nur ein Stück von der Krempe und den oberen Teil. Am liebsten mochten sie anscheinend verschwitzte Sachen, denn sie fraßen sich am Schweißband meines Hutes entlang. Sie knabberten am Stiel der Mistgabeln und anderer landwirtschaftlicher Geräte, die den Schweiß aufgesaugt hatten, und fraßen die Gurte, die sich an den Pferden befanden oder in der Scheune hingen.

Everett Diock schreibt in *The Sod-House Frontier*: «Sie kamen wie ein winterliches Schneetreiben, erfüllten die Luft, bedeckten die Erde, die Gebäude, die Getreidegarben und alles andere... Als sie sich auf den Dächern und Hauswänden niederließen, hörte es sich an wie ständiger Hagel. Sie setzten sich in so großer Zahl auf die Bäume, daß große Äste unter ihrem Gewicht abbrachen... An manchen Stellen bedeckten die Insekten den Boden 15 Zentimeter hoch, und stundenlang ließen sich weitere nieder.»

Die Insekten, die 1874 in Missouri, Kansas, Nebraska und großen Teilen des mittleren Westens einfielen, gehörten zur Art der heute offenbar ausgestorbenen Rocky-Mountain-Heuschrecke, die damals auf den Hochebenen von Colorado, Wyoming und Montana sehr verbreitet war. Normalerweise blieben die Tiere in diesen gebirgigen Staaten, aber wenn die Populationen stark genug angewachsen waren und das Gras, von dem sie sich ernährten, durch Trockenheit knapp wurde, erhoben sie sich in die Luft, um mit Hilfe der vorherrschenden Winde auf die Suche nach neuen Nahrungsquellen zu gehen. Wie sich herausstellte, wanderten manche Schwärme von Montana bis nach Texas; sie legten die Entfernung von 2400 Kilometern in 75 Tagen zurück, also mit einer Durchschnittsgeschwindigkeit von 32 Kilometern am Tag.

Vor dem Hintergrund der im 2. Buch Mose beschriebenen Heuschreckenplage war es kein Wunder, daß viele Menschen meinten, Gott habe die Tiere geschickt, um sie für ihre Sünden zu bestrafen. Und als dann im gleichen Sommer noch ein Komet auftauchte, hielten manche ihn für den letzten Fingerzeig, daß es ein schrecklicher Fehler gewesen war, nach Westen in dieses einsame Land zu kommen. Bis Ende August hatten mehrere hundert Familien ihre Farmen aufgegeben und waren in den Osten zurückgekehrt.

Wer blieb, betete um göttliche Hilfe. Im Frühjahr 1875 sah es so aus, als würden die Nachkommen der Heuschrecken aus dem vorigen Sommer zurückkehren, um im mittleren Westen das letzte Leben zu vernichten; daraufhin verfügte der Gouverneur von Missouri in einer offiziellen Verlautbarung, man solle den 3. Juni freihalten, «als Tag des Fastens und der Gebete, daß der allmächtige Gott angefleht werde, aus unserer Mitte dieses dräuende Übel zu verbannen und uns statt dessen die Gnade von Reichtum und Überfluß zu gewähren; die Bevölkerung und alle Staatsbeamten werden hiermit aufgefordert, sich an diesem Tag ihrer gewöhnlichen Beschäftigung zu enthalten und sich an den Orten ihrer Gottesdienste zum demütigen Gebet zu versammeln». Als die Heuschrecken wenige Tage nach dem Fasten und Beten des 3. Juni starben oder wegflogen, spendete man der

Handlungsweise des Gouverneurs allgemein Beifall. Seine Wiederwahl war gesichert, und er hielt es nicht für nötig zu erwähnen, daß er einige Tage vor Bekanntgabe der Anordnung den genauen Bericht eines Insektenforschers erhalten hatte, in dem vorausgesagt wurde, die Heuschrecken würden Missouri Anfang Juni verlassen.

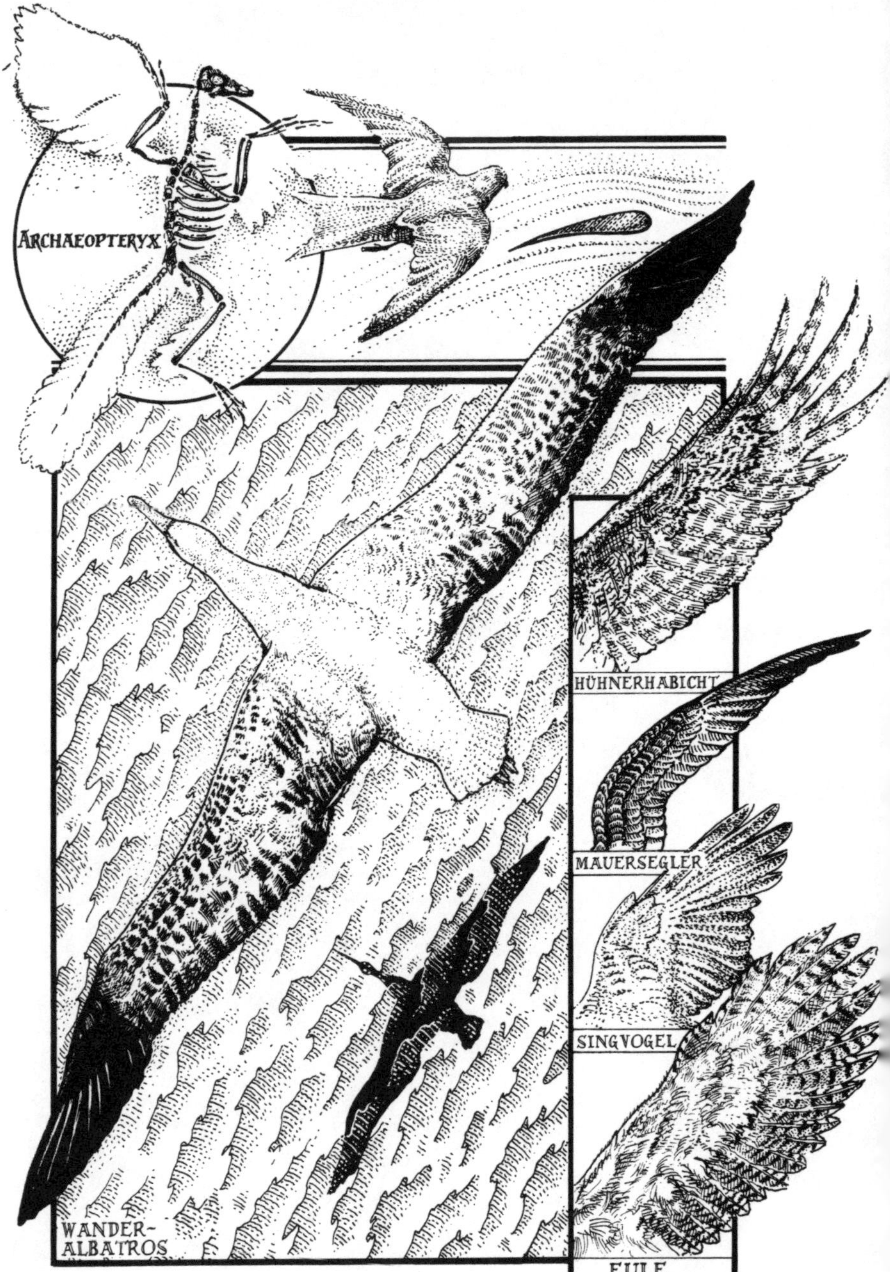
ARCHAEOPTERYX
HÜHNERHABICHT
MAUERSEGLER
SINGVOGEL
WANDER-
ALBATROS
EULE

Wie Vögel fliegen

Die Wanderungen der Vögel und Insekten mögen eindrucksvoll sein, aber nicht weniger eindrucksvoll ist das Fliegen selbst. Auf der Erde fliegen Lebewesen, seit die ersten Nachkommen der Dinosaurier in die Höhe sprangen oder sich von Bäumen und Felsen fallen ließen, um durch Gleitflug ihren Feinden zu entkommen oder Nahrung zu suchen. Einige fliegende Reptilien trieben diese Fähigkeit noch einen Schritt weiter: Sie lernten, über immer größere Entfernungen zu gleiten. Manche, zum Beispiel die Flugsaurier mit ihren zwölf Metern Flügelspannweite, müssen fliegende Ungeheuer gewesen sein.

Deutliche Fortschritte in der Evolution der Vögel gab es offensichtlich erst mit dem *Archaeopteryx*, einem gefiederten und vermutlich warmblütigen Flugtier der Jurazeit vor etwa 150 Millionen Jahren. Der taubengroße *Archaeopteryx* hatte aufgrund seines Stoffwechsels mehr Kraft für das anstrengende Fliegen, aber er war auch kälteempfindlicher. Aus seinen Schuppen entwickelten sich im Laufe der Zeit die ersten Federn.

Die Anatomie der Vögel hat in allen Einzelheiten mit dem Fliegen zu tun. Vögel sind mit hohlen, biegsamen Knochen ausgestattet, und das Skelett, das sie bilden, ist so geformt und verstärkt, daß es den Belastungen beim Fliegen standhält. Ihr Körper hat eine elegante, aerodynamische Gestalt. Sie besitzen keinen raffinierten – und deshalb schweren – Fortpflanzungsorgane. Die Federn, die praktisch nichts wiegen, dienen der Wärmeisolierung und sorgen für aerodynamischen Auftrieb. Bei vielen Arten findet man Luftsäcke unter der Haut sowie zwischen Muskeln und inneren Organen. Da das Fliegen viel Energie erfordert und die Körpertemperatur hoch bleiben muß, ist die Lunge der Vögel von Kanälen durchzogen, an die diese Säcke überall im Körper angeschlossen sind – ein inneres Lüftungssystem. Beim Fliegen strömt die Luft im wahrsten Sinne des Wortes durch den Körper des Vogels: Sie kühlt ihn, transportiert überschüssige Feuchtigkeit ab und tauscht Kohlendioxid gegen Sauerstoff aus. Selbst ein scheinbar so wenig eleganter Vogel wie der Pelikan ist eigentlich ein fliegendes Wunderwerk: Alle Knochen des etwa 11 Kilogramm schweren Vogels wiegen zusammengenommen nur 652 Gramm.

Die Konstrukteure der ersten Flugzeuge verwendeten viel Zeit auf die Untersuchung der Frage, wie ein Vogel sich mit Hilfe der Flügel in die Luft erhebt. Wie sie schließlich feststellten, liegt das Geheimnis in dem speziellen Tragflächenprofil. Der Flügel eines Vogels – und auch eines Flugzeugs — ist im Querschnitt an der Vorderseite abgerundet und stumpf, oben gewölbt, unten konkav und an der Hinterkante spitz zulaufend. Durch diese Form fließt die Luft schnell über die Oberseite und langsamer an der Unterseite vorbei, so daß unten ein Überdruck und damit der Auftrieb entsteht. Der Flügel trägt, solange über und unter ihm Luft strömt.

Der Auftrieb, der durch diese Flügelform entsteht, ermöglicht vier Arten des Vogelfluges. Beim *Gleitflug* bleiben die Flügel ruhig, und er führt letztlich immer nach unten, denn ohne Schub reicht der Auftrieb nicht aus, um die Schwerkraft völlig auszugleichen. Gleitet der Vogel über starke, aufsteigende Warmluftströmungen – die gleichen Strömungen lassen auch die Schönwetter-Haufenwolken entstehen –, kann er vom Gleitflug zum *Segelflug* übergehen und – meist in Spiralen – nach oben steigen, soweit die Strömung reicht. Um in der Luft zu bleiben und ohne Thermik an Höhe zu gewinnen, muß der Vogel mit den Flügeln schlagen. Das *Flattern* ist ein komplizierter körperlicher Vorgang, der etwas Einfaches bewirkt: Luft wird nach unten und hinten gedrückt, so daß der Vogel sich aufwärts und vorwärts bewegt. Die Federn der äußeren Flügelteile bleiben beim Abwärtsschlag flach und luftdicht, und dann, bei der Aufwärtsbewegung, öffnen sie sich ein wenig, um Luft durchzulassen. Beim vierten Typ des Fliegens, dem *Schwirren*, bleibt der Vogel in der Luft stehen, entweder indem er die Flügel vom Körper aus in Achterfiguren rotieren läßt, wie die Kolibris es tun, oder indem er den Körper waagerecht hält und schnell mit den Flügeln schlägt, wobei die Schwanzfedern durch Öffnen und Schließen als Hindernis dienen – dieser Methode bedienen sich Turmfalken, Eisvögel und viele andere Vögel, wenn sie jagen.

Da die einzelnen Vogelarten unterschiedliche Bedürfnisse haben, schwanken Form und Konstruktionsprinzipien der Flügel erheblich. Adler, Habichte und Geier, die oft über offenem Gelände gleiten und segeln, besitzen breite, lange Flügel, die mit einem Minimum an Schlägen ein Maximum an Auftrieb erzeugen. Falken und Mauersegler, die sich in offener Landschaft von schnell beweglicher Beute ernähren, brauchen lange, spitz zulaufende Flügel, die den Vogel bei möglichst geringem Luftwiderstand schnell vorantreiben. Waldvögel wie Moorhühner und viele Singvögel, die schnell und zwischen vielen Hindernissen über kurze Strecken fliegen müssen, haben kurze, abgerundete Flügel. Bei den Eulen, die in der Stille der Nacht jagen, haben sich Flügel mit besonderen, gefransten Federn an der Vorderkante und weicheren, lockeren Federn am Hinterende entwickelt, die ein praktisch geräuschloses Fliegen ermöglichen.

Fliegen ist die anstrengendste Tätigkeit im Tierreich, und deshalb ist es sehr sinnvoll, daß Vögel die Brennstoffe möglichst gut ausnutzen. Ein Weg, wie sie die aufgenommenen Kalorien möglichst effizient einsetzen, ist ein sparsames Flugverhalten. Viele Vögel wechseln zwischen Gleiten und Flattern. Der Gleitflug dauert bei den einzelnen Arten unterschiedlich lange, und er schwankt auch mit Richtung und Stärke des Windes, aber im typischen Fall schlägt ein Vogel ein- oder zweimal mit den Flügeln, um dann wieder zu gleiten; dieser Ablauf wiederholt sich, so daß sich ein schwankender Flug ergibt, der weitaus effizienter ist als ständiges Flügelschlagen.

Die meisten kleinen Vögel können nur über sehr kurze Entfernungen gleiten, und deshalb bedienen sie sich eines seltsam hüpfenden Fluges, der wahrscheinlich immer noch effizienter ist als das ständige Flattern. Nachdem sie kurze Zeit heftig mit den Flügeln geschlagen haben, legen sie die Flügel dicht an den Körper, um den Luftwiderstand zu verringern und durch die Luft zu sausen. Dabei verlieren sie an Höhe, steigen mit ein paar Flügelschlägen wieder auf und lassen sich dann erneut fallen. Dieses charakteristische Flugverhalten beobachtet man bei Spatzen, Finken, Grasmücken, Spechten und vielen anderen kleinen Vögeln.

Wildgänse und Kraniche sparen auf ihren langen Flügen Energie durch die V-förmige Formation. Die Flügel erzeugen einen Auftrieb, der sich nach hinten ausbreitet. Der nächste Vogel, der in diesen Bereich gelangt, weil seine Flügel sich unmittelbar hinter denen des vor ihm fliegenden Artgenossen befinden, findet einen geringeren Luftwiderstand vor und braucht deshalb weniger Kraft zum Fliegen.

Meeresvögel wie Möwen, Pelikane, Sturmtaucher und Albatrosse nutzen das aerodynamische Phänomen des Bodeneffekts, um die Effizienz des Fliegens zu steigern. Der Bodeneffekt tritt ein, wenn ein Vogel – oder ein Flugzeug – über Boden oder Wasser in einer Höhe fliegt, die geringer ist als seine Flügelspannweite. Die Luft, die zwischen Boden und Flügel hindurchströmt, vermindert den Luftwiderstand und ermöglicht ein leichteres, brennstoffsparendes Fliegen.

Der effizienteste Flugstil überhaupt ist das Segeln, und der König der Segelflieger ist der Albatros, der geheimnisvolle Meeresvogel in Coleridges «Rime of the Ancient Mariner». Der Wanderalbatros im Südatlantik ist mit einer Flügelspannweite von drei Metern und mehr der größte lebende Vogel. Die jungen Albatrosse verlassen die subantarktischen Südgeorgien-, Prinz-Eduard- und Antipoden-Inseln, wo sie schlüpfen und aufwachsen, und dann gehen sie unter Umständen erst wieder an Land, wenn sie zwei Jahre später paarungsbereit sind. Einen großen Teil dieser Zeit in der Luft verbringen sie mit Segelfliegen.

Da es sehr schwierig ist, Vögel auf dem offenen Meer zu beobachten, weiß man über die Albatrosse relativ wenig. Der englische Dichter Oliver Goldsmith war fasziniert von ihrer Fähigkeit, offenbar unbegrenzt lange in der Luft zu bleiben, und schrieb über die Frage des Schlafes: «Nachts, wenn der Schlummer sie überfällt, steigen sie in die Wolken, so hoch sie nur können; dort stecken sie den Kopf unter einen Flügel, schlagen mit dem anderen die Luft und machen es sich bequem.

Verläßlicheren Beobachtungen zufolge ruhen sich die Albatrosse bei Windstille auf dem Wasser aus, und wenn Wind aufkommt, erheben sie sich in die Luft. Nach anderen Berichten sind sie aerodynamisch so effizient, daß sie im Flug schlafen können, und zwar nicht, indem sie abwechselnd mit einem Flügel schlagen und den anderen ausruhen lassen, sondern indem sie die senkrechten Luftströmungen ausnutzen, die von den Wellen erzeugt werden; auf ihnen kann der Vogel mit einem einzigen Flügelschlag tagelang gleiten. Man hat Wanderalbatrosse mit Radiosendern markiert und auf diese Weise festgestellt, daß sie auf der Suche nach Nahrung weite Strecken über das Meer fliegen, während der Partner geduldig im Nest wartet; dabei erreichen sie Geschwindigkeiten bis zu 80 Stundenkilometern, und bevor sie zum Nest zurückkehren, legen sie bis zu 15000 Kilometer zurück.

Das Geheimnis des scheinbar mühelosen Fluges der Albatrosse nennt man «dynamisches Segeln». Sogar Goldsmith bemerkte, daß die Vögel «nach Belieben abwechselnd aufsteigen und absinken»: Sie erheben sich hoch über deas Meer, gleiten abwärts, bis die Flügelspitzen manchmal durchs Wasser pflügen, um dann wieder Höhe zu gewinnen – und alles fast immer ohne Flügelschlag. Dieser ständige Gleitflug gelingt ihnen, weil der Wind, der auf Seehöhe durch die Reibung an den Wellen gebremst wird, mit der Höhe zunimmt, so daß die Flügel des Vogels beim Hochsteigen stärkeren Auftrieb erhalten.

Der junge Albatros bleibt neun bis zwölf Monate lang im Nest, länger als alle anderen Vögel; der Grund ist möglicherweise die komplizierte Anordnung der Federn und Muskeln, die er als ausgewachsener Vogel braucht. Das Jungtier schlüpft im Sommer, verbringt den Winter im Nest und unternimmt erst im folgenden Sommer die ersten Flugversuche; nach vielem Strecken, Flattern, Laufen und Springen erhebt er sich schließlich in die Luft, sein eigentliches Element.

Fressen im Flug

Wenn es kommt, kommt es ohne Vorwarnung. Die Trauertaube, die auf dem Weg zu ihrem Nistplatz über offenes Gelände fliegt, nimmt die drohende Gefahr vermutlich wahr, aber dann ist es schon zu spät. Ein Wanderfalke verfolgt sie von hinten, ein paar hundert Meter über ihr, und dann stößt er herab: Er faltet die Flügel zusammen, so daß sein Körper die aerodynamische Form einer Gewehrkugel annimmt, und läßt sich fallen. Dabei erreicht er eine Höchstgeschwindigkeit von 200 oder vielleicht auch 280 Stundenkilometern. Kurz vor dem Aufprall streckt er die Füße nach vorn, so daß sie die Taube von hinten greifen. Die Taube wird durch den Zusammenstoß sofort getötet und taumelt in einer Wolke ausgerissener Federn zu Boden.

Für Vögel mit geschickten Flugkünsten ist der Himmel eine reichhaltige Nahrungsquelle. Wanderfalken und einige andere Raubvögel sind so schnell, daß sie andere Vögel jagen können, aber die Mehrzahl der Arten, die im Flug fressen, ernähren sich von Insekten. Mauersegler, Schwalben und Mauerschwalben sind die fliegenden, gleitenden, herabstoßenden Jäger der Luft, die darauf eingestellt sind, sehr plötzlich die Richtung zu wechseln oder sich praktisch auf den Rücken zu drehen, um ein Fluginsekt zu erlegen. Sie verbringen den größten Teil des Tages im Flug, insbesondere während der Nistzeit, wenn sie sich sehr anstrengen müssen, um die Jungen ausreichend mit leckeren Insekten zu versorgen. Der europäische Mauersegler legt gewöhnlich jeden Tag über 800 Kilometer zurück, um Insekten als Nahrung für seinen Nachwuchs zu jagen.

Anpassung führt zu neuer Anpassung. Als die Insekten sich auf nächtliche Aktivität verlegten, um den Vögeln zu entgehen, die tagsüber Jagd auf sie machten, veranlaßte das manche Vögel, ebenfalls nachts zu jagen. Die Ziegenmelker, eine große Vogelfamilie, zu der unter anderem der Schreiende Ziegenmelker und der Amerikanische Ziegenmelker gehören, haben bemerkenswerte Flugfähigkeiten entwickelt, so daß sie länger in der Luft bleiben können als die meisten anderen Vogelarten. Am auffälligsten ist dabei die Art, wie sie Insekten im Flug fangen. Die Ziegenmelker sind mit einem kurzen, lippenähnlichen Schnabel ausgestattet, den sie sehr weit aufreißen können, und wenn der Vogel mit offenen Schnabel fliegt, siebt er gewissermaßen die Insekten aus der Luft, ganz ähnlich wie ein Bartenwal, der die Krillkrebse aus dem Meerwasser filtert.

Synchronflug

Im nördlichen Mittelwesten der USA finden sich die Stare im Frühherbst zu Schwärmen zusammen, um sich auf den Zug nach Süden vorzubereiten. Jeden Abend erheben sich die Vögel, die den Tag fressend auf Äckern, Wiesen und den Parkplätzen von Einkaufszentren zugebracht haben, in die Luft; in breiten Schwärmen, die sich wellenförmig bewegen, steuern sie für die Nacht ihre Nistplätze an. Wenn sie mit 40 bis 55 Stundenkilometern dahinrauschen, wenden sie sich alle erst in die eine, dann in die andere Richtung, koordiniert wie eine Ballettruppe. Jedes Kind, das einen solchen Schwarm beobachtet, stellt die gleiche Frage: «Wieso drehen sie sich alle gleichzeitig?»

Vögel bilden aus dem gleichen Grund Schwärme wie Fische: um sich vor natürlichen Feinden zu schützen. Die plötzliche Kehrtwendung so vieler Einzeltiere verwirrt einen angreifenden Verfolger, so daß er blind in die Menge greift, statt sich ein einzelnes Exemplar auszusuchen. Dabei trifft es gewöhnlich die schwächeren Nachzügler am Ende des Schwarms. Ein paar werden geopfert, aber die Mehrzahl ist in Sicherheit.

Dennoch bleibt die Frage: wie kann eine Gruppe eng nebeneinander fliegender Vögel scheinbar unvermittelt umschwenken, abtauchen, herabstürzen und in Schräglage gehen, ohne daß es Zusammenstöße gibt? Lange Zeit nahm man an, ein Leittier gebe seine Absicht bekannt, erst nach links, dann nach rechts und dann wieder nach links zu fliegen, so daß der Schwarm wie von einem Dirigenten geführt wird, aber diese Theorie mußte man verwerfen, als man in Serienfotos von Vogelschwärmen erkannte, daß das Leittier ständig wechselt. Der Naturforscher Henry Beston beobachtete schwarmbildende Meeresvögel und fragte sich: «Fließt durch sie und zwischen ihnen ein Strom, wenn sie fliegen?» Diese Idee wurde inzwischen zu einer – allerdings unbewiesenen – Theorie verfeinert: Danach können Vögel, Fische und andere gruppenbildende Tiere mit Hilfe elektromagnetischer Wellen sehr schnell biologische Informationen austauschen. Nach dieser Theorie gelangt die Entscheidung, nach links oder rechts zu schwenken, praktisch mit Lichtgeschwindigkeit zu allen Vögeln des Schwarms. Entsteht eine Meinungsverschiedenheit, weil einige Vögel eine Rechtsdrehung, andere dagegen einen Schwenk nach links signalisieren, teilt sich der Schwarm, um sich im nächsten Augenblick wieder zu vereinigen, wie Wasser, das durch Sand fließt.

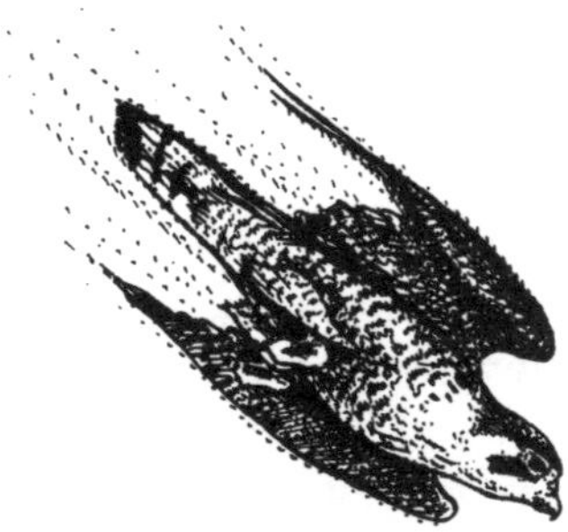

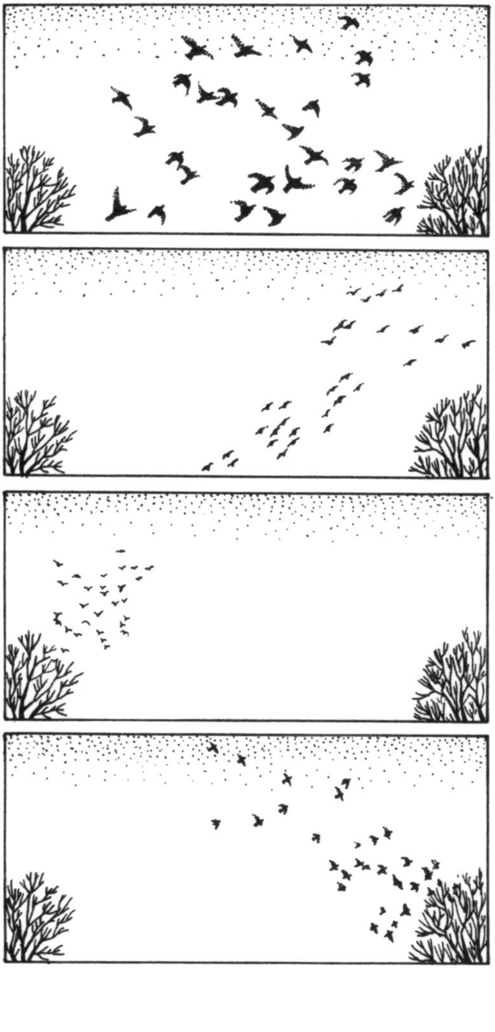

Andere Forschungsarbeiten kreisen um die mathematische Chaostheorie; dabei untersucht man, ob sich die Verhaltensweisen von Vogelschwärmen im Computer nachvollziehen lassen, wenn man ihn so programmiert hat, daß er einigen vorbestimmten Regeln folgt. Frank H. Heppner, ein Zoologe der University of Rhode Island, beschäftigt sich seit über zwanzig Jahren mit dem Rätsel des synchronen Verhaltens von Tierschwärmen; er stellte vier Regeln auf, die sich auf fliegende Vögel anwenden lassen: 1. Vögel werden von einem Brennpunkt angezogen, beispielsweise von einem Nistplatz, und je mehr sie sich diesem Ort nähern, desto stärker wird die Anziehungskraft; 2. Vögel ziehen sich gegenseitig an (weil eine größere Zahl mehr Sicherheit bedeutet), aber wenn sie sich zu nahe kommen, entsteht eine Abstoßung, damit Zusammenstöße vermieden werden; 3. Vögel sind bestrebt, eine konstante Geschwindigkeit einzuhalten; 4. die Flugroute eines Vogels kann sich durch zufällige Einflüsse ändern, beispielsweise durch Windböen oder durch den plötzlich auftauchenden Schatten eines Raubvogels. Heppner programmierte einen Computer mit diesen Regeln und versetzte auf dem Bildschirm eine Gruppe von Figuren in Bewegung, die einen Vogelschwarm darstellen sollten; ihre Bewegung ähnelte tatsächlich stark dem Flugverhalten wirklicher Vögel.

Diese Forschungsergebnisse sind noch nicht schlüssig, aber sie legen die Vermutung nahe, daß die Vögel in der gleichen Situation von den gleichen Bedürfnissen und Ängsten getrieben werden. Wenn diese Vögel einen Schwarm bilden und fliegen, zeigt ihr Verhalten eine schöne, energiegeladene Übereinstimmung.

Wenn Insekten fliegen

In meinen Träumen vom Fliegen habe ich die Anmut eines Mauerseglers und die Geschwindigkeit eines Wanderfalken, aber wenn ich in der Luft wirklich Spitzenleistungen vollbringen wollte, würde ich mir die Geschicklichkeit einer Stubenfliege wünschen. Insekten sind die besten Flieger der Welt, denn sie hatten viele hundert Millionen Jahre – viel länger als die Vögel – Zeit, ihre Technik zu vervollkommnen und spezielle anatomische Eigenschaften zu entwickeln. Die Flügel der Insekten sind keine abgewandelten Gliedmaßen wie bei allen anderen Flugtieren, sondern ausschließlich zum Fliegen konstruiert. Sie sind mit Chitin bedeckt, dem gleichen leichten, widerstandsfähigen Material, aus dem auch das Außenskelett der Insekten besteht; verstärkt sind sie durch die Röhren der Flügeladern, und zur Bewegung dienen kräftige Brustmuskeln, so daß die Flügel zu einem unglaublich wirkungsvollen Hilfsmittel werden. Die schnellste körperliche Tätigkeit, die man bei Lebewesen kennt, ist der Flügelschlag der gewöhnlichen Mücke. Sie schlägt normalerweise 57000mal in der Minute, das sind 950 Schläge in der Sekunde; zum Vergleich: Eine Honigbiene schlägt 250mal und ein rotkehliger Kolibri 75mal in der Sekunde mit den Flügeln. Im Notfall kann die Mücke die Schlagfrequenz sogar bis auf 2000 Schläge pro Sekunde steigern.

Insekten gab es schon in Hülle und Fülle, als die ersten Amphibien auftauchten. Die Fähigkeit zum Fliegen schützte sie vor

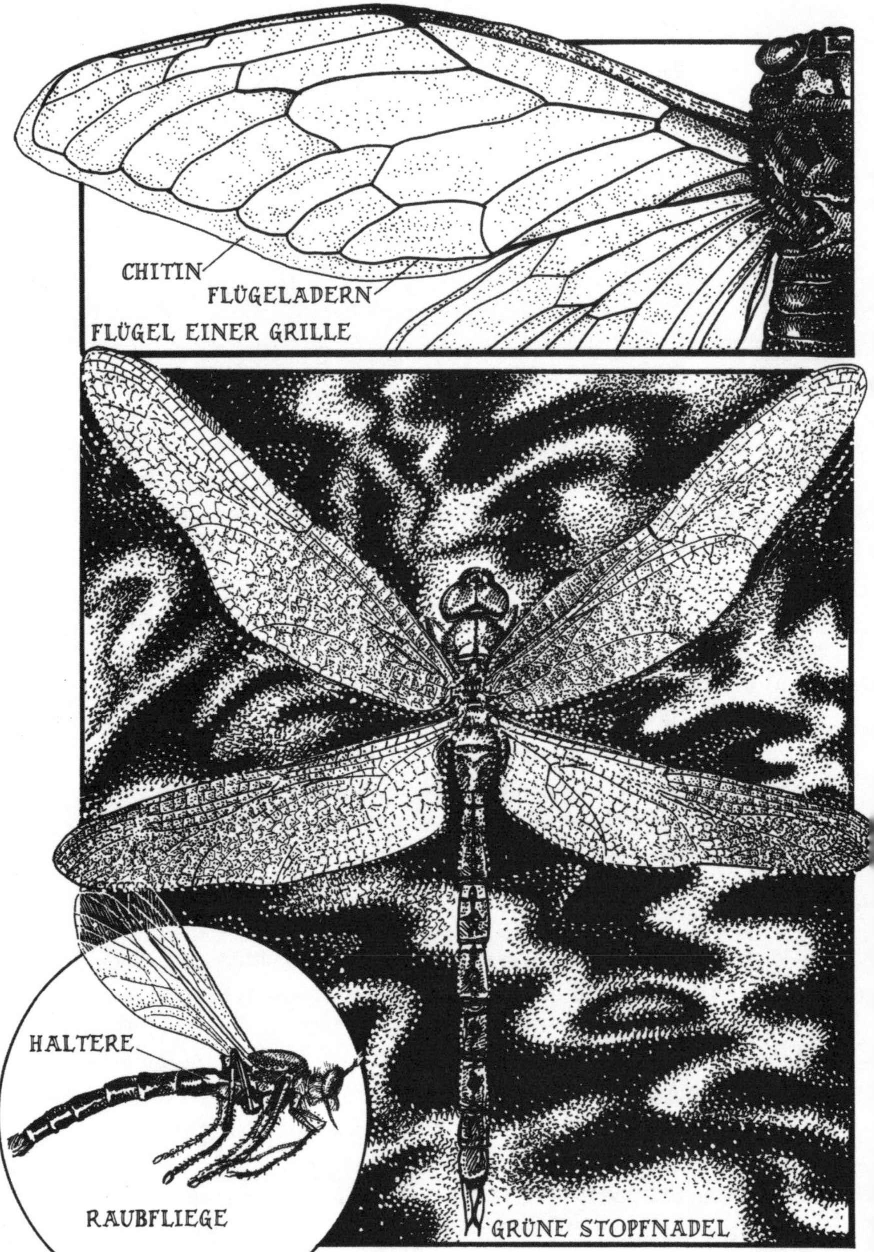
CHITIN
FLÜGELADERN
FLÜGEL EINER GRILLE
HALTERE
RAUBFLIEGE
GRÜNE STOPFNADEL

den insektenfressenden Dinosauriern, bis auch diese lernten, zu springen und zu gleiten, und sich schließlich selbst zu Flugtieren entwickelten. Den Fossilfunden zufolge rotteten die ersten Vögel wahrscheinlich in kurzer Zeit viele Arten langsam fliegender und ansonsten wehrloser Insekten aus. Um sich weiterhin zu schützen, entwickelten die Insekten daraufhin andere Strategien wie Tarnung, geringe Größe, Nachtaktivität und einen schnellen, schwer faßbaren Flug.

Das schnelle Fliegen erwies sich auch für die Libelle, eines der ältesten Fluginsekten, als wirksamer Schutz. Die Libellen haben sich kaum verändert, seit ihre Vorfahren vor 250 Millionen Jahren im Urwald jagten, und die 4700 Arten, die es heute auf der Welt gibt, sind nach wie vor gefürchtete Feinde der kleineren Fluginsekten, die selbst ihren Verfolgern gut entgehen können. Die Insektenforscher bezeichnen die Libellen auch als *Palaeoptera* («Altflügler»), weil sie im Gegensatz zu den später entstandenen Insektenarten nicht in der Lage sind, ihre beiden Flügelpaare nach hinten zu klappen, so daß sie am Körper anliegen; Libellen müssen die Flügel auch im Ruhezustand immer ausgebreitet halten. Ihre Flugmuskeln sind auf beiden Seiten an der Flügelbasis befestigt, so daß die Flügel eine relativ geringe Bewegungsfreiheit und eine Schlagfrequenz von nur etwa 30 Schlägen pro Minute erreichen. Aber da die Flugmuskulatur sehr stark ist und da die Flügel in der Nähe des Schwerpunktes am Körper ansetzen, sind Libellen zu verblüffender Luftakrobatik fähig. Sie können steil nach oben schießen, schweben, seitlich davonsausen und auf bis zu 50 Stundenkilometer beschleunigen, mitten im Flug die Richtung ändern, augenblicklich anhalten und rückwärts fliegen.

Libellen haben ein ausgezeichnetes Sehvermögen, denn ihre großen, vorstehenden Augen bestehen aus bis zu 20000 Facetten, die in alle Richtungen blicken; mit ihnen erkennen sie aus bis zu 40 Meter Entfernung große und kleine Mücken, Fliegen und andere kleine Fluginsekten. Ihre nach vorn ragenden Beine, die dicht nebeneinander am Vorderende des Brustsegments liegen, sind wie ein Korb angeordnet, so daß sie die Beute gut einfangen und in den Mund befördern können. Insgesamt sind die Libellen so gut an das Leben als fliegende Räuber angepaßt, daß sie die Beine zum Gehen fast nicht gebrauchen können.

Wegen ihres bedrohlichen Aussehens hat man den Libellen, die für den Menschen ungefährlich sind, alle möglichen gräßlichen Fähigkeiten zugeschrieben. Dem Wunschdenken entsprach wohl die Vorstellung, sie könnten fluchenden Männern und zänkischen Frauen den Mund verschließen oder Menschen, die gern Klatsch hörten, die Ohren zunähen. Nach einer Legende auf der englischen Insel Wight führen Libellen einen Jungen, der etwas Gutes getan hat, an Stellen, wo man viele Fische fangen kann, während sie unartige Jungen stechen. Den Japanern gelten Libellen als Glücksbringer und als Symbol des Sieges im Kampf, und deshalb freuen sie sich immer, wenn sie eine Libelle im Garten fliegen sehen. An der Küste des Südchinesischen Meers dagegen betrachtet man sie als die unseligen Vorboten eines Taifuns.

Der Zusammenhang mit schlechtem Wetter dürfte eine reale Grundlage haben, zumindest bei einer südamerikanischen Art, die manchmal in großen Zahlen vor dem kalten Pamperowind herzieht, der in regelmäßigen Abständen über die Ebenen Argentiniens fegt. Nach einem Bericht des Naturforschers W. H. Hudson «tauchen diese Libellen fünf bis 15 Minuten vor dem Einsetzen des Windes auf; und wenn sie in großer Zahl auftreten, ist die Luft... in einer Höhe von zehn bis zwölf Fuß plötzlich voll von ihnen; sie rasen mit außerordentlicher Geschwindigkeit in nordöstlicher Richtung vorüber... Von den zahllosen Millionen, die vor dem großen Pampero wie Distelwolle vorüberfliegen, kommt keine einzige jemals zurück.» Eine andere Art wandernder Libellen, die in Australien lebt, legt ihre Eier in vorübergehenden Tümpeln ab und wandert dann, um neue Pfützen zu finden; sie fliegt so gerne lange Strecken, daß man einen Schwarm dieser Tiere 1500 Kilometer vor der australischen Küste beobachten konnte. Eine nordamerikanische Libellenart wandert in nördlicher Richtung bis nach Kanada, um sich fortzupflanzen. Wenn es dort im September und Oktober kalt wird, fliegen die Jungen wieder nach Süden; manchmal kann man beobachten, wie sie sich mit Wanderfalken und Singvögeln auf Thermik und Rückenwind treiben lassen.

Wenn man nachts eine Mücke im Zimmer hat, hört man das Summen so laut, weil dieses Tier ein schwirrendes Energiebündel ist: Es schlägt 600mal in der Sekunde mit den Flügeln. Mücken gehören zusammen mit den anderen Zweiflüglern (Diptera) zu den schnellsten, lebhaftesten und aktivsten Fluginsekten. Für Pferdebremsen sind 50 Stundenkilometer eine völlig normale Geschwindigkeit, und sie können wahrscheinlich auch Tempo 60 erreichen. Andere Fliegen können längere Zeit an einer Stelle schweben und rückwärts fliegen. Zu den eindrucksvollsten Flugkünstlern gehört eine parasitisch lebende Fliege, die ihre Eier im Flug in den Hinterleib einer Biene ablegt.

Daß Fliegen solche Flugkünstler sind, liegt an einer seltsamen Anpassung ihrer Flügel. Während viele andere Insekten über zwei Flügelpaare verfügen, besitzen sie nur ein Paar funktionsfähiger Flügel. Das zweite, hintere Paar ist zu zwei speziell abgewandelten Strukturen geworden, den Schwingkölbchen oder Halteren. Sie sehen wie winzige Keulen aus, die mit dem Griff hinter den Vorderflügeln am Brustabschnitt befestigt sind. Beim Fliegen schwingen die Halteren wie Flügel schnell hin und her, aber sie treiben das Insekt nicht vorwärts, sondern übermitteln der Fliege raffinierte Informationen, die ihr bei der Flugsteuerung helfen: Sie sagen ihr, wann sie bei Wind gegenlenken muß und wie die komplizierten Bewegungen auszuführen sind, wenn sie zum Beispiel kopfüber an einer Zimmerdecke landet.

Wohl kein anderes geflügeltes Lebewesen hat Dichter zu so hochfliegenden Empfindungen inspiriert wie die Schmetterlinge. Walt Whitman beschreibt sie in *Spacimen Days* so:

> Mit ihrem Tauchen und Taumeln geben sie der Szenerie eine seltsame Beweglichkeit. Die schönen, vergeistigten Insekten! Strohfarbene Göttinnen der Seele! Gelegentlich verläßt einer seine Gefährten und steigt einmal in Spiralen, ein anderes Mal in gerader Linie in die Höhe, und dabei flattert er nach oben, bis er buchstäblich außer Sichtweite ist. Auf dem Weg, den ich gerade entlangkam, bemerkte ich einen Fleck von etwa zehn Quadratfuß, auf dem sich über hundert von ihnen versammelt hatten und sich mit Rast, Kreistanz oder Schmetterlingsvergnügungen beschäftigten: Sie wanden und drehten sich abwärts und quer, aber immer innerhalb der Grenzen.

Die zarte, zerbrechliche Schönheit fliegender Schmetterlinge war der Grund, daß die alten Griechen der menschlichen Seele, die sie Psyche nannten, die Gestalt eines Schmetterlings zuschrieben (und das wiederum veranlaßte die Insektenforscher, eine Familie der Motten auf den Namen *Psychidae* zu taufen). Nach einer Legende der Pima-Indianer in Nordamerika flog der Schöpfer als Schmetterling über die Erde, um nach einem Ort zu suchen, wo die Menschen leben konnten. In Nordasien band man einem Kranken einen Schmetterling oder eine Motte um den Hals, um die entschwindende Seele zu ersetzen, die den Körper verlassen und so die Krankheit verursacht hatte. Nach dem Glauben der Iren war ein Schmetterling, der über einem Leichnam flatterte, ein Zeichen, daß die Seele des Verstorbenen ewige Freude erlebte. Nach der christlichen Theologie muß jeder Mensch drei Stadien durchlaufen: zunächst das Leben, das durch die Raupe symbolisiert wird, und den Tod, dargestellt durch die Puppe; dann erst kann er als geflügelter, prächtig gefärbter Schmetterling wiederauferstehen. In China war der Schmetterling seit alter Zeit ein Symbol für ein langes Leben und damit auch ein bevorzugtes Objekt für Künstler und Dichter. Weniger angenehm war eine Vorstellung in Teilen Schottlands: Dort galten Schmetterlinge als die Seelen der Hexen. Für ein schlechtes Omen hielt man sie auch in Cambridgeshire, Bulgarien und der Ukraine. Der Totenkopffalter mit seiner schädel-

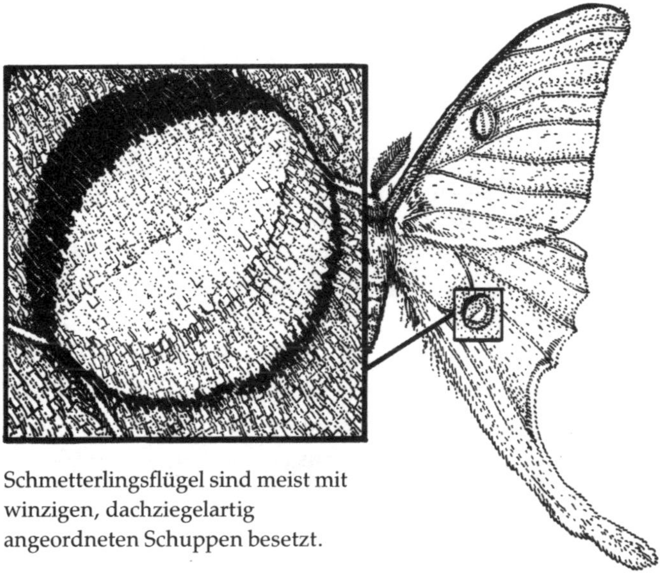

Schmetterlingsflügel sind meist mit winzigen, dachziegelartig angeordneten Schuppen besetzt.

ähnlichen Körperzeichnung und seiner ungewöhnlichen Fähigkeit, zirpende Laute zu erzeugen, galt überall in Europa als böse.

Schmetterlinge und Motten gehören zur Ordnung der Lepidoptera (griechisch für «Schuppenflügler»). Die Schuppen, die als feiner Staub an den Fingern hängenbleiben, sind wie Dachziegel übereinander angeordnet und dienen dazu, die Flügel zu schützen und zu färben. Sie sind unvorstellbar raffiniert aufgebaut und winzig klein: Bei einem brasilianischen Schmetterling liegen auf jedem Quadratzentimeter Flügelfläche 50 Schuppenreihen aus jeweils 240 Schuppen, insgesamt also 12000 Schuppen.

Kaum ein anderes Lebewesen ist so gut an das Fliegen angepaßt wie Schmetterlinge und Motten. Vor allem die Schmetterlinge haben unverhältnismäßig große Flügel – bei einem Schmetterling, der ungefähr soviel wiegt wie eine Biene, sind die Flügel etwa 20mal größer; im Verhältnis zur Körpergröße sind die Flügel bei ihnen umfangreicher als bei allen anderen Insekten. Sie scheinen eigentlich nur aus Flügeln zu bestehen, der Körper ist nur ein kleines Scharnier, das sie zusammenhält. Sie fliegen langsam, unregelmäßig und fast mühelos, anders als manche Motten und Schwärmer, die mit ihren langen, schmalen Flügeln schnell dahinschießen.

Die Flügel der Insekten gehören zu den größten Ingenieurkunststücken der Natur. Sie sind im Laufe der Evolution zu komplizierten und unglaublich haltbaren, biegsamen und zweckmäßigen Strukturen geworden. Den Gleitflug wie bei den Vögeln gibt es bei Insekten kaum: Sie müssen ständig mit den Flügeln schlagen, um Auftrieb zu erzeugen und in der Luft zu bleiben. Während des Fliegens können sie die Flügel auf unterschiedliche Art verdrehen und einstellen, um größere Effizienz zu erreichen. Bei jedem Schlag korrigieren sie durch Drehen den «Anstellwinkel», so daß ein ähnlicher aerodynamischer Effekt entsteht wie bei einem gebogenen Propellerblatt. Sie verändern die Wölbung zwischen Vorder- und Hinterkante, um den Auftrieb zu verstärken oder abzuschwächen. Und die Flügelfläche, die der Luft ausgesetzt ist, variieren sie zum Beispiel durch unterschiedlich starkes Übereinanderschieben der Vorder- und Hinterflügel. Die Kraft vermehren sie durch Verstärkung des Abwärts- und Abschwächung des Aufwärtsschlages. Und das alles können sie gleichzeitig tun.

Da ist es kein Wunder, daß Libellen der Schwalbe und Stubenfliegen der Fliegenklatsche entgehen. Unter den Flugtieren gelten Insekten oft als unterlegene, einfachere Geschöpfe, im Gegensatz zu Vögeln. Wer mit dem Adler segeln will, tut vielleicht gut daran, auch einmal in kleineren Maßstäben zu denken.

Säuger, Fische und andere Flugtiere

Der Himmel ist nicht die ausschließliche Domäne von Vögeln, Insekten und Flugzeugen. In allen Wirbeltierklassen gibt es Arten, die fliegen oder zumindest durch die Luft gleiten, um Verfolgern zu entgehen, Beute zu jagen oder sich effizienter fortzubewegen.

Die einzigen Tiere neben Insekten und Vögeln, die wirklich fliegen können, sind die Fledermäuse. Mit ihren weltweit etwa 1000 Arten bilden sie die große Ordnung der *Chiroptera* («Handflügler»). Diesen Namen tragen sie, weil die Knochen in den Flügeln der Fledermäuse denen in der menschlichen Hand entsprechen. Das Größenspektrum reicht von der Größe einer Hummel bis zu den gewaltigen Flughunden mit einer Flügelspannweite von über eineinhalb Metern. Etwa 70 Prozent aller Fledermausarten sind Insektenfresser; die übrigen ernähren sich meist von Obst oder Blütennektar. Einige Arten fressen auch Frösche oder Eidechsen, mindestens eine bevorzugt Fische, die sie sich mit den klauenbewehrten Füßen aus Seen und Flüssen angelt, und eine südamerikanische Art saugt Blut bei schlafenden Säugetieren.

Die Flügel der Fledermäuse bestehen aus einer dünnen Haut; sie ist an einem Gerüst aufgehängt, das in seinem Aufbau einer menschlichen Hand ähnelt, und deshalb sind die Fledermäuse beim Fliegen sogar wendiger als Mauersegler oder Kolibris. Sie sind nicht die schnellsten Flieger, aber sie sind so gewandt, daß

FLATTER-
MAKI
FLUGHUND
FLIEGENDER FISCH AUS DEM ATLANTIK

sie sich bei Höchstgeschwindigkeit auf einer Strecke von nicht einmal der eigenen Körperlänge um 90 Grad drehen können. Die große Flügeloberfläche sorgt für gewaltigen Auftrieb, so daß Fledermäuse ihre saugenden Jungen mitnehmen und beim Fliegen das Doppelte des eigenen Körpergewichts tragen können.

Die aufsehenerregendste Fähigkeit der insektenfressenden Fledermäuse ist die Echolotung. Eine jagende Fledermaus sendet durch Nase und Mund je nach Art in jeder Sekunde bis zu 200 hochfrequente Schreie aus. Treffen die Schallwellen auf ein Hindernis, beispielsweise einen Baumstamm oder eine fliegende Mücke, werden sie zur Fledermaus zurückgeworfen, die dann die Information auswertet. Stellt sie fest, daß es sich bei dem Gegenstand um ein Insekt handelt, schießt sie nach vorn und schnappt die Beute mit dem Mund, oder sie befördert den Leckerbissen in eine zwischen den Hinterbeinen aufgespannte Haut, die einen Hohlraum bildet; in Flug greift die Fledermaus dann in diese Tasche, um die Mahlzeit zu verzehren. Nach Schätzungen von Wissenschaftlern, die sich mit der Echolotung beschäftigten, ist dieses System der Fledermäuse einemilliardemal empfindlicher als die besten von Menschen konstruierten Radar- oder Sonargeräte. Auf jeden Fall funktioniert das System: In einer normalen Nacht kann eine Fledermaus bis zu 3000 Insekten fressen. Die Fledermäuse einer einzigen großen Kolonie in Texas fangen und verzehren nach Schätzungen in jeder Sommernacht über 100 000 Kilogramm Insekten.

Der hochfrequente Laut ist für die meisten anderen Tiere nicht hörbar; nur einige Arten von Ordensbandschmetterlingen haben Ohren entwickelt, die darauf reagieren. Wenn eine Fledermaus ihr Echolot auf einen solchen Schmetterling richtet, ergreift dieser sofort die Flucht. Andere Tiere treiben diese Art der Selbstverteidigung noch einen Schritt weiter: Sie senden selbst hochfrequente Töne aus, die das Sonar der Fledermaus stören.

Kaum ein anderes Lebewesen ist mit so vielen falschen Vorstellungen belastet wie die Fledermäuse. Sie verfangen sich zum Beispiel nicht im Haar von Frauen. Auch übertragen sie die Tollwut nicht häufiger als andere Kleintiere, im Gegenteil: Sie sind seltener die Ursache einer Ansteckung, denn die Zähne der meisten Fledermäuse sind nicht kräftig genug, um die Haut des Menschen zu durchdringen. Fledermäuse leben nicht nur in Höhlen und sind auch keineswegs blind: Die meisten Arten verfügen über ein ausgezeichnetes Sehvermögen.

Allerdings sind Höhlen tatsächlich ein wichtiger Unterschlupf für viele Fledermausarten, die Winterschlaf halten. Vom Herbst an, wenn die Temperaturen sinken und die Zahl der Insekten zurückgeht, fallen sie so schnell und leicht wie kein anderes Tier in den Winterschlaf: Der Herzschlag verlangsamt sich in sehr kurzer Zeit von 180 Schlägen in der Sekunde auf drei in der Minute, und die Atemfrequenz sinkt von acht pro Sekunde auf acht pro Minute. Mit dem im Körper angesammelten Fettvorrat und wegen der gemeinsamen Nutzung der Körperwärme zu Hunderten oder Tausenden zusammengedrängt, können Fledermäuse monatelang im Winterschlaf verharren.

Fledermäuse sind die einzigen wirklich fliegenden Säugetiere, aber einige andere Arten haben die zweitbeste Lösung entwickelt. Der «Flug» eines Flughörnchens ist vielleicht kein echtes Fliegen, aber wer schon einmal zugesehen hat, wie das freche kleine Tier von einem Baum auf ein Vogelfutterhäuschen herabsaust, der wird ihm zumindest den Versuch hoch anrechnen. Der Unterschied zwischen Fliegen und Gleiten ist fließend: Ein Gleiter bekommt keinen senkrechten Auftrieb, sondern er verlangsamt das Fallen, indem er sich so breit und flach wie möglich macht und so den Luftwiderstand ausnutzt.

Flughörnchen und andere fliegende Säugetiere besitzen zwischen Vorder- und Hinterbeinen eine lockere, pelzbesetzte Hautfalte, Flughaut oder *Patagium* genannt. Wenn ein Flughörnchen gleitet, mißt es zunächst genau die Entfernung bis zu seinem Ziel ab; dann springt es von einem Baum oder einem anderen erhöhten Punkt, spreizt die Flughaut und gleitet nach unten und vorn, wobei es den Körper waagerecht und den

Schwanz gerade nach hinten hält; dabei dreht es sich nur leicht, um die Richtung zu korrigieren. Kurz bevor es sein Ziel (meist einen anderen Baum) erreicht, schwingt es mit dem Körper in eine senkrechte Haltung, steigt ein wenig in die Luft und landet auf allen vieren gleichzeitig. Die Gleitstrecke liegt meist bei 40 bis 50 Metern, aber gelegentlich hat man auch Luftsprünge von bis zu 200 Metern beobachtet. Flughörnchen verschiedener Arten kommen in Nordamerika, Europa, Indien, China und Indonesien vor. Das größte mit einer Körperlänge von 32 bis 47 Zentimetern und einem Schwanz von 27 bis 37 Zentimeter Länge ist das Weißwangen-Riesenflughörnchen in Japan und Westchina. Weitere Arten sind das kleine amerikanische Flughörnchen, das kleine eurasische Flughörnchen und das braune Riesenflughörnchen. Alle sind im wesentlichen nachtaktiv und ernähren sich von Nüssen und Samen sowie gelegentlich auch von Insekten und Jungvögeln.

In Australien und Neuguinea gibt es mehrere Arten gleitender Beuteltiere. Die großen und kleinen Flugopossums aus der Gattung *Petauroides* ähneln mit ihrer pelzbesetzten Flughaut und dem langen, buschigen Schwanz den Flughörnchen. Sie sind nachtaktive Waldbewohner und ernähren sich von Nektar, Pflanzensaft, Insekten und kleinen Wirbeltieren; man hat beobachtet, wie sie 50 Meter weit von einem Eukalyptusbaum zum nächsten segelten.

Die geschicktesten Gleiter unter den Säugetieren sind vermutlich der kaninchengroße Flattermaki in Indochina und der Flugmaki auf den Philippinen; diese Arten sind so einzigartig, daß sie eine eigene Ordnung des Tierreiches bilden. Ihre Flughaut ähnelt zwar der der Flughörnchen, aber sie ist beträchtlich größer als die Tiere selbst; wenn sie gehen, sieht die Hautfalte deshalb aus wie ein Pelzmantel, den sie über den Rücken geworfen haben. Beim Gleiten ähnelt die Flughaut eher einem Fallschirm als einem Flügel, und sie ermöglicht beiden Tieren Flüge über mehr als 120 Meter. Einmal beobachtete man, wie ein Exemplar langsam von einem Baum zum nächsten segelte und dabei auf einer Entfernung von 133 Metern nur zehn Meter an Höhe verlor.

Die fliegenden Fische der Familie *Exocoetidae* können ihre breiten Brustflossen wie Flügel vom Körper abspreizen. Wenn diese Bewohner tropischer und subtropischer Meere erregt sind oder von Räubern verfolgt werden, schwimmen sie mit bis zu 70 Stundenkilometern, wobei sie in jeder Sekunde 80- bis 100mal mit dem Schwanz schlagen; dann springen sie aus dem Wasser, spannen die breiten Brust- und Bauchflossen auf und gleiten über 100 Meter weit. Um längere Strecken zu überwinden, senken sie den Schwanz, schlagen heftig und bewegen sich über der Wasseroberfläche weiter. Die meisten Arten gleiten ein bis eineinhalb Meter über dem Meer, aber gelegentlich erreichen sie so große Höhen, daß sie auf dem Deck von Ozeandampfern landen.

Bei der indonesischen Flugechse *Draco volans* («fliegender Drache») gehen von den Rippen zwei Flughäute aus, die aber zusammengefaltet bleiben, solange sie nicht gebraucht werden. Das Tier, einen Bewohner des Regenwaldes, findet man oft an Baumstämmen hängend, und dann sieht es genauso aus wie andere kleine Echsen (es mißt bis zu 25 Zentimeter, aber den größten Teil davon macht der Schwanz aus). Wenn es jedoch bedroht wird, setzt es zu einer Flucht per Gleitflug an, und seine leuchtendbunten, gefleckten «Flügel» entfalten sich wie die Schwingen eines Schmetterlings. Die Flugechse gleitet meist etwa 15 bis 20 Meter weit, aber sie kann auch Entfernungen bis zu 100 Metern überwinden.

In Malaysia und Burma gibt es zwei Arten von Laubfröschen, die zwölf bis 15 Meter von Baum zu Baum gleiten können. Wie alle Laubfrösche haben sie Saugnäpfe an den Fußsohlen, aber ihre Füße sind viel breiter als bei anderen Arten, und die Zehen sind durch Häute verbunden und ebenfalls länger als bei anderen Fröschen. Wenn ein solcher Frosch springt, wirken die Häute an den Füßen wie ein kleiner Fallschirm. Der Körper mit den abgespreizten Beinen und dem eingezogenen, konkaven Bauch vergrößert die Gleitfläche.

Nach Schätzungen von Psychologen hat über die Hälfte aller Menschen zumindest ein wenig Angst vor Schlangen. Wenn das stimmt, dann sind die Paradies-Nachtbaumnatter in Malaysia und die Goldschlange in Südostasien der Stoff, aus dem Alpträume sind. Diese ein bis eineinhalb Meter langen Bewohner der Baumkronen haben die Fähigkeit erworben, den Bauch einzuziehen, die seitlichen Schuppen abzuspreizen und mit abgeflachtem Körper von Bäumen auf den Boden zu gleiten. Als Zoologen aus westlichen Ländern zum erstenmal davon hörten, hatten sie natürlich Zweifel, vor allem weil die Geschichte auch örtliche Volksweisheiten und Legenden enthielt: Es hieß, die Schlangen könnten sich in Vögel verwandeln, wenn sie fliegen wollten, und nach der Landung würden sie wieder zu Schlangen (die den Vogel fraßen). Ein aufgeschlossener Naturforscher namens Major Stanley Flower fing schließlich ein Exemplar, und nach geduldigem Herumprobieren konnte er das Tier veranlassen, vom Dachfenster seines Hauses auf die Zweige eines darunter stehenden Baumes zu gleiten. Die Welt war entzückt.

SONNEN-FLECKEN
SONNEN-PROTUBE-RANZEN
P O L A R L I C H T
Sonnenwind
MAGNETSCHWEIF
150 MILLIONEN KILOMETER
IN DER NORDISCHEN KULTUR GAB ES VIELE MYTHEN ZUR ERKLÄRUNG DER POLARLICHTER

Die Nächte der Aurora

In einer frischen Herbstnacht des Jahres 1967 tanzten und schimmerten geheimnisvolle Lichter am Himmel über unserem Haus. Mein Vater weckte meinen Bruder und mich und drängte uns, wir sollten uns schnell anziehen und nach draußen in den Garten kommen. In Decken gehüllt, standen wir in der Kälte und sahen zu, wie der Himmel im Norden von gewaltigen Lichtpfeilen erhellt wurde. Vor unseren Augen zog sich das Licht zu langsam wogenden Vorhängen zusammen, die Farbe wechselte von Weiß zum zartesten Rosa, das Ganze wurde langsamer, die einzelnen Lichtstrahlen drehten und bogen sich rhythmisch wie breite Wasserpflanzen in der Strömung. Plötzlich kletterten die Lichtpfeile nach oben, immer höher und heller, bis sie am höchsten Punkt des Himmels angekommen waren und zum ehrfurchterregendsten Anblick meines jungen Lebens wurden.

Als Kind glaubte ich, das Nordlicht entstünde durch Sonnenlicht, das vom Eis am Nordpol reflektiert wird – eine Erklärung, die meinen Freunden und mir seltsam befriedigend vorkam. Erwartungsgemäß waren diese ehrfurchtgebietenden Naturerscheinungen aber der Anlaß zu noch phantasievolleren Erklärungen. Manche Eskimos und die Tlingit-Indianer glaubten zum Beispiel, die Lichter würden durch die Geister der Verstorbenen verursacht, die mit einem Walroßschädel als Ball ein fußballähnliches Spiel spielten. In Norwegen hielt man sie früher für die Spiegelung des Sonnenlichts im Schild der Walküren, jener kriegerischen Frauen, welche die toten Helden nach Walhalla brachten. Die Mandan-Indianer der nordamerikanischen Prärien waren überzeugt, es sei der Widerschein der Lagerfeuer von Stämmen weiter im Norden, die ihre Feinde in riesigen Töpfen kochten. In England hielt man Nordlichter, vor allem wenn sie rot gefärbt waren, für die Prophezeiung von Krieg, Pest und Hungersnot. Eine freundlichere Bedeutung legt ihnen ein estnisches Volksmärchen bei: Danach ist das Nordlicht ein gewaltiges Hochzeitsfest am Himmel, dessen Gäste mit leuchtenden Schlitten und Pferden ankommen.

In Gegenden, wo Nordlichter selten sind, hat man sie für alles mögliche gehalten, von Bränden bis zu UFOs. Der römische Philosoph Seneca berichtet, wie der Kaiser Tiberius Caesar im ersten Jahrhundert v. Chr. Zeuge eines seltenen Nordlichts wurde: Er nahm an, Ostia stehe in Flammen, und schickte der Stadt sofort eine Einheit Soldaten zu Hilfe. Ein besonders helles Nordlicht führte 1938 in England dazu, daß man die Feuerwehr alarmierte, weil man glaubte, in Windsor Castle sei ein Brand ausgebrochen. Die Einwohner von Washington waren 1941 bei einem Nordlicht überzeugt, es handele sich entweder um eine Geheimwaffe, welche die Armee gerade erprobte, oder, was noch schlimmer gewesen wäre, um Suchscheinwerfer, die vor einem deutschen Luftangriff warnten.

Die neuesten wissenschaftlichen Theorien sind weit weniger farbig als die Legenden und Täuschungen: Sowohl die Aurora borealis der Nordhalbkugel als auch die Aurora australis des Südpolgebiets entstehen demnach durch die Wechselwirkungen geladener Teilchen in der Atmosphäre.

Schon seit langem hatte man bemerkt, daß die Aktivität der Polarlichter mit Störungen auf der Sonnenoberfläche zusammenfällt. Sonnenfleckenaktivität und Sonnenwind erreichen ungefähr alle elf Jahre ein Maximum (die Periode schwankt allerdings zwischen 7,5 und 16 Jahren). Die dabei entstehenden Gasexplosionen auf der Sonne, auch Sonnenprotuberanzen genannt, sind dabei so stark, daß die Atome der Gase in die negativ geladenen Elektronen und die positiven Protonen zerfallen. Von den Eruptionen angetrieben, schießen diese magnetischen Partikel in alle Richtungen in den Weltraum, und der so entstehende «Sonnenwind» ist so schnell, daß er unseren Planeten in zwei Tagen erreicht. Wenn die Partikel an der Erde vorüberströmen, verhalten sie sich ganz ähnlich wie ein Fluß, der um einen Felsblock strömt und dahinter einen Wirbel bildet. Beim Sonnenwind bezeichnet man diesen Wirbel als Magnetosphärenschweif. Die Strömung wird mit hoher Geschwindigkeit zum Magnetfeld des Nord- und Südpols gelenkt und dort, etwa 100 bis 300 Kilometer über der Erdoberfläche, durch die magnetische Anziehung in die Erdatmosphäre gezogen; die geladenen Partikel prallen auf die Atome und Moleküle der Luft und erzeugen so das gewaltige elektrische Glimmen, das wir als Polarlicht wahrnehmen. Sonnenprotuberanzen stören das Magnetfeld der Erde und bewirken, daß die Polarlichter auch in größerer Entfernung von den Polen zu sehen sind. Deshalb beobachtet man sie in Jahren mit starker Sonnenflek-

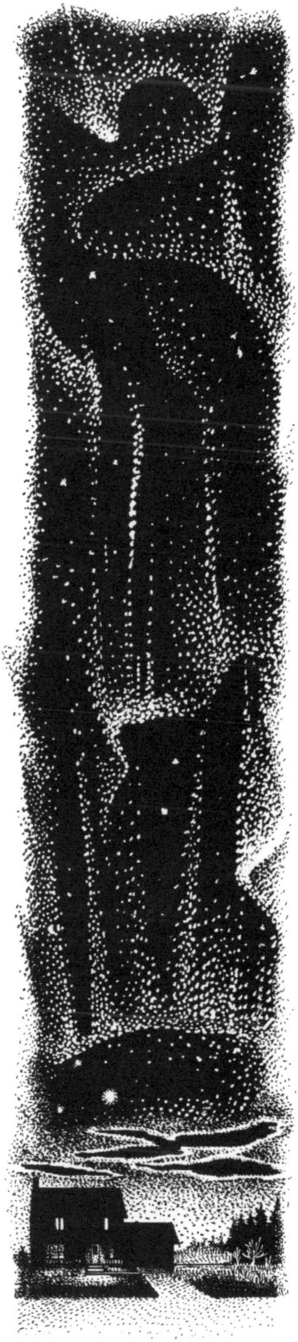

kenaktivität auch viel weiter südlich als sonst, gelegentlich sogar in Mexiko. Der beste Ort zur Beobachtung von Nordlichtern ist aber nicht, wie man annehmen könnte, der Nordpol. Am häufigsten, nämlich in etwa 243 Nächten im Jahr, treten die Leuchterscheinungen in einem ovalen Gebiet zwischen Nordnorwegen, der mittleren Hudsonbay, Point Barrow in Alaska und Nordsibirien auf.

In den schönsten Nordlichtnächten sieht man träge dahinziehende Bänder, Strahlen, Kronen, Bögen oder Vorhänge in leuchtenden Schattierungen von Rot, Gelb, Grün, Blau und Violett. Die Farben entstehen durch die Reaktion zwischen den Sonnenpartikeln und verschiedenartigen Atomen und Molekülen. Sauerstoff und Wasserstoff leuchten zum Beispiel rot oder grün, Stickstoff erzeugt ein rosafarbenes oder dunkelrotes Leuchten.

Am häufigsten treten Nordlichter zwischen September und März auf, wenn die Sicht in kalten, klaren Nächten besonders gut ist. Man muß nach blassen, senkrechten Lichtstrahlen Ausschau halten; schwache Nordlichter werden oft mit künstlicher Beleuchtung verwechselt, beispielsweise mit den Scheinwerfern, die Reklameflächen anstrahlen, aber ein Polarlicht, auch wenn es nur schwach ist, bewegt sich, es wird dunkler und heller, und wenn man es mehrere Minuten lang beobachtet, erkennt man eine Wellenbewegung. Manchmal flackert ein schwaches Polarlicht ein paar Augenblicke lang hell auf, um dann wieder zu verblassen, oder es breitet sich über den ganzen Himmel aus. Am schönsten ist das Schauspiel oft gegen Mitternacht.

Und vergessen Sie nicht, die Kinder zu wecken.

Macht das Polarlicht Lärm?

Seit Jahren behaupten Augenzeugen, man könne die Nordlichter in den Polargebieten manchmal auch hören, weil sie krachende und zischende Geräusche machten, wie kosmisch-statische Elektrizität. In der Zeitschrift *Science* erschien 1933 ein Bericht von Clark M. Gardner, der behauptete, er habe das Nordlicht gehört:

> Für mich gibt es keinen Zweifel mehr, daß man manche Arten der Aurora hören kann, denn ich habe sie unter Bedingungen vernommen, wo man sie mit keinem anderen Geräusch verwechseln konnte, weil es keine anderen Geräusche gab ...
>
> Im Winter 1925/26 machte ich in dem Gebirge, das sich nördlich des Cape Prince of Wales an der Beringstraße und an der Küste Alaskas entlangzieht, Jagd auf Rentiere ... Als wir mit unseren Hunden auf den höchsten Bergkamm stiegen, waren wir fasziniert und verblüfft von dem großartigen Schauspiel des Nordlichts; es war die schönste Erscheinung, die ich in den acht Jahren, seit ich bei den Eskimos lebte, gesehen hatte ...
>
> Als wir auf dem Schlitten saßen und die großartigen Lichtstrahlen unmittelbar über uns hinwegzogen, ging von ihnen ein charakteristisches, deutliches Geräusch aus, ähnlich wie von Dampf, der aus einer kleinen Düse zischt. Noch mehr Ähnlichkeit hatte es vielleicht mit dem Zischen, das entsteht, wenn man Wasser aus einer feinen Öffnung auf eine sehr heiße Oberfläche spritzt. Die Ströme oder Strahlen des Lichts zogen in recht gleichmäßigen Abständen über uns hinweg. Nach Schätzungen brauchte ein aufblitzender Strahl etwa sechs bis acht Sekunden, um vorüberzuziehen, während das ständige Leuchten das Geräusch oft eine Minute oder länger erzeugte. Das Schauspiel war so leuchtend, daß man seine Spuren noch lange nach Tagesanbruch erkennen konnte.

Man hat vermutet, die treibenden Felder der statischen Elektrizität könnten in einer abgelegenen Gegend, wo fast völlige Stille herrscht, hörbar werden. Außerdem bezeichneten die Eskimos bekanntermaßen manche Nordlichter als «laut», was der Geschichte zusätzliche Glaubwürdigkeit verlieh.

Die Skeptiker bezweifeln das. Ein amerikanischer Wissenschaftler, der im Zweiten Weltkrieg die Ionosphäre erforschte, lernte die Eskimosprache so gut, daß er sich nach Belegen für die Geräusche der Nordlichter erkundigen konnte; wie die Eskimos ihm erklärten, verwendeten sie das Wort «laut» nur als sprachliches Bild. War die Leuchterscheinung besonders hell, bezeichnete man sie als *neepeealo* oder «sehr laut», denn die Eskimos meinten, solche hellen Vorhänge müßten hoch oben am Himmel mehr Lärm machen, weil sie wie Stoffstücke aussahen, die im Wind flatterten.

Heute sind die meisten Wissenschaftler der Ansicht, daß die knisternden und zischenden Geräusche vom eigenen Atem des Beobachters stammen, der in der stillen, kalten Luft der Arktis oder Antarktis gefriert. Selbst wenn die geladenen Partikel der Polarlichter bei ihren Wechselwirkungen Geräusche erzeugten, ist es nach dieser Auffassung sehr unwahrscheinlich, daß man sie 100 bis 300 Kilometer tiefer auf der Erdoberfläche hören kann.

Mondsüchtig

Das Mondlicht hat etwas Quälendes; es besitzt die ganze Gelassenheit einer körperlosen Seele und etwas von ihrem unbegreiflichen Geheimnis.

Joseph Conrad, Lord Jim

Der Mond ist voll heute abend, geschwollen und hell und rätselhaft. Ich weiß, daß Vollmond ist, weil es im Kalender steht, aber der Mond selbst ist hinter einer dichten Wolkendecke verborgen. Wäre ich empfindsam genug, würde ich die Mondphase vielleicht in meinem Inneren spüren. Möglicherweise würde ich fühlen, wie die Schwerkraft an der salzigen Flüssigkeit in meinen Adern genauso zieht wie am Salzwasser in der Fundybay. Eine unerklärliche Unruhe würde mich befallen, ich würde hin und her laufen, heulen, tanzen, mich verlieben.

Wenn man, wie wir fast alle, in einem Haus wohnt und seit vielen Generationen von Vernunft und Zivilisation geprägt ist, hat sich eine weitgehende Immunität gegen den Zauber des Mondes entwickelt. Wären wir weniger vernünftig, würden wir vielleicht Wahnsinnsanfälle erleiden, wenn wir bei Vollmond im Freien schlafen – Mondsucht im wahrsten Sinne des Wortes –, oder wir würden an den Erzählungen von Werwölfen und Hexerei etwas Wahres entdecken. Man hat den Mond für alles mögliche verantwortlich gemacht, von schlechter Laune über Verkehrsunfälle bis zu Erdbeben, aber jedesmal, wenn jemand eine Theorie aufstellt, warum das so ist, meldet sich ein anderer, der nachweist, daß sie einer kritischen Überprüfung nicht standhält.

Dennoch sind Romantiker und Skeptiker gleichermaßen über-

SCHNECKE
PFEIL-
SCHWANZ-
KREBS
KALIFORNISCHER
ÄHRENFISCH

zeugt, daß der Mond auf der Erde immer eine starke Kraft war. Sein Einfluß ist so umfassend, daß man ihn praktisch in allen Kulturkreisen mit den Geheimnissen von Liebe, Sexualität, Magie, Geburt und Schöpfung in Verbindung gebracht hat. In der Mythologie war der Mond vielfach eine Göttin, ausgestattet mit geheimnisvollen, rätselhaften Kräften. Im antiken Rom war Diana die Göttin des Mondes und die Beschützerin der Frauen. Als Schwester des Sonnengottes Apollon war sie zuständig für Wälder, Tiere, Jagd und Entbindung. Die griechische Göttin Artemis, die jungfräuliche Tochter von Zeus und Leto, verehrte man als Mondgöttin mit starker Verbindung zu Wild und Jagd. Die Mondgöttin Selene, die Schwester des Sonnengottes Helios, kommt in Legenden von Zauberei häufig vor. Hekate, eine weitere griechische Mondgöttin, war die Beschützerin der Zauberer und Hexen sowie die Beherrscherin der Stürme.

Bei einer so starken Verbindung mit Hexerei und Zauberkraft ist es nicht verwunderlich, daß man Abweichungen des Mondes oft für ein schlechtes Omen hielt. Mondfinsternisse lösten im Europa des Mittelalters große Angst aus. Selbst wenn man – was relativ häufig vorkommt – den dunklen Teil des Mondes bei Halbmond noch schwach erkennen konnte, nahmen die Menschen an, es werde jemand zu Schaden kommen – die «Ballad of Sir Patrick Spens» erinnert daran. Das Phänomen – in der Ballade heißt es «Ich sah den neuen Mond / Mit dem alten in seinem Arm» – entsteht durch den Widerschein der Erde: Das Sonnenlicht wird von der Erde zurückgeworfen und beleuchtet dann den dunklen Teil des Mondes.

Für die Entstehung des Mondes gibt es mehrere Theorien. Eine davon ist die sogenannte Tochtertheorie: Danach bildete sich der Mond, weil die Erde, die sich damals viel schneller drehte als heute, stark in die Länge gezogen wurde, so daß ein Stück abriß, und zwar an der Stelle, wo sich heute der Pazifik befindet. Nach der Partnertheorie war der Mond dagegen ursprünglich ein Asteroid, der an der Erde vorüberflog und von ihrer Schwerkraft eingefangen wurde. Und schließlich gibt es die Geschwistertheorie: Danach entstanden Erde und Mond gleichzeitig, als die Wolken der kosmischen Materie zum erstenmal zu den Planeten und Monden des Sonnensystems kondensierten.

Gleichgültig, wie der Mond entstanden ist: Er übt auf unseren Planeten einen starken, unausweichlichen Zug aus. Genaugenommen dreht er sich nicht um die Erde, sondern beide rotieren wie Tänzer, die sich an den Händen gefaßt haben, um einen gemeinsamen Schwerpunkt, der etwa 4800 Kilometer vom Erdmittelpunkt entfernt unter der Erdoberfläche liegt. Der Mond hat nur 1/81 der Erdmasse, aber er zieht so kräftig an der Erde, daß die Ozeane sich bewegen und die Gezeiten bilden. Plinius war überzeugt, daß «die Energie des Mondes alle Dinge durchdringt». Aristoteles stellte fest, daß die Eierstöcke von Seeigeln bei Vollmond anschwellen, und Cicero glaubte, daß die Populationen der Schalentiere mit den Mondphasen zu- und abnehmen. Wie man in jüngerer Zeit entdeckte, behalten Küstentiere wie Plattwürmer und Uferschnecken auch unter Laborbedingungen eine rhythmische Aktivität bei, die mit den Gezeiten übereinstimmt. Austern, die man 1954 im Long Island Sound sammelte und über 1600 Kilometer in ein Labor in Evanston in Illinois brachte, öffneten und schlossen ihre Schalen zunächst weiterhin in einem Rhythmus, der dem Auf und Ab von Ebbe und Flut in ihren Heimatgewässern entsprach. Nach und nach stellten sich die Muscheln aber auf die Mondphasen in Evanston um.

Unter den vielen Meerestieren, deren Paarungsaktivität sich nach dem Rhythmus von Mond und Gezeiten richtet, ist der kalifornische Ährenfisch vielleicht am berühmtesten. Diese 15 bis 20 Zentimeter langen Fische stimmen ihre Paarungszeit so ab, daß sie in den ersten drei Nächten nach dem Frühjahrshochwasser auf den Wellen an die Küste kommen. Wenn das Weibchen «gestrandet» ist und sich die Welle zurückgezogen hat, gräbt es sich mit dem Schwanz voran in den nassen Sand, um die Eier abzulegen; gleichzeitig tränkt das Männchen den Sand mit seiner Samenflüssigkeit. Mit der nächsten Welle kehren beide ins Meer zurück, und die Eier bleiben im Sand, wo sie heranreifen. Zwei Wochen später, wenn sie bei der nächsten Springflut wieder von Wellen überspült werden, schlüpfen die Jungen.

Bei Vögeln und Säugetieren ist der Einfluß des Mondes weniger offensichtlich und sicher auch stärker umstritten. Wie sich 1930 bei einer Untersuchung an Vögeln aus der Gruppe der europäischen Ziegenmelker herausstellte, wurden die Eier im letzten Viertel der Mondphase abgelegt, und die Jungen schlüpften beim nächsten Vollmond, so daß die Eltern die ganze Nacht jagen und ihnen Futter bringen konnten. Darwin stellt in *Die Abstammung des Menschen* fest: «Der Mensch unterliegt wie andere Säugetiere und sogar die Insekten jenem geheimnisvollen Gesetz, das dafür sorgt, daß manche natürlichen Vorgänge wie die Schwangerschaft, aber auch die Reifung und Dauer verschiedener Krankheiten, den Mondphasen folgen.» In einer Studie von Walter und Abraham Menaker aus dem Jahr 1959, die sich auf umfangreiche Befunde stützt, ergab sich für die Länge des menschlichen Menstruationszyklus eine durchschnittliche Dauer von 29 ½ Tagen – das ist genau die Länge des Mondmonats. Die gleiche Studie kommt nach Auswertung von 250000 Geburten für die durchschnittliche Länge der Schwangerschaft beim Menschen auf einen Wert von 265,8 Tagen oder neun Mondmonaten. Aufgrund dieser Ergebnisse gelangten die Menakers zu dem Schluß, daß das Fortpflanzungssystem des Menschen sich nicht nach der Sonnenzeit, sondern nach der Mondzeit richtet. Heute sind die meisten Wissenschaftler allerdings mit solchen Schlußfolgerungen nach wie vor vorsichtig. W. B. Cutler wagte sich im *American Journal of Obstetrics and Gynaecology* weiter vor als die meisten anderen: Danach besteht «die Möglichkeit eines Zusammenhangs» zwischen Mondphasen und Menstruationszyklus, weil der Mond sich vielleicht auf elektromagnetische Felder auswirke, die dann ihrerseits bei manchen Frauen den Monatszyklus beeinflussen.

Brasilianische Mütter verstecken ihre Kinder vor dem Mond, und in Island setzen sich schwangere Frauen nicht mit Blickrichtung zum Mond, weil sie fürchten, das Kind werde sonst geistesgestört. Die Vorstellung, daß der Mond die geistige Gesundheit beeinflußt, ist schon alt; sie geht viel weiter als nur auf den *Othello* zurück, in dem Shakespeare schreibt:

> Es ist genau die Abweichung des Mondes,
> er kommt der Erde näher,
> als er es gewohnt war,
> und macht die Menschen verrückt.

Charles Hyde, der englische Hilfsarbeiter, der für Robert Louis Stevenson zum Vorbild für die Gestalt der Jekyll und Hyde wurde, beging seine Verbrechen vorwiegend bei Voll- und Neumond; vor Gericht erklärte er dann, er sei wegen «Mondsucht» nicht für die Taten verantwortlich. (Das Gericht ließ sich davon allerdings nicht beeindrucken: Man verurteilte ihn 1854 zu einer Gefängnisstrafe.)

Die vielfältigen Behauptungen von Polizisten und Krankenhausbediensteten, wonach Gewaltverbrechen und Unfälle sich bei Voll- und Neumond häufen, ließen sich nie wirklich erhärten. Nach Untersuchungen über die Morde, die im Verlauf mehrerer Jahrzehnte in verschiedenen Großstädten der USA begangen wurden, gelangten Arnold Lieber und einige andere Psychologen in den siebziger Jahren zu der Überzeugung, es gebe eine statistische Grundlage für diese Annahme, und Lieber stellte daraufhin die Hypothese von «biologischen Gezeiten» auf, welche die Bewegung von Salzen, Wasser und Hormonen im Gehirn beeinflussen und auf diese Weise alle Arten abweichenden Verhaltens erzeugen. In späteren Studien, die sich auf umfangreicheres Datenmaterial stützten, fand sich jedoch keinerlei statistischer Hinweis, daß die Zahl der Gewaltverbrechen mit den Mondphasen schwankt. Auch Versuche, den Mond mit der Häufigkeit von Schizophrenie, Depressionen, Selbstmorden, Brandstiftung, Vergewaltigungen, Autounfällen und epileptischen Anfällen in Verbindung zu bringen, erwiesen sich als nicht schlüssig und unwissenschaftlich.

Trotz dieser Kontroverse und fehlender stichhaltiger Beweise sieht es so aus, als sei alles Leben auf der Erde zumindest in einem gewissen Umfang mit dem Mond verbunden. Einer neueren Theorie zufolge lag die Umlaufbahn des Mondes früher viel näher an der Erde als heute. Wenn das stimmt, waren die Gezeiten der Meere in alten Zeiten viel höher und kräftiger; sie überfluteten die Küsten und vermischten chemische Verbindungen zu den Kombinationen, aus denen die ersten Lebensformen hervorgingen. Solche Organismen entwickelten sich also viele hundert Millionen Jahre lang unter dem starken Einfluß von Ebbe und Flut. Und da wir und die anderen Lebewesen der Erde aus diesen ersten Lebensformen hervorgegangen sind, ist Darwins Annahme durchaus plausibel, daß der vom Mond hervorgerufene Rhythmus des Meeres auch heute noch einen Teil unserer biologischen Prozesse beeinflußt.

Auch den Mythos von den Wölfen, die kraftvoll den Mond anheulen, hat die moderne Forschung weitgehend zunichte gemacht. Es bleibt allerdings die Tatsache, daß Räuber und Beute durch das blasse Licht des Mondes gleichermaßen unruhig werden. Nach geologischen Zeitmaßstäben ist es noch nicht lange her, daß Männer, Frauen und Kinder nicht nur Jäger, sondern auch Beute waren, und deshalb haben sie wahrscheinlich gelernt, daß man in Vollmondnächten auf der Hut sein muß. Angesichts eines Lebens zwischen Tigern mit 25 Zentimeter langen Reißzähnen und höhlenbewohnenden Bären, neben denen sich Braunbären wie Plüschtiere ausnehmen, muß der Mond viel mehr gewesen sein als nur ein geheimnisvoller Gegenstand, der wie ein seltsames Gesicht aussieht. Er muß die Menschen schreckliche, unvergeßliche Dinge gelehrt haben.

Ob angeboren oder erlernt, der alte Bösewicht Mond bewegt uns auch heute noch. Selbst in den Jahrzehnten nach den *Apollo*-Missionen erfüllt uns der Anblick des aufgehenden Mondes mit Ehrfurcht. Daß er uns noch verzaubern kann, obwohl menschliche Fußspuren dauerhaft wie Versteinerungen auf seiner Oberfläche eingegraben sind, ist ein deutliches Indiz, daß die Macht des Mondes tiefer geht als die Empfindsamkeit von Volksliedern und blumigen Gedichten.

Wenn man als Mensch den Einfluß des Mondes in vollem Umfang wahrnehmen will, muß man ohne Zweifel so empfindlich wie ein Seismograph sein, und ich fürchte, ich bin dafür aus zu grobem Holz geschnitzt. An einem Abend im letzten Sommer, als der Vollmond fast im Zenit stand und der Wald mit nächtlicher Munterkeit rauschte, spazierte ich in der Nähe meines Hauses an einem Ahorngehölz oberhalb eines Flusses entlang. Ich nahm in mir keine urtümlichen Triebe wahr, ich spürte nicht das hartnäckige Anschwellen einer Flut in meinen Adern, sondern ich dachte eigentlich nur an zu Hause, an ein kühles Bier und an mein Bett; plötzlich brach vor meinen Füßen etwas Kompaktes, entsetzlich Schnelles aus einem Unterholzdickicht hervor, um dann mit der Zartheit einer Kegelkugel durch das Gebüsch davonzustürmen. Hier hat meine Erinnerung vermutlich eine Lücke, denn ich sehe weder rauschende Flügel noch scharfe Klauen oder Säbelzähne vor mir, aber es war interessant zu beobachten, wie gut mein Angstreflex funktioniert. Ob es nun am Mond lag oder nicht – dieses Kaninchen erschreckte mich bis in die Knochen.

Mondbeobachtung

Den Mond kann man natürlich nicht nur im Herbst beobachten, aber es gibt gute Gründe, ihn gerade mit dieser Jahreszeit in Verbindung zu bringen. Erntemond, Jagdmond, der geisterhafte Mond von Halloween – die Herbstmonde gehören zu den erinnerungsträchtigsten des Jahres. Das liegt zum Teil an Traditionen aus vergangenen Zeiten, als man sich beim Pflanzen und Ernten der Feldfrüchte streng an die Mondphasen hielt. Der Erntemond ist der Vollmond, der den geringsten Abstand zur herbstlichen Tagundnachtgleiche hat; seinen Namen trägt er, weil der Mond zu dieser Jahreszeit meist einige Nächte vor und nach Vollmond schon sehr früh am Abend aufgeht. Die Bauern nutzten seit Jahrhunderten das zusätzliche Licht aus und brachten in dieser Zeit die Ernte ein. Das gleiche geschieht noch einmal im Oktober, und dann spricht man oft vom Jagdmond.

Es gibt auch praktische Veranlassung, im Herbst an den Mond zu denken. Die kühlere Luft und der veränderte Wind haben die feuchte, klebrige Atmosphäre des Sommers weggefegt. In einer kalten Oktobernacht erkennt man den Mond schärfer, genauer und bei Halbmond mit Spitzen, die scharf wie Krummsäbel sind. Mit einem einfachen Fernglas kann man seine Krater und Gebirgszüge erkennen, und mit einem relativ billigen Spiegelteleskop sieht man auf der Mondoberfläche verblüffende Einzelheiten.

Dafür, daß der Mondzyklus regelmäßig in jedem Monat unseres Lebens abläuft, schafft er ganz schön viel Verwirrung. Er erinnert uns daran, daß der Mond viel langsamer wandert, als man annimmt, wenn man in einer klaren Nacht seinen Lauf über den Himmel beobachtet. Wer schon einmal versucht hat, den Vollmond zu fotografieren, der weiß, wie schnell er sich bewegt. Während man Blende und Belichtungszeit wählt und das Objektiv scharfstellt, ist der Mond schon wieder aus dem Blickfeld der Kamera gewandert. Diese scheinbare Geschwindigkeit ergibt sich aber weniger aus der Bewegung des Mondes als vielmehr aus der Drehung der Erde. Würde der Mond tatsächlich, wie es den Anschein hat, in etwa 24 Stunden einmal um die Erde rotieren, könnte man alle seine Phasen in einer Nacht beobachten. In Wirklichkeit ändert er seine Stellung relativ zu Sonne und Erde in einer Nacht nur wenig. Wir sind es, die die Stellung wechseln, denn die Erde dreht sich schnell um ihre Achse, und deshalb sehen alle Menschen die gleiche Mondphase.

Wenn man den Mond richtig einschätzen will, ist es am besten, wenn man seinen Weg einen ganzen Zyklus lang beobachtet;

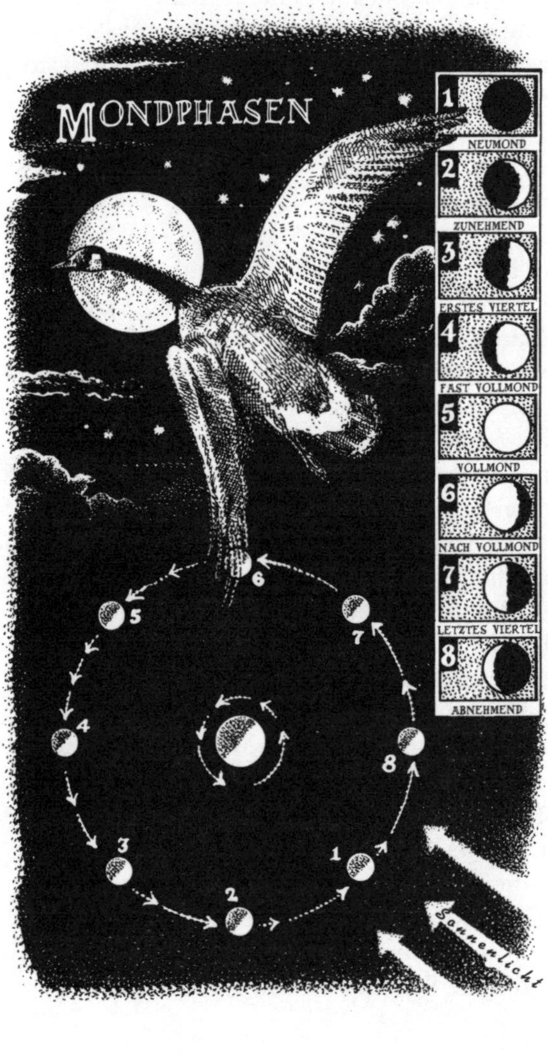

dieser sogenannte Mondmonat dauert 29 Tage, 12 Stunden und 44 Minuten und erstreckt sich vom Neumond (wenn der Mond zwischen Erde und Sonne steht und praktisch unsichtbar ist, weil er kein Sonnenlicht reflektiert) über den Vollmond (wenn er von der Erde aus gesehen auf der anderen Seite steht als die Sonne und deshalb auf seiner ganzen Fläche von ihr beleuchtet wird) bis zum nächsten Neumond. Wenn die beleuchtete Fläche größer wird, nimmt der Mond zu, schrumpft sie wieder, spricht man vom abnehmenden Mond. Dabei durchläuft er die Phasen der Mondsichel und des Halbmondes. Den Halbmond nach dem Neumond nennt man erstes Viertel, nach dem Vollmond bezeichnet man ihn als drittes Viertel.

Der Neumond geht mit der Sonne auf und wieder unter, so daß man ihn nur bei einer Sonnenfinsternis sehen kann. Ein paar Tage nach Neumond taucht kurz nach Sonnenaufgang eine schmale Mondsichel auf, und man kann erkennen, wie sie der Sonne nach Westen folgt. Am hellsten ist sie nach Sonnenuntergang, und gegen Mitternacht verschwindet sie hinter dem westlichen Horizont. Von Halbmond bis Vollmond wird die beleuchtete Fläche immer größer, bis sie schließlich kreisrund erscheint.

Der Vollmond geht bei Sonnenuntergang im Osten auf und wandert die ganze Nacht über den Himmel, um bei Sonnenaufgang im Westen zu versinken. Nach Vollmond erscheint der abnehmende Mond weiterhin jede Nacht durchschnittlich 50 ½ Minuten später. Im letzten Viertel steht er genau senkrecht über uns, wenn die Sonne aufgeht, und etwa gegen Mittag geht er im Westen unter. Die Sichel wird jede Nacht kleiner, bis sie bei Neumond wieder völlig verschwindet.

Da der Mondmonat mit 29 Tagen, 12 Stunden und 44 Minuten kürzer ist als die meisten Kalendermonate, kann man alle 2,7 Jahre zwei Vollmonde in einem Kalendermonat beobachten. Den zweiten bezeichnet man im Englischen auch als «blue moon», und dieser Begriff wurde auch ganz allgemein zum Ausdruck für ein seltenes Ereignis. Einen wirklichen blauen

Mond kann man im Winter sehen, wenn Sonnen- und Mondlicht in den oberen Luftschichten gestreut werden, so daß das blaue Ende des Farbenspektrums vorherrscht.

Wir sehen immer dieselbe Seite des Mondes. Die verborgene oder dunkle Seite war Gegenstand vieler Spekulationen, bis die ersten Raumsonden mit Fotos zurückkamen; wie man darauf erkennt, unterscheidet sie sich von der beleuchteten Vorderseite nur durch deutlich mehr Krater, entstanden durch die größere Zahl an Meteoriten, die dort eingeschlagen sind, sowie durch entsprechend weniger «Meere». Der Mond dreht sich einmal im Monat um seine Achse und wendet dabei der Erde immer die gleiche Seite zu, weil die Erdschwerkraft ihn an einer leichten Ausbeulung festhält. Dennoch können wir etwa 5/9 des Mondes sehen, also etwas mehr als die Hälfte, und zwar wegen der *Libration*, leichter Unregelmäßigkeiten in der Mondbewegung, durch die er geringfügig hin und her pendelt.

Nach den Vorstellungen, die Aristoteles sich vom Universum machte und die bis ins 17. Jahrhundert als Evangelium galten, waren der Mond und alle anderen Himmelskörper ewig, vollkommen und unzerstörbar – verändern konnten sich nur die Dinge auf der Erde. Deshalb mußte der Mond auch völlig glatt und ohne Unregelmäßigkeiten sein. Diese Sichtweise stellte Galilei in Frage, als er den Mond zum erstenmal mit einem Fernrohr betrachtete und dann erklärte, es gebe dort Berge und Meere. Das gleiche erkennt man auch heute mit einem einfachen Teleskop oder sogar mit einem Fernglas. Die Berge sieht man deutlich, und was Galilei verständlicherweise für Ozeane hielt, sind nach unserer heutigen Kenntnis große, flache Ebenen, die ihren lateinischen namen *maria* (Meere) bis heute behalten haben.

Wenn man den Mond Nacht um Nacht und Monat um Monat betrachtet, wird einem deutlich, warum er einer der meistbesungenen Anblicke in Literatur und Musik ist. Er wird nicht nur gepriesen, weil er schön ist, sondern auch wegen seines seltsamen, geheimnisvollen und schwer zu begreifenden Aussehens. Man hat ihn oft mit den intuitiven, instinktiven und nicht in Worte zu fassenden Fähigkeiten des Geistes in Verbindung gebracht, als Gegensatz zu den logischen, geradlinigen Eigenschaften, die mit der Sonne verknüpft sind. Daß wir unser Leben nach einem komplizierten und nicht ganz genauen Kalender ausrichten, der sich sowohl auf den Mond- als auch auf den Sonnenzyklus gründet, macht deutlich, wie wichtig beide Denkweisen für uns sind.

Warum sieht der Mond kurz über dem Horizont größer aus?

Der riesige Vollmond, der über den Horizont steigt, gab den Beobachtern jahrhundertelang Rätsel auf. Wenn er höher steigt, scheint er zu schrumpfen – nach den Schätzungen der meisten Menschen um 25 Prozent –, obwohl er dem Beobachter zu der Zeit, wenn er senkrecht steht, in Wirklichkeit näher ist, als wenn man ihn unmittelbar über dem Horizont sieht.

Die Verzerrung des dicht über dem Horizont stehenden Mondes kann man (genau wie die der Sonne) auf die Lichtbrechung in der Erdatmosphäre zurückführen, aber damit ist noch nicht erklärt, warum Sonne und Mond größer erscheinen. Nach einer Theorie, mit der man das Phänomen schon vor langer Zeit erklären wollte, erscheint der Mond nur deshalb größer, weil wir ihn unbewußt mit Gegenständen in der Nähe vergleichen, beispielsweise mit Baumreihen oder Bergen am Horizont. Eine andere Theorie geht davon aus, daß wir den Himmel als Kuppel wahrnehmen und den Horizont unbewußt für weiter entfernt halten als die Mitte; deshalb, so die Theorie weiter, machen wir den Mond am Horizont größer, um den Unterschied auszugleichen. Wieder andere Wissenschaftler haben entdeckt, daß unser Gehirn aus unbekannten Gründen ganz allgemein Dinge, die wir waagerecht betrachten, größer wahrnimmt als solche, die wir senkrecht sehen.

In manchen Nächten erscheint der Mond ein wenig heller, weil seine Umlaufbahn elliptisch ist, so daß er der Erde manchmal näher ist als zu anderen Zeiten. Am erdnächsten Punkt, dem *Perigäum*, ist die Entfernung um etwa 43000 Kilometer geringer als an der erdfernsten Stelle, dem *Apogäum*. Wenn der Vollmond mit dem Perigäum zusammenfällt, gibt es höhere Gezeiten als sonst, und die Menschen sind für den Einfluß des Mondes vielleicht noch ein wenig anfälliger. Möglicherweise ist es eine Zeit, wie Milton in *Paradise Lost* schreibt, der «Leiden mit grausamen Krämpfen... der trüben Melancholie und der mondsüchtigen Verrücktheit».

Ein paar Stufen dunkler: Nebel, Smog, Dunst und Tau

Der Nebel kommt
Auf kleinen Katzenpfoten.

Carl Sandburg

Ich hatte noch nie Nebel erlebt, der aus der Entfernung wie Erbsensuppe aussieht, aber als ich einmal an einem Herbstabend eine Küstenstraße in Oregon entlangfuhr, gerieten meine Frau und ich in eine so dichte Nebelsuppe, daß wir nicht einmal die Straße vor uns erkennen konnten. Die Chaussee war kurvenreich, hügelig und von Abgründen unbekannter Tiefe gesäumt, aber mitten in dem weißen Nichts anzuhalten beinhaltete das Risiko, daß weniger vorsichtige Autofahrer von hinten auffuhren. Es gab nur eins: weiterfahren, Gail hielt den Kopf aus dem Beifahrerfenster, beobachtete das kleine Dreieck der Straße vor den Scheinwerfern und sagte mir, wann ich nach links oder rechts lenken mußte, um das Rad auf der weißen Linie zu halten. Wir waren in einer angstvollen Stunde vielleicht fünf Kilometer vorangekommen, als vor uns die trübe glimmende Neonreklame eines Motels auftauchte. Der Nebel erschien tatsächlich wie eine dicke Suppe, in der ein Löffel stehenbleibt.

Carl Sandburg hatte für den Nebel weit mehr Verständnis als der durchschnittliche Autofahrer oder Flugpassagier, der in der Suppe steckenbleibt. Kinder lassen sich von der kleinen Welt, die sie im Nebel umgibt, nicht besonders beeindrucken und sind zwangsläufig enttäuscht, wenn sie erfahren, daß es in einer Wolke auch nicht anders aussieht. Der Blick von oben in ein Tal, das von dichtem Nebel angefüllt ist, erfreut einen viel mehr, als wenn man sich selbst im Nebel befindet, genau wie die Beob-

MOTEL
VACANCY
NEBELTYPEN
STRAHLUNGSNEBEL
KÜHLERES LAND
ADVEKTIONSNEBEL
WARMLUFT
kaltes Wasser
Land
BÖSCHUNGSNEBEL
WARMLUFT
Berg
SEERAUCH
Kaltluft
Wasser 3 bis 6 Grad wärmer

achtung der Wolken aus der Entfernung viel befriedigender ist, als wenn man durch die Bullaugen eines in den Wolken fliegenden Flugzeugs zusehen muß, wie die Welt immer mehr verhüllt wird. Wir denken meist, Wolken seien so fest, daß sie uns tragen können. Der Nebel erinnert uns daran, wie körperlos sie in Wirklichkeit sind.

Am Nebel kann man aber hervorragend erkennen, wie Wasser und Luft sich verhalten, wenn sie in engen Kontakt kommen. Die winzigen Wassertröpfchen des Nebels sind sichtbar oder doch zumindest an der Grenze des Sichtbaren. Sie bilden eine Wolke und zeigen, wie die Kondensation fortschreitet, wobei Wasser und Luft sich genau im Gleichgewicht befinden. Die fast gewichtslosen Tröpfchen haben das starke Bestreben, Wasser hervorzubringen, und deshalb vereinigen sie sich beim geringsten Anlaß. Fährt man mit dem nackten Arm durch den Nebel, bleiben sie an den Haaren hängen wie Tau an den Grashalmen. Ein kaltes Glas ist sofort mit kondensiertem Wasser bedeckt. Und wenn man durch den Nebel geht oder läuft, spürt man die kühlen Tröpfchen, die auf die Haut treffen.

Nebel ist an manchen Stellen zu allen Jahreszeiten relativ häufig, und er kann sich überall bilden, wo niedrige Temperaturen, feuchte Luft und schwacher Wind oder Windstille zusammentreffen. Der häufigste Typ ist der *Strahlungsnebel*: Er entsteht, wenn der Boden sich abkühlt, so daß die Feuchtigkeit in der darüberliegenden Luft kondensiert.

Er kommt am häufigsten in den klaren, ruhigen, länger werdenden Herbstnächten vor, wenn der Erdboden Wärme abgibt, ohne daß eine Wolkendecke sie am Entweichen hindert. Vielfach findet man solchen Nebel in Tälern, Senken und anderen niedrig liegenden Bereichen, wo sich die kühle Luft sammelt, und er bildet sich oft früh am Morgen, wenn die aufgehende Sonne dafür sorgt, daß sich warme, feuchte Luft mit der Kaltluft am Erdboden mischt. Leichter Wind trägt ebenfalls zur Bildung von Strahlungsnebel bei, denn er mischt die Moleküle von Luft und Wasserdampf noch stärker und bringt sie mit dem kalten

Boden in Berührung. Da der Nebel dichter und schwerer ist als die umgebende Luft, setzt er sich oft in Tälern und anderen Niederungen fest. Er entsteht oft am frühen Abend, wenn der Wind sich legt und die Luft sich abkühlt, und bleibt so lange erhalten, bis steigende Temperaturen und Wind ihn am Morgen auflösen.

Advektionsnebel, den man häufig an Küsten findet, ist im wesentlichen eine bis auf den Boden hängende Schichtwolke; er entsteht, wenn eine warme, feuchte Luftschicht über eine kühle Wasser- oder Bodenoberfläche fließt, so daß das in ihr enthaltene Wasser kondensiert. Küstengebiete sind besonders nebelanfällig, weil die Luft dort häufig viel Wasserdampf aufnimmt. Im Spätsommer und im Frühherbst ist das Wasser deutlich wärmer als die Nachtluft, so daß die Wassermoleküle in der Luft sich abkühlen und zu Nebel kondensieren. An Westküsten ist der Advektionsnebel im allgemeinen verbreiteter als an östlichen Ufern, weil die vorherrschenden Winde die feuchte Luft von Westen herantreiben. Man findet ihn häufig an der kalifornischen und nordatlantischen Küste, wo warme Luft mit sehr kalten Meeresströmungen in Berührung kommt. Der berühmte Nebel von San Francisco entsteht, weil feuchte Warmluft über die kalte kalifornische Meeresströmung in Richtung der Küste treibt. Auf der anderen Seite Nordamerikas ist besonders der Nebel in der kanadischen Fundybay erwähnenswert; er hat seine Ursache in dem seichten Wasser der Bucht, das wärmer ist als der Atlantik, von dem es gespeist wird. Im Nordatlantik ist dichter Advektionsnebel häufig; seine Ursache sind die feuchten Winde, die mit dem Golfstrom in nördlicher Richtung wehen und in den Gewässern um Neufundland mit dem kalten Labradorstrom zusammentreffen.

Böschungsnebel ist Advektionsnebel, der häufig an Berghängen auftritt, wenn warme Luftströmungen der Geländeform folgen und schließlich eine Höhe erreichen, wo sie wegen kalter Oberflächen kondensieren müssen. Der Mount Washington in New Hampshire erlebt diese Art des Nebels an etwa 300 Tagen im Jahr. Häufig ist er auch in den Ebenen des mittleren Westens, wo feuchter Wind vom Golf von Mexiko am Fuß der Rocky Mountains aufsteigt, und in Küstengebieten, wo die feuchte Meerluft an Berghängen nach oben gedrückt wird.

Dampfartiger Nebel kommt über offenem Wasser vor, wenn die Luft über seiner Oberfläche etwa drei bis sechs Grad kälter ist als das Wasser. Die Luft unmittelbar über dem Meer, See oder Fluß nimmt Wärme und Wasserdampf auf, mischt sich mit der darüberliegenden Kaltluft und kondensiert zu dünnem Nebel, der ein paar Zentimeter bis einen Meter über dem Wasser schwebt. Weht gleichzeitig ein schwacher Wind, geht der Nebel von den Wellenkronen aus.

Niederschlagsnebel bildet sich dicht über dem Boden, wenn warme Regentropfen durch eine kalte Luftschicht dicht über der Erde fallen. Er kommt oft während des Frühlingsregens vor, wenn sich über Schneeresten noch eine kalte Luftschicht hält.

Eisnebel entsteht, wenn Dampf oder der Atem eines Menschen mit Luft von weniger als –40 Grad in Berührung kommt und zu Eiskristallen kondensiert. Er ist selten, außer an den kältesten Orten der Erde, beispielsweise an den Warmwassergeysiren im Yellowstone-Nationalpark und in der Antarktis, wo der Dampf aus der Heizung der Forschungsstationen so dichten Nebel aus Eiskristallen entstehen läßt, daß die Station selbst manchmal überhaupt nicht mehr zu sehen ist.

Am berühmtesten ist der Nebel von London und San Francisco, aber an anderen Orten tritt er noch häufiger auf. Die nebligste Stelle der Erde ist wahrscheinlich das Cape Race an der Südostecke Neufundlands; dort ist der Blick auf den Atlantik an durchschnittlich 158 Tagen im Jahr verhüllt. An der Westküste der USA hält den Rekord für den meisten Nebel das Cape Disappointment im Bundesstaat Washington, wo es insgesamt etwa 30 Prozent der Zeit neblig ist – das sind durchschnittlich 2552 Nebelstunden im Jahr. Der Rekord an der Ostküste sind 1580 Stunden auf Mistake Island in Maine.

Dunstige Tage

Anders als Nebel, der meist nur örtlich begrenzt auftritt, betrifft Dunst große Gebiete. Am häufigsten ist er an schwülen Sommertagen, wenn die Luft so warm ist oder so wenig Wasserdampf enthält, daß sich keine Wolken bilden können, und wenn kein Wind die Partikel in der Luft wegweht. Dunst ist Luft, die Wolken bilden will und es nicht kann.

Trüber, staubiger, schleierartiger Dunst läßt den Horizont verschwimmen und die Sonne matt erscheinen, denn er besteht aus einem ungewöhnlichen Überfluß an atmosphärischen Gasen und in der Luft schwebenden Teilchen, die man zusammen als Aerosole bezeichnet. Würden die Voraussetzungen für die Kondensation herrschen, würden die Aerosole zu einem großen Teil als Keime für die Bildung von Wassertröpfchen wirken. Statt dessen hängen sie in der Atmosphäre und streuen das Sonnenlicht. Die Farbe des Dunstes zeigt, welche Art von Partikeln gerade vorherrscht. Der graue Dunst, den man häufig an den Meeresküsten antrifft, entsteht durch winzige Salzpartikel, die von Wellen und Wind in die Luft geschleudert werden. Blauer Dunst, wie man ihn über den Rocky Mountains sowie über dem Blue Ridge und den Great Smokey Mountains im Osten der USA beobachtet, hat seine Ursache in Ozon, das sich mit den *Terpenen* verbindet, einer Gruppe von Kohlenwasserstoffen, die von Pflanzen abgegeben werden und an den Böschungen der bewaldeten Gebirgszüge aufsteigen. Im Nahen Osten wird feiner Staub aus der Wüste in gewaltigen Mengen in die Luft gewirbelt; er erzeugt einen so charakteristischen roten Dunst, daß man dem Gewässer, das ihn am stärksten widerspiegelt, den Namen Rotes Meer gab. Der graubraune Dunst über Großstädten und Industriegebieten ist Smog, eine Mischung aus Straßenstaub, Autoabgasen, Öl- und Kohleflugasche und anderen vom Menschen produzierten Schadstoffen.

Inversionswetterlagen: rauchiger, schmutziger Dampf

Der unheilschwangere Bodennebel billiger Horrorfilme (ein Genre, das 1979 mit John Carpenters *The Fog* so etwas wie einen Höhepunkt erreichte) ist ein Gemeinplatz, der Ungeheuer bequem außer Sicht bleiben läßt, aber damit ist noch nichts über das Wesen des Nebels gesagt. Ist Nebel gefährlich? Ja, wenn er Flughäfen und Autobahnen zudeckt, aber von sich aus eigentlich nicht. Dennoch gab es gelegentlich Berichte über todbringenden Nebel, beispielsweise 1931 in der Zeitschrift *Science*. Dort heißt es unter dem Titel «Der tödliche belgische Nebel»: «Am Wochenende des 7. Dezember [1930] herrschte in Belgien und England sehr dichter Nebel, und die örtliche Presse berichtete, in der Nähe von Lüttich seien mehr als 40 Menschen und eine beträchtliche Zahl Kühe mit Erstickungssymptomen gestorben. Wie die Autopsie von zwölf Kühen zeigte, waren Lungenödeme die Todesursache... Zur endgültigen Beurteilung dieses Phänomens muß man die Ergebnisse einer Untersuchung abwarten, welche die belgische Regierung vorgenommen hat.»

Wie sich bei dieser Untersuchung herausstellte, waren Menschen und Tiere nicht am Nebel selbst gestorben, sondern an Schadstoffen aus Fabriken, die durch eine sogenannte *Inversionswetterlage* in einem Bereich mit stehender Luft festgehalten wurden. Der Nebel, den man zunächst verantwortlich gemacht hatte, war nur eine Folge der ungewöhnlich hohen Schwebestoffdichte in der Luft.

Vom Menschen erzeugte und natürliche Luftschadstoffe sind nie gut für die Erde und ihre Bewohner, aber wenn sie unter einer Inversion eingefangen werden, können sie tödlich sein. Eine Inversionswetterlage entsteht, wenn eine warme Luftschicht die darunterliegende Kaltluft festhält, so daß diese – und die in ihr enthaltenen Abfallstoffe – nicht aufsteigen und sich verteilen können. In dünn besiedelten Gebieten, beispielsweise

TAU UND SMOG IN QUEENS

über einem See, der von Hügeln oder Bergen umgeben ist, richtet sie kaum Schaden an. Ist die Ursache jedoch eine große, langsam fließende Luftmasse mit hohem Druck, die tagelang über bebauten, dicht bevölkerten Gebieten liegt, können die Auswirkungen verheerend sein.

Den Londoner Nebel hält man oft für eine reizvolle Besonderheit dieser Stadt, aber er war lange Zeit ein Anzeichen, daß Industrie, Autos und Kohlefeuerungen gewaltige Aerosolmengen in die Luft freisetzten. Schlechte Luft war mindestens seit dem 12. Jahrhundert ein Teil des Londoner Lebens – damals verwendete man zum erstenmal Kohle in großem Umfang für Heizung und Handwerk. Bis Mitte des 16. Jahrhunderts hatten sich die Verhältnisse in der Stadt so verschlimmert, daß mindestens ein prominenter Bürger sich veranlaßt sah, König Charles II. zum

Handeln aufzufordern; er schrieb, die Luft sei so schlecht, daß er und seine Nachbarn «durch nichts als einen unreinen, dicken Nebel atmen müssen, der von einem rauchigen, schmutzigen Dampf begleitet ist und die Lunge ruiniert, so daß Katarrh, Husten und Schwindsucht in dieser einen Stadt mehr wüten als sonst auf der ganzen Welt». Noch schlimmer wurde es während der industriellen Revolution im 18. und 19. Jahrhundert, aber erst im 20. Jahrhundert hatten die Londoner den sicheren Beweis, daß ihre achtlose Luftverpestung tödlich sein konnte.

Am 3. Dezember 1952 bildete sich hoch über London durch aufsteigende Warmluft eine Wolkenschicht, die zum «Deckel» für eine größere Inversion wurde. In den folgenden vier Tagen war die Stadt in so dichten braunen Smog gehüllt, daß man nur noch 30 Zentimeter weit sehen konnte. Es wurde kalt und dunkel, und darauf folgte die natürliche Reaktion: Man schaltete das Licht ein, heizte Kohleöfen an und nahm Elektroheizungen in Betrieb – mit der Folge, daß die ohnehin gefährliche Konzentration der von der Inversion festgehaltenen schwefelhaltigen Schadstoffe weiter zunahm. Der Straßen- und Schiffsverkehr kam praktisch zum Erliegen. Die Menschen – vor allem ältere – wurden krank und füllten die Krankenhäuser. Und dann begann das Sterben. Bis ein Tiefdruckgebiet herangezogen war und den Smog aufgelöst hatte, waren über 4000 Londoner tot, und viele tausend weitere lagen mit Atembeschwerden in den Hospitälern.

Kurz nach dieser Katastrophe verabschiedete man neue Gesetze mit Grenzwerten für Rauchemissionen, so daß sich die Schadstoffmenge drastisch verringerte. Die Londoner Luft soll innerhalb weniger Jahrzehnte um 80 Prozent sauberer geworden sein als vor der Inversion von 1952.

Im Gebiet von Los Angeles entstehen Inversionswetterlagen häufig durch warme Luftmassen, die über dem Pazifik kreisen; sie fangen die vom Meer abgekühlte Luft ein und bilden dann über der Stadt den berüchtigten Smog. Da Los Angeles von den San-Gabriel- und San-Bernardino-Bergen umgeben ist, sind die

Inversionen oft recht beständig. Als der spanische Entdecker Rodriguez Cabrillo 1542 in die Bucht von Los Angeles kam, bemerkte er, daß der Rauch von den Lagerfeuern der Indianer nur ein kurzes Stück nach oben in die Luft stieg und sich dann waagerecht verbreitete – ein klassisches Anzeichen für eine Inversionswetterlage.

Tau

In früheren Zeiten erinnerten sich wetterkundige Bauern, die morgens zu ihrer Scheune gingen, wahrscheinlich an ein altes Sprichwort:

Wenn der Tau liegt auf dem Gras,
Macht es heut kein Regen naß,
Sieht man aber trockne Wiesen,
Wird es vor dem Abend gießen.

Fehlender oder vorhandener Tau ist zwar kein absolut sicheres Wetterzeichen, aber er spiegelt die Vorgänge in der Atmosphäre während der Nacht wider. Starker Tau bildet sich oft unter einem klaren Himmel, wenn der Verlust von Strahlungsenergie am Boden die Voraussetzungen für die Kondensation schafft. Bildet sich dagegen kein Tau, ist die Ursache oft eine Wolkendecke, die in der Nacht die Abkühlung des Bodens verhindert.

Tau ist wie Nebel ein Produkt feuchter Luft, die mit einer kalten Oberfläche in Berührung kommt. Nachts kühlt sich die Erdoberfläche ab, so daß die warme, feuchte Luft, die in seine Nähe kommt, ebenfalls Wärme verliert. Da kalte Luft nicht soviel Wasser festhalten kann wie warme, nimmt ihre Sättigung mit Wasserdampf immer stärker zu, bis schließlich der sogenannte

Taupunkt erreicht ist, an dem sie die Feuchtigkeit nicht mehr aufnehmen kann. Wenn kein Wind für eine senkrechte Durchmischung der Kaltluft und der warmen, gesättigten Luft sorgt, erfolgt die Kondensation nicht in der Luft (was Nebel erzeugen würde), sondern auf allen kalten Oberflächen, welche die Luft berührt. Wenn also die Wassermoleküle einen Grashalm berühren, kondensieren sie dort. Das Wasser vermischt sich mit der Feuchtigkeit, welche die Pflanzen durch Verdunstung aus ihren Zellen abgeben, und auf diese Weise entstehen die glitzernden Tautropfen, die unsere Schuhe durchweichen, wenn wir morgens über den Rasen laufen.

Da Tau scheinbar aus der dünnen Luft entsteht und nur in kleinen Mengen vorkommt, hielt man ihn lange für eine Art himmlischen Nektar mit magischen oder verjüngenden Eigenschaften. Wenn man, vor allem im Mai, das Gesicht damit wusch, sollte das gut für den Teint sein, und als Getränk hielt man ihn für ebenso gesund wie Lebertran – und dabei schmeckte er sicher besser. Bei den Maifeiern im alten England wälzten sich junge Mädchen manchmal nackt im Morgentau, weil sie sich attraktiver machen wollten. Sogar der mürrische alte Kämpfer Oliver Cromwell nahm ab und zu einen Schluck Maitau, der ihm Kraft und jugendliche Gesundheit verschaffen sollte.

WINTER

Einleitung

Der Winter ist eine Jahreszeit der Widersprüche. In vielen Kulturkreisen ist er die Zeit des Feierns und Schenkens, in der Feste und Freundlichkeit die Menschen über die langen Nächte und das kalte, nasse Wetter hinwegtrösten. Weihnachten, der wichtigste Feiertag in der christlichen Tradition, stammt zum Teil von sehr alten heidnischen Festen ab, von denen das bekannteste die Saturnalien des alten Rom waren. Sie wurden Ende Dezember mit drei bis sieben Feiertagen begangen, an denen man alle Arbeiten unterbrach; die Sklaven hatten dieses eine Mal die Freiheit, alles zu tun, was sie mochten. Schon viel früher hatten die Griechen Ende Dezember zu Ehren ihres Fruchtbarkeitsgottes Dionysos die Dionysien gefeiert, und außerdem gab es die Halkyon-Tage zu Ehren des mythologischen Königs Ceyx und seiner Gattin Halkyone. Und noch früher feierten die Babylonier die Sacaea, einen Neujahrstag mit Festen, Trinkgelagen, sexueller Freizügigkeit und Scheinkämpfen, in denen man die Erschaffung der Welt nachspielte.

Einige Wurzeln hat das Weihnachtsfest auch im Yule-Girth-Fest der Goten und Sachsen. Bei ihnen war es Brauch, in der Nacht der Wintersonnwende auf den Bergen große Feuer anzuzünden, um damit die schwindenden Flammen der Sonne neu anzuheizen. Überreste dieser Tradition gibt es auch in den heutigen Weihnachtsfeiern: man verbrennt Jule-Hölzer, schmückt die Häuser und verziert die Weihnachtsbäume mit Kerzen.

Die Jahreszeit war aber nicht nur häufig der Anlaß zu üppigen und beschwingten Feiern, sie war auch die Ursache weniger erfreulicher Zusammenkünfte. Das Wort *Winter* stammt aus dem Angelsächsischen und hat wahrscheinlich die gleiche Wurzel wie *Wind* (die Angelsachsen nannten den November «Wint-Monat»). Es ist die grausame Jahreszeit der Dunkelheit und des Niedergangs, die Domäne der Geister und Hexen, in der die Welt des Lebendigen in Schlaf, Tod und Zerfall versinkt. Bei den alten Hindus und Chinesen war es die Zeit, in der man die Ahnen verehrte und die Geister der Verstorbenen besänftigte. Auch Skandinavier und Kelten betrieben im Winter den Totenkult: Sie zündeten auf den Bergen große Feuer an, die alljährlich Tod und Wiedergeburt der Sonne symbolisierten. In der nordischen Mythologie wandert Woden (Odin), der Totengott, im Winter über der Erde. Nach den Prophezeiungen der isländischen Sagenwelt wird die Welt inmitten eines schrecklichen Winters untergehen. Und nach den Vorhersagen iranischer Mythen wird die Menschheit in einer verheerenden Zeit mit Regen, Schnee und Eis zugrunde gehen.

Auf der Nordhalbkugel beginnt der Winter offiziell am 21. oder 22. Dezember, dem Tag der Wintersonnwende, es ist der kürzeste Tag des Jahres. Der Nordpol hat wegen der Schrägstellung der Erdachse seinen sonnenfernsten Punkt erreicht und befindet sich in der Mitte einer langen, ununterbrochenen Nacht. Die Sonne geht am Morgen der Wintersonnwende am südlichsten Punkt des ganzen Jahres auf und wandert auf der niedrigsten Bahn; jenseits des nördlichen Polarkreises, der auf 23,5 Grad nördlicher Breite liegt, erhebt sie sich überhaupt nicht über den Horizont.

Wann der Winter wirklich beginnt, ist je nach Ort, Sichtweise und den Launen des Wetters unterschiedlich. Der Naturforscher Hal Borland bestand darauf, in Neuengland falle der Winteranfang auf den ersten Vollmond nach der Mitte des Novembers. In Nordeuropa galt traditionell der Martinstag, also der 28. Oktober, 1. oder 11. November, als erster Tag des Winters, denn der Heilige, der auf einem weißen Pferd ritt, stellte den Schnee dar. Die Botaniker sprechen von Winter, wenn die durchschnittliche Tagestemperatur unter sechs Grad sinkt, denn dann stellen die Pflanzen das Wachstum ein, der Pflanzensaft fließt nicht mehr, und Blätter, Stiele und Blüten verwelken und sterben ab.

In den gemäßigten Klimazonen ist die Wintersonnwende zwar der kürzeste, meist aber nicht der kälteste Tag des Jahres. In großen Teilen der Nordhalbkugel kann man den 21. Dezember kaum als Wintertag bezeichnen, denn er ist selten so kalt wie die noch bevorstehenden Januar- und Februartage. Diese Verzögerung des Kälteeinbruchs erklärt sich durch die Fähigkeit der Erde (und insbesondere der Wassermassen, die ihre Oberfläche zu drei Vierteln bedecken), Wärme aufzunehmen und festzuhalten, ganz ähnlich wie Ofenkacheln, die auch nach Verlöschen des Feuers noch lange warm bleiben. Es muß viele Wochen lang kalt sein, bevor diese gespeicherte Wärme verschwunden ist. Der tiefe Winter stellt sich oft erst im Januar ein und dauert dann so lange, bis die Tage wieder länger und wärmer geworden sind, so daß der Schnee schmilzt und die Pflanzen mit neuem Leben hervorbrechen.

Winter hat in den einzelnen Gegenden der Erde unterschiedliche Bedeutungen. Im Süden der USA betrachtet man die Wintersonnwende als die Mitte des Winters, und anders als in den weiter nördlich gelegenen Regionen sinkt die Temperatur danach gewöhnlich nicht weiter. In den Tropen und Subtropen ist der Winter keine Jahreszeit von Schnee und Minusgraden, sondern eine Zeit der Neuankömmlinge: Diese Gegenden erleben nicht nur einen Ansturm menschlicher Kälteflüchtlinge aus dem Norden, sondern auch eine gewaltige Zuwanderung von Zugvögeln. Das kann bei den Vögeln zu einem erheblichen Anstieg der Besiedelungsdichte führen, insbesondere seit die Konkurrenz um Lebensraum durch die Vernichtung der Regenwälder zugenommen hat.

Im hohen Norden wird es oft schon im August Winter, und

bis zum September hat er dort wirklich Fuß gefaßt. Nördlich des 70. Breitengrades, in den einsamen Gebieten des nördlichen Polarkreises, verschwindet die Sonne vom 16. November bis zum 18. Januar völlig; auf 80 Grad nördlicher Breite ist sie sogar vom 19. Oktober bis zum 22. Februar nicht zu sehen.

Je weiter man nach Norden kommt, desto mehr Menschen leiden an der Winterdepression. Die Mediziner haben diese milde Form der seelischen Verstimmung als «saisonabhängige Depression» oder kurz SAD bezeichnet, und den Untersuchungen zufolge sollen in nördlichen Breiten bis zu 25 Prozent der Bevölkerung daran leiden. Symptome sind ständige Traurigkeit, Müdigkeit, Langeweile, vermehrtes Schlafbedürfnis, Gewichtszunahme und der Wunsch nach sozialem Rückzug. Nach einer Theorie ist das Hormon Melatonin für die Symptome verantwortlich, denn man entdeckte, daß die Konzentration dieser Substanz im Blut mit den kürzer werdenden Tagen erheblich zunimmt. Durch Behandlung mit künstlichen Licht kann man den Melatoninspiegel senken, und in vielen Fällen schwächen sich dann auch die Symptome der SAD ab.

Keine wissenschaftlichen Befunde über den Winter, keine Beobachtungen und Analysen, keine Computerdiagramme, keine komplizierten Berechnungen, die uns eine Hoffnung auf den bevorstehenden Frühling vermitteln sollen, erregen soviel Aufmerksamkeit wie der Gruß des Murmeltiers am 2. Februar. Wenn das Murmeltier seinen Schatten sieht, kann man der Volksweisheit zufolge mit sechs weiteren winterlichen Wochen rechnen, aber wenn kein Schatten zu sehen ist, wird der Frühling wahrscheinlich zeitig Einzug halten. Nach Amerika kam die Murmeltierlegende über Deutschland, wo der 2. Februar als «Lichtmeß» vom einfachen Volk mit großen Feiern im Freien begangen wurde. Ursprünglich hatte das Fest nichts mit Tieren zu tun, aber später erhob man einen Dachs oder Bären in den Rang des Wetterpropheten. Möglicherweise hat der Volksglaube eine gewisse meteorologische Grundlage, denn blauen Himmel und Sonne – und damit den Schatten des Murmeltiers –

beobachtet man im Februar oft bei kalter, klarer und stabiler Wetterlage, die auf größere kalte Luftmassen und eine bevorstehende längere Kälteperiode hinweist.

Werden die Winter wärmer?

Offenbar kann sich jeder an eine Zeit erinnern, als die Winter härter waren als heute. Und das übliche Argument gegen diese Beobachtung lautet: Das Gedächtnis ist unvollkommen. Wir erinnern uns eher an das Ungewöhnliche und Schwierige, und davon abgesehen erschien uns der Schnee in Kindertagen sehr tief, wenn er einem Erwachsenen kaum bis an den Stiefelschaft reichte. Dennoch hat man jahrzehntelang behauptet, die Winter würden in vielen Gegenden der Erde milder, und in jüngster Zeit betrachtete man dies als Anzeichen der globalen Erwärmung durch den Treibhauseffekt (obwohl die Wissenschaftler im Zusammenhang mit der Theorie vom Treibhauseffekt gewöhnlich darauf hinweisen, daß man seine Auswirkungen erst im 21. Jahrhundert spüren wird). Die Meteorologen erklären Klimaveränderungen dagegen meist als normale Schwankungen von unterschiedlicher Dauer.

Behauptungen, die Winter würden wärmer, sind nichts Neues. Ein kanadischer Journalist schrieb 1853 im *Colonial Magazine*: «Es scheint, als hätten sich einige Härten Kanadas schon abgemildert und als sei das Land dabei, immer sanfter zu werden. Seit ein Teil seiner Wälder gerodet, die Sümpfe trockengelegt und die Dörfer und Siedlungen eingerichtet wurden, teilen uns die Indianer mit, der Frost sei schwächer und seltener geworden – der Schnee falle in geringeren Mengen und löse sich früher wieder auf.»

Es gibt unwiderlegliche Hinweise, daß das Klima im Laufe der Zeit schwankt. Mittelalterliche Gemälde der Alpen zeigen

Gletscher an Stellen, wo heute keine sind – ein Indiz für die «kleine Eiszeit», die etwa von 1200 bis zur Mitte des 19. Jahrhunderts dauerte. Solche Klimaschwankungen in relativ kurzen Zeiträumen könnten ihre Ursache in Veränderungen der Sonnenwärme haben, aber auch in Verlagerungen der Erdbahn oder der Erdachse sowie in atmosphärischen Schwankungen.

Möglicherweise waren die Winter in manchen Teilen der Erde noch vor wenigen Jahrzehnten kälter und mit mehr Schnee verbunden. Wenn man sich bei der Beurteilung jedoch nur auf Kälteperioden in den USA stützt, gelangt man zu einer anderen Schlußfolgerung. Der kälteste Winter in den ersten 90 Jahren des 20. Jahrhunderts war in den USA nicht 1935/36 oder 1948/49, wie unsere Großväter gerne behaupten, sondern 1978/79. In diesem Jahr lag die Durchschnittstemperatur in den 48 zusammenhängenden Bundesstaaten bei −2,77 Grad Celsius, das sind einige Grad weniger als in allen anderen Wintern des 20. Jahrhunderts und etwa drei Grad weniger als der über 98 Jahre ermittelte Durchschnitt von +0,2 Grad.

Blinke, blinke, kleiner Stern

Die Sterne blinzeln oder blinken, und deshalb nimmt man natürlich an, die entfernten Sonnen würden ungleichmäßig leuchten, wie Lagerfeuer. Betrachtet man die Sterne jedoch von einem Standpunkt außerhalb unserer Atmosphäre, blinken sie überhaupt nicht. Die Schwankungen des Lichts, die wir beobachten, sind eine optische Verzerrung, die in der Atmosphäre durch Luftschichten von unterschiedlicher Temperatur und Bewegung entsteht. Das Licht, das schließlich unsere Augen erreicht, wird zuvor durch wandernde «Luftblasen» ständig verzerrt und verschoben. Wenn man sich weit genug über dem Boden befindet, vermindert sich die Verzerrung, und deshalb liegen die meisten Sternwarten auf Berggipfeln über den Luftschichten der Niederungen.

In manchen tropischen Ländern gilt ein verstärktes Blinzeln der Sterne als Zeichen, daß die Regenzeit kurz bevorsteht. Ungewöhnlich starke Lichtschwankungen entstehen durch instabile Luft, zunehmende Feuchtigkeit und Wind in hohen Luftschichten, und deshalb sind sie ein verläßliches Anzeichen, daß Niederschlag bevorsteht. Auch auf die Farbe der Sterne sollte man achten: Bei hoher Feuchtigkeit blinzeln sie in Blau, und das ist ein weiterer Hinweis auf heranziehenden Regen.

EULEN-FALTER
SEIDEN-RAUPEN-MOTTE, Kokon aus Blättern
Puppen der SACKTRÄGER-MOTTE
HONIG-BIENEN
EISBÄR im Winterquartier
FROSCH beim Überwintern
GALLE an einer Goldrute
SCHILDKRÖTE beim Überwintern
GÄNGE DES BORKENKÄFERS

Kälte

Im Januar Meteore zu beobachten ist eine kalte Beschäftigung. Um sie uns zu erleichtern, haben wir am Fluß ein Lagerfeuer angezündet; hier werden die Kanus auf das Ufer gezogen, und die Zelte kauern sich im Schnee zusammen. Ab und zu kommen wir zurück, um uns am Feuer zusammenzudrängen; wir schieben mit dem Fuß ein Stück Holz an die richtige Stelle und sehen den Funken zu, die in Richtung der Sterne wirbeln. Dann gehen wir wieder in die Dunkelheit hinaus und beobachten die leuchtenden Kiesel, die über den Himmel flackern. Wir sind stark und entschlossen, aber vor allem ist uns kalt. Die Kälte kriecht durch alle Schichten unserer High-Tech-Winterkleidung, sie saugt die Wärme aus Ohrläppchen, Fingern und Zehen, jenen gefährdeten Grenzbereichen, weit entfernt von der Wärmepumpe des Herzens. Wenn die Kälte eine Fingerspitze erfaßt hat, kann man spüren, wie sie einem Rostpilz gleich an den Knochen entlangkriecht.

Da kalte Luft nicht so viel Wasserdampf aufnehmen kann wie warme, ist die Luft in kalten Nächten oft am saubersten und klarsten. Heute nacht sind die Sterne so hell und deutlich zu erkennen, daß man fast meint, sie mit den Händen greifen zu können. Aber dieser Anblick hat seinen Preis. Mir fällt ein, daß Kälte der ursprüngliche und eigentliche Zustand des Universums ist, und ich versuche mir vorzustellen, ich triebe in den kalten Tiefen des Weltraums.

Aber die Phantasie läßt mich im Stich. Wir sind es gewohnt, an Kälte in Begriffen von Temperaturen zu denken, bei denen Wasser gefriert, aber im Weltraum gefrieren die *Moleküle*. Nach den Erkenntnissen der Wissenschaftler gibt es keine niedrigere Temperatur als den absoluten Nullpunkt von −273 Grad, bei dem die Bewegung der Moleküle aufhört. Die Durchschnittstemperatur des Universums liegt den Berechnungen zufolge bei 270,3 Grad Celsius.

Auf der Erde ist Leben unter anderem deshalb möglich, weil die Atmosphäre uns vor der Kälte des Weltraums schützt. Und doch erleben manche Orte auf der Erde so extreme Kälte, als käme sie unmittelbar aus der großen Leere, als habe sich die Decke der Atmosphäre für einen Augenblick geöffnet, so daß alle Wärme von der Oberfläche gesaugt wurde, während Kälte und Dunkelheit freien Zutritt hatten. Die kältesten Punkte unseres Planeten sind die Pole, jene Enden des Globus, die im Laufe des Jahres am wenigsten direkte Sonnenstrahlung abbekommen und im Winter in völlige Dunkelheit gehüllt sind.

Fast jeder weiß, was es bedeutet, wenn man sich in klirrender Kälte aufhält, wenn sich die Nasenhöhlen aufblähen und wenn die Luft beim Atmen die Lungen zu verbrennen scheint. Aber im Nord- und Südpolargebiet gibt es noch eine höhere Stufe der Kälte. Es gibt Geschichten von Kälte, in der die Lunge blutet, in der die Zähne brechen und in der Zahnfüllungen wie Orangenkerne herausfallen.

Der Nordpol ist ein rauher, unwirtlicher Ort; es gibt dort kein Land, sondern nur eine ewige Eisschicht über einem mehrere tausend Meter tiefen Ozean, aber das Wetter ist mild im Vergleich zum Inneren der Antarktis mit dem Südpol. Auf diesem öden, gebirgigen, schneebedeckten Kontinent, der größer ist als die USA und Westeuropa zusammen, liegen die Temperaturen im Durchschnitt um mindestens 20 Grad niedriger als in der Arktis, und er hält auch den Rekord für die niedrigste Temperatur: Am 21. Juli 1983 wurden in der Antarktis-Forschungsstation Wostok −89,5 Grad Celsius gemessen. Am Südpol lag die höchste gemessene Temperatur bei −15 Grad, und die Jahresdurchschnittstemperatur beträgt −49,7 Grad. Die Temperaturen sind auf der Eiskappe des Südpolargebiets so niedrig, weil nur sehr wenig kurzwellige Strahlung von der Sonne die Erdoberfläche erreicht; der größte Teil, nämlich etwa 80 Prozent, wird von der ständig vorhandenen Schneedecke zurückgeworfen. Nur in einer kurzen Phase im November und Dezember, wenn auf der Südhalbkugel Hochsommer ist, nehmen die Eis- und Schneeflächen im Inneren der Antarktis geringfügig mehr Strahlungsenergie auf, als sie abgeben.

Im Jahr 1937 beschrieb der britische Entdecker Apsley Cherry-Garrard, der mehrere Expeditionen zum Südpol überlebt hatte, in seinem Buch *The Worst Journey in the World* die Kälte als so eisig, daß der Schweiß im Inneren seiner Kleidung zu Platten gefror, insbesondere in seinem Schlafsack, in dem er mit bedecktem Kopf schlafen und die warme, aber auch feuchte Luft innen ausatmen mußte. Morgens war seine Kleidung feucht, aber noch nicht gefroren, und da es so kalt war, mußte er genau aufpassen, in welcher Haltung er aus dem Zelt kam, denn nach 15 Sekunden waren die Kleidungsstücke eingefroren, so daß er den ganzen Tag die gleiche Körperhaltung beibehalten mußte. Er schreibt:

> Die Temperatur lag bei −66 [Grad Fahrenheit, etwa −54 Grad Celsius], und wir waren schon ganz schön vereist... Für mich war es eine sehr schlimme Nacht; eine Folge von Schüttelfrösten, die ich nicht beenden konnte und die jedesmal viele Minuten lang von meinem Körper Besitz ergriffen, bis ich glaubte, mein Rücken würde zerbrechen, weil er so stark belastet wurde. Man spricht von Zähneklappern: Aber richtig kalt ist es erst, wenn der ganze Körper klappert. Die Qual kann ich nur mit einer Kiefersperre vergleichen, die ich unglücklicherweise einmal mit ansehen mußte. Die Tiefsttemperatur lag in dieser Nacht unter dem Schlitten gemessen bei −69 und über dem Schlitten bei −75 [−56 bzw. −59 Grad Celsius]...
>
> Der Atem knisterte, wenn er gefror. Es gab keine überflüssige

Unterhaltung: Ich weiß nicht, warum die Zungen nie einfroren, aber meine sämtlichen Zähne, deren Nerven schon abgestorben waren, zerfielen in Stücke.

Paul Siple, ein anderer Entdecker, der Richard E. Byrd 1929 auf der ersten Antarktisexpedition begleitet hatte, beschrieb später einige Wirkungen der Kälte: «Der Dampf aus dem Atem eines Menschen konnte die Augenlider plötzlich zusammenfrieren lassen, so daß der Betreffende glaubte, er sei erblindet. Der Atem kam stoßweise, und die Gelenke schmerzten. Der starke Kälteschmerz an Fingern und Zehen konnte einen leicht ablenken und sogar die Fähigkeit zu klarem Denken zunichte machen.»

In gemäßigteren Zonen ist nicht ganz so extreme Kälte ein normaler Bestandteil des Winters. Temperaturen von −40 bis −45 Grad wurden an vielen Orten in Nordamerika gemessen, wenn Kältewellen aus der Arktis herunterschwappten. Temperaturen wie die −62 Grad am 3. Februar 1947 in Snag (Yukon Territory) und die −56 Grad am 20. Januar 1954 in Rogers Pass (Montana) sind offenbar nur bei wolkenlosem Himmel möglich (Wolken schirmen die Erde ab und halten Wärme fest), wenn die Luft gleichzeitig trocken und ruhig ist. Besonders niedrige Temperaturen werden auch häufig weit über dem Meeresspiegel in Tälern gemessen, wo die kalte Luft zu Boden sinkt.

Die Temperatur an der Erdoberfläche hängt letztlich von der Sonneneinstrahlung ab. Im April 1815 brach der Vulkan Tambora in Niederländisch-Ostindien aus und schleuderte gewaltige Gas- und Aschemengen in die Atmosphäre. Im folgenden Jahr verdunkelte in Europa und Amerika eine dichte Aschewolke den Himmel, die in diesem «Jahr ohne Sommer» vermutlich die Ursache umfangreicher Mißernten und Hungersnöte war. Auch für das sehr kalte Wetter, das Neuengland ein Jahr später (1816) erlebte, dürfte sie verantwortlich gewesen sein. Die Farmer in Neuengland sprachen vom «Winter achtzehnhundertundtotfrieren».

Die Kälte ist der Grund, daß Bären Winterschlaf halten, Zaunkönige in den Süden ziehen und Frösche sich am Boden von Tümpeln vergraben. Moorhühner sitzen manchmal im lockeren Schnee, um sich vor Kälte zu schützen, und Singvögel verkriechen sich zitternd im Gebüsch.

Einige der raffiniertesten Methoden der Tierwelt zum Umgang mit der Kälte haben die Insekten entwickelt. Die radikalste Anpassung besteht darin, den Sommer mit Fressen und Paarung zu verbringen, die Eier vor Einbruch der Kälte an einem geschützten Ort abzulegen und dann zu sterben, gewissermaßen als Ergebung in die unüberwindlichen Schwierigkeiten des Winters. Weniger drastisch verhalten sich viele Wasserinsekten: Sie graben sich in den Untergrund von Seen und Flüssen, und Arten, die ohnehin im Boden leben, verkriechen sich noch tiefer in Schlamm und Erde, um nicht einzufrieren. Viele Käfer und Fliegen suchen Schutz unter Baumrinden und trockenem Laub, wo sie in einen Winterschlaf mit stark verminderten Lebensfunktionen verfallen. Die meisten Arten überwintern als Eier oder Puppen, aber der Eulenfalter (eine der 101 Arten von *Cucullinae*, die in Neuengland vorkommen) übersteht den Winter als ausgewachsenes Tier; er sucht Schutz unter Blättern, die ihrerseits mit Schnee bedeckt sind, Paarung und Eiablage finden im Vorfrühling statt, ungefähr zu der Zeit, wenn die Bäume ausschlagen und kurz bevor die Zugvögel zurückkehren und Jagd auf die Schmetterlinge machen. Die Larven des indischen Käfers *Trogoderma granarium* fallen nicht nur bei niedrigen Temperaturen in eine Starre, sondern auch wenn sie von Trockenheit oder Hunger bedroht sind, und in diesem Zustand können sie bis zu acht Jahre lang verharren. Bienen drängen sich zu dichten Klumpen zusammen und bewegen die Flugmuskeln, um Wärme zu erzeugen und in ihrem Stock eine Temperatur über dem Gefrierpunkt aufrechtzuerhalten. Andere Insekten verfügen über Mechanismen, mit denen sie das Einfrieren entweder verhindern oder überleben.

Viele Insekten überstehen die Kälte, weil sie in einen «winterfesten» Ruhezustand übergehen können: Sie entleeren den Darm, so daß er keine Flüssigkeit mehr enthält, oder sie produzieren verschiedene Fette und Zucker, so daß die Körperflüssigkeit erst weit unter dem Gefrierpunkt erstarrt. Manche Insekten können das Wasser in ihrem Körperinneren auch in unterkühltem Zustand halten – vorausgesetzt, sie bewegen sich nicht – und so Temperaturen von bis zu −35 Grad überstehen. Andere, zum Beispiel die Raupen eines Schmetterlings und ein in subarktischen Regionen beheimateter Mistkäfer, können praktisch jede vorstellbare Kälte überleben: Sie machen aus ihrer Körperflüssigkeit eine Lösug von 40 Prozent Glycerin – die gleiche Verbindung wird auch in Frostschutzmitteln für Autos verwendet. Mit diesem Gefrierschutz überleben die Raupen zumindest kurzfristig Temperaturen von −87 Grad.

Am widerstandsfähigsten sind Insekten, die einfach einfrieren. Die Raupe des Bärenspanners *Gynaephora* lebt in der Arktis und ist zehn Monate im Jahr bei Temperaturen bis zu −50 Grad gefroren; nur in dem kurzen Polarsommer taut sie auf und wächst heran, bis sie schließlich nach 13 Jahren ausgereift ist und sich in den Schmetterling verwandelt. Diese Unempfindlichkeit gegen das Gefrieren ist nur möglich, weil das Insekt den ganzen Vorgang verlangsamt und steuert, so daß die Körperzellen sich auf die Belastungen des Erstarrens einstellen können.

Unsere eigenen Körperzellen sind leider nicht so anpassungsfähig. Wir Menschen sind für extreme Temperaturen ausgesprochen schlecht gerüstet. Je weiter die Nacht fortschreitet, desto weniger Zeit verbringe ich mit dem Beobachten von Meteoren, und immer häufiger bin ich in der Nähe des Feuers. Irgendwann fesselt ein Lichtblitz meine Aufmerksamkeit, und als ich aufblicke, sehe ich einen Meteor, der eine feurige Linie über den Himmel zieht, wie ein Streichholz, das über Sandpapier reibt. Ich warte, aber kein Hauch von Wärme dringt zu mir herab.

Eisiger Wind

Der Wind verstärkt die Kälte. Selbst Temperaturen, die eigentlich nur mäßige Kälte bedeuten, können durch den Kühleffekt des Windes sehr unangenehm und sogar gefährlich werden. Kalter Wind führt zu viel stärkerem Wärmeverlust als kalte Luft allein. Deshalb ist die Erfrierungsgefahr bei 0 Grad und Wind von 70 Stundenkilometern größer als bei −40 Grad und ruhiger Luft. Bei sehr niedrigen Temperaturen kann der Unterschied zwischen Windstille und leichter Brise für ein Tier Leben oder Tod bedeuten.

Um den Kühleffekt des Windes, auch «Wind-chill-Faktor» genannt, zu berechnen, multipliziert man die Windgeschwindigkeit (in Meilen) mit 1,5 und zieht das Ergebnis von der Temperatur (in Grad Fahrenheit) ab. Bei einer Lufttemperatur von 20 Grad Fahrenheit und einer Windgeschwindigkeit von 30 Meilen pro Stunde lautet die Berechnung demnach: $20 - (30 \times 1{,}5) = -15$. Der Wind-chill-Faktor beträgt also − 15 Grad Fahrenheit.

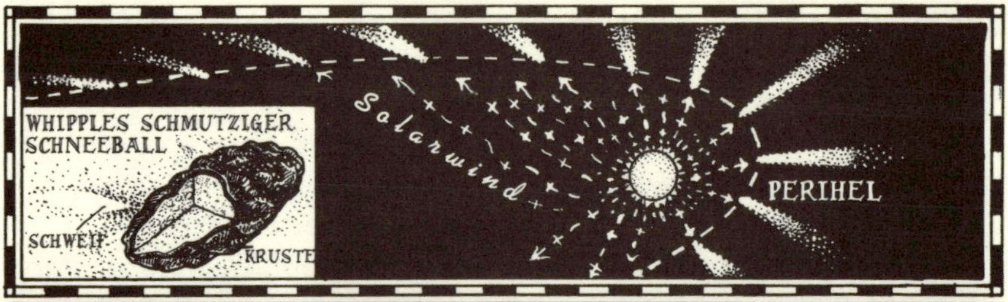
WHIPPLES SCHMUTZIGER SCHNEEBALL
SCHWEIF
KRUSTE
Solarwind
PERIHEL

Sterne mit dem Hauch des Schreckens: Kometen

. . . und wie ein feuriger Komet
Der brennend den Ophiochus durchmißt
Mit einem Schweif des Schreckens, der
Nur Pest und Kriege nach sich zieht.

John Milton, Paradise Lost

Kometen wandern bis an die äußersten Grenzen unseres Sonnensystems und legen dabei so gewaltige Entfernungen zurück, daß sie manchmal sogar die schwarze Leere bis zu Alpha Centauri, dem nächsten Fixstern, überwinden; damit haben sie auch in der Phantasie der Menschen eine unübersehbare Spur hinterlassen. In Zeiten, als man allgemein annahm, man könne aus den regelmäßigen, zuverlässig vorhersehbaren Bewegungen der Sterne und Planeten die Zukunft ablesen, stellten Kometen das Unbekannte und Geheimnisvolle dar. Sie tauchten ohne Vorankündigung auf und wurden immer heller, um dann wieder zu verblassen und zu verschwinden. Sie waren unberechenbar und schienen von Kräften gelenkt zu werden, von denen man nichts wußte.

Wie alle Besonderheiten des Himmels, so betrachtete man auch die Kometen in der Geschichte meist mit Unruhe und Argwohn, und sie galten als Vorboten schlechter Neuigkeiten. Auf alten Stichen und Gobelins sind sie häufig als Schwerter oder Dolche dargestellt, die am Himmel hängen, oder aber als abgeschnittene Köpfe mit wallendem Haar – dieses Bild ist besonders aufschlußreich, denn das griechische Wort *kometes* bedeutet «haarig» und beschreibt den buschigen Schweif der Kometen. In einem Kometen, der im Jahr 44 v. Chr. auftauchte, sahen die Römer einen Vorboten für die Ermordung Julius Cäsars, die sich später im gleichen Jahr ereignete. Ein weiterer erschien im Jahr 837 und galt als Todesbote für den fränkischen Kaiser Ludwig den Frommen, der dann 840 tatsächlich starb. Als der Schweifstern, der später als Halleyscher Komet bekannt wurde, im Jahr 66 n. Chr. über Jerusalem sichtbar wurde, sagten die Bewohner entmutigt voraus, ihre Stadt werde an die Römer fallen (was vier Jahre später tatsächlich geschah).

Bis zum Ende des 17. Jahrhunderts, der Zeit Isaac Newtons und Edmond Halleys, wußte man über Wesen und Herkunft der Kometen so gut wie nichts. Einer der ersten, die sie nicht als übernatürliche, göttliche oder atmosphärische Erscheinungen, sondern als astronomisches Phänomen betrachteten, war der dänische Forscher Tycho Brahe; nach seinen Berechnungen mußten sie mindestens sechsmal weiter von der Erde entfernt sein als der Mond, und damit verwarf er die lange Zeit anerkannte Vorstellung von Aristoteles, wonach Kometen Feuer waren, die langsam in den oberen Atmosphärenschichten brannten. Aber selbst Tycho Brahe glaubte noch, der Komet, den er 1577 beobachtet hatte, werde «sein Gift über der Erde ausspeien» und Krieg, Seuchen und religiösen Hader auslösen. Aus der kurzen Beobachtung der wenigen sichtbaren Kometen ließ sich scheinbar unmöglich ermitteln, ob sie wie Planeten die Sonne umkreisten oder das Sonnensystem auf gerader Linie durchquerten. Selbst die vorsichtigsten Astronomen gelangten zu der Überzeugung, daß Kometen als Zufallserscheinungen durch den Weltraum wandern und nie wieder auftauchen, wenn sie einmal den Blicken entschwunden sind. Johannes Kepler stellte Anfang des 17. Jahrhunderts die richtige Behauptung auf, daß Kometen durch reflektiertes Sonnenlicht leuchten und daß ihr Schweif von der Sonnenstrahlung in die von der Sonne abgewandte Richtung gelenkt wird, aber auch er hielt an der falschen Vorstellung fest, wonach Kometen nicht auf Kreisbahnen, sondern in gerader Linie wandern und im Äther spontan aus «Fettkügelchen» entstehen; durch den Raum gelenkt wurden sie danach von einer inneren Intelligenz.

Isaac Newton beobachtete 1680/82 einen Kometen und gelangte daraufhin mit seinen Berechnungen zu dem Ergebnis, die Bahn müsse eine langgezogene Ellipse um die Sonne sein. Auf der Grundlage dieser Theorie und der von Newton entwikkelten mathematischen Methoden zeigte sein Freund Edmond Halley zum erstenmal, daß Kometen nicht unbedingt nur einmal auftauchen.

Halley wurde zum Namenspatron für den berühmtesten periodisch wiederkehrenden Kometen, den er 1682 beobachtet hatte. Nachdem er alle verfügbaren Erkenntnisse über frühere Kometen zusammengetragen hatte, erkannte er, daß der von Kepler 1607 beschriebene im gleichen Himmelsabschnitt aufgetaucht war wie der von 1682. Halley forschte weiter nach und entdeckte, daß Kometen, die man 1456 und 1531 gesehen hatte, ebenfalls über denselben Himmelabschnitt gezogen waren. Demnach, so seine Schlußfolgerung, handelte es sich bei diesen Beobachtungen, die sich in Abständen von 75 oder 76 Jahren wiederholten, jeweils um denselben Kometen, der auf einer riesigen elliptischen Bahn wanderte. Wenn seine Berechnungen stimmten, so schrieb er, müsse 1758 wiederum ein Komet auftauchen.

Halley lebte nicht so lange, daß er die Erfüllung seiner Vorhersage noch hätte erleben können, aber sobald man den Kometen am Weihnachtstag des Jahres 1758 ausmachte, verband man seinen Namen damit. Die Aufzeichnungen über das frühere Auftauchen des Halleyschen Kometen reichen bis ins Jahr 240 v. Chr. zurück – damals beobachtete man ihn in China und machte ihn für den Tod der Kaiserin Dowager verantwortlich. Sein Erscheinen im Jahr 684 ist in der «Nürnberger Chronik» verzeichnet, zusammen mit der üblichen Aufzählung von Folgen wie Seuchen, Mißernten und Unwettern. Er tauchte auch 1066 auf, im Jahr der normannischen Eroberung Englands, und nach dem Volksglauben war er der Vorbote für den Sieg Willams des Eroberers über Harald von England. Der Gobelin von Bayeux, auf dem der normannische Sieg in 17 Bildern dargestellt ist, zeigt den Halleyschen Kometen als auffälligen Stern mit

Hitparade der Kometenformen in der Kunst

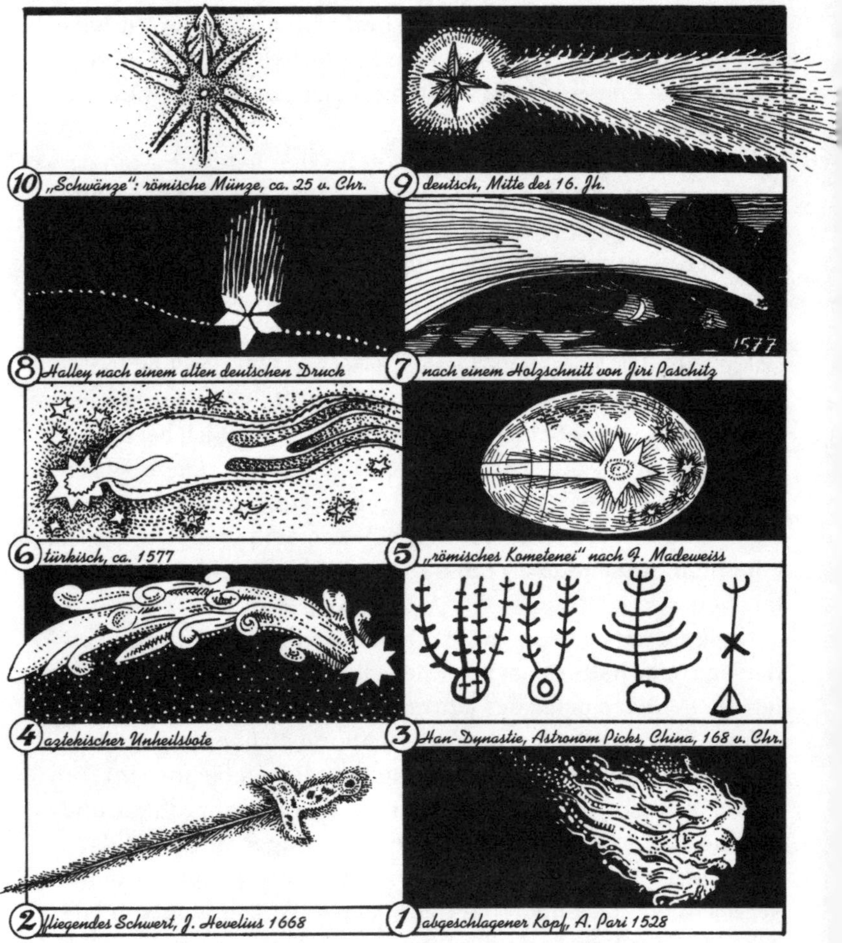

10 „Schwänze": römische Münze, ca. 25 v. Chr.

9 deutsch, Mitte des 16. Jh.

8 Halley nach einem alten deutschen Druck

7 nach einem Holzschnitt von Jiri Paschitz

6 türkisch, ca. 1577

5 „römisches Kometenei" nach F. Madeweiss

4 aztekischer Unheilsbote

3 Han-Dynastie, Astronom Picks, China, 168 v. Chr.

2 fliegendes Schwert, J. Hevelius 1668

1 abgeschlagener Kopf, A. Pari 1528

mehreren Schwänzen, auf den ein besorgter Mensch mit dem Finger zeigt.

Die Wiederkehr des Halleyschen Kometen im Jahr 1910 war von großer Aufregung und ein wenig Hysterie begleitet. Es war erst das dritte derartige Ereignis, seit Edmond Halley die Gesetzmäßigkeit seiner Bahn erkannt hatte, aber inzwischen wußte man schon wesentlich mehr über Kometen im Allgemeinen und den Halleyschen Kometen im Besonderen. Den Zeitpunkt seines Perihels, wenn seine Umlaufbahn den sonnennächsten Punkt erreichte, konnte man auf drei Tage genau berechnen, und die Wissenschaftler hatten recht detaillierte Vorstellungen davon, was sie erwartete. Dennoch gab es in der Öffentlichkeit verbreitet Mißverständnisse und Mißtrauen. Die Ankündigung, die Erde werde auf ihrer Umlaufbahn den Schweif des Kometen durchqueren, weckte in vielen Menschen die Überzeugung, der Weltuntergang stehe bevor. Das Gerücht ging um, der Schweif enthalte tödliche Gase, und das veranlaßte Geschäftemacher, «Kometenpillen» zu verkaufen, die angeblich als Gegengift zu den Kometengasen wirken sollten.

Der Halleysche Komet wird manchmal auch «Komet der Lebensalter» oder «Komet der Menschen» genannt, weil seine Umlaufbahn ihn ungefähr alle 75 Jahre in die Nähe der Erde führt, und dieser Abstand entspricht der Lebenszeit eines Menschen. Die meisten Menschen, die bis zum Erwachsenenalter leben, haben die Gelegenheit, ihn zu sehen.

Was die Struktur der Kometen angeht, halten die meisten Wissenschaftler auch heute noch eine Theorie für richtig, die der amerikanische Astronom Fred Lawrence Whipple 1950 formulierte. Danach ist ein Komet im wesentlichen ein riesiger schmutziger Schneeball: Er besteht aus Eis, Ammoniak, Methan, Kohlendioxid, Blausäure und anderen Verbindungen mit eingebetteten Staub- und Gesteinspartikeln. Wahrscheinlich sind die Kometen genau wie die Asteroiden bei der Entstehung des Sonnensystems übriggeblieben, als sich Gas- und Staubwolken zusammenzogen und Sonne und Planeten bildeten.

Ebenfalls im Jahr 1950 spekulierte der niederländische Astronom Jan Oort, es könne weit jenseits der Umlaufbahn des Pluto einen Schwarm oder ein «Reservoir» von Kometen geben. In dieser riesigen, kugelförmigen «Oort-Wolke» könnten in ein bis zwei Lichtjahren Entfernung von der Sonne bis zu 100 Milliarden Kometen herumwirbeln. Gelegentlich wird ein Komet dann durch einen Zusammenstoß so weit ins Innere des Sonnensystems geschleudert, daß die Schwerkraft ihn einfängt und auf eine erdnahe Umlaufbahn bringt. Oorts Theorie erklärt, warum in regelmäßigen Abständen neue Kometen auf-

tauchen und an die Stelle derjenigen treten, die sich nach mehreren Umläufen in der Nähe der Sonne auflösen und verschwinden.

Als Whipple seine Theorie vom «schmutzigen Schneeball» formulierte, beschrieb er den Kern eines Kometen als ein Gebilde von wenigen Kilometern Durchmesser, das entweder aus festem Gestein oder aus festem Eis besteht. Solange der Komet auf seiner Umlaufbahn weit von der Sonne entfernt ist, bleibt er hartgefroren, und wegen der großen Entfernung reflektiert er dann auch so wenig Licht, daß man ihn von der Erde aus nicht sehen kann. Wenn er sich jedoch der Sonne nähert, heizt er sich auf, so daß das Eis zum Teil verdampft, und jetzt gibt er Gase, Staub und andere Teilchen ab. Sein Kern bleibt fest, aber er ist nun von einem «Koma» aus Staub umgeben, das den Durchmesser eines Planeten erreichen kann und in einen Schweif ausläuft, der sich oft über mehrere Millionen Kilometer erstreckt. Wenn der Komet das Perihel, den sonnennächsten Punkt seiner Umlaufbahn, passiert hat, kühlt er sich wieder ab: Das Koma verschwindet, der Schweif wird kleiner, und der Komet ist immer weniger zu erkennen. Bei anderen, beispielsweise beim Halley-Komet, dauert ein Umlauf länger, und deshalb kann man über längere Zeit hinweg mit einem auffälligen Schauspiel rechnen.

Als der Halley-Komet 1985/86 wieder auftauchte, flogen ihm zwei *Vega*-Raumsonden und eine namens *Giotto* aus der damaligen UdSSR und Europa entgegen; sie näherten sich dem Kometenkopf und machten Fotos. Die Bilder zeigten einen leicht hügeligen, porösen, elliptischen Kern mit einem Durchmesser von acht bis 16 Kilometern. Er war schwarz, bestand aber aus Eis (wie Whipple vorausgesagt hatte), das 80 Prozent Wasser, 17 Prozent Kohlenmonoxid und drei Prozent Kohlendioxid enthielt. Das Ganze flog durchs All wie ein schlecht geworfener Ball, mit einer Spiraldrehung in 7,4 Tagen und einer Taumelbewegung, deren Periode 52,2 Stunden lang war; während der ganzen Zeit spie er sieben große, längliche Strahlen aus, in denen pro Sekunde drei Tonnen Staub sowie 21 bis 60 Tonnen Gas und Wasserdampf freigesetzt wurden.

Kometen teilt man in «langphasige» und «kurzphasige» ein. Kurzphasige Kometen vollenden einen Umlauf in weniger als 200 Jahren, bei langphasigen dauert es länger, bis sie die Sonne einmal umrundet haben. Kurzphasige Kometen wie der Encke-Komet mit seiner Umlaufzeit von drei Jahren und sechs Monaten nähern sich der Sonne häufig und lösen sich recht schnell auf, so daß sie bald verblassen. Der Biela-Komet mit einer Periode von sechs Jahren und neun Monaten war im 19. Jahrhundert mehrmals deutlich zu erkennen, aber als er im Februar 1846 wieder auftauchte, war er in zwei Hälften zerfallen, jede mit eigenem Schweif. Bei seinem nächsten Erscheinen im Jahr 1852 hatten sich die Hälften getrennt, die eine flog kurz hinter der anderen her, und beiden stießen lange Schweife aus. Danach sah man sie nie wieder.

Langphasige Kometen haben so langgezogene Umlaufbahnen, daß man sie nur schwer vorhersagen kann. Dann und wann taucht ein «neuer» Komet auf, der vielleicht zum letztenmal zu sehen war, lange bevor es Menschen gab, die ihn hätten wahrnehmen können. Der Komet von 1811 war 18 Monate lang zu erkennen, wurde von Woche zu Woche heller und hatte eine Zeitlang einen Schweif von über 160 Millionen Kilometer Länge – das ist mehr als die Entfernung von der Sonne zur Erde. Bei einem anderen, der 1843 auftauchte, erstreckte sich der Schweif etwa über ein Viertel des gesamten Himmels. Er gehörte zu den Kometen, die fast die Sonne streifen – er flog in nur etwa 130000 Kilometer Entfernung an ihr vorüber – anders als der Halley-Komet, bei dem die geringste Sonnenentfernung fast 90 Millionen Kilometer beträgt. Wegen dieses geringen Abstandes wurde der Komet bis auf über zwei Millionen Stundenkilometer beschleunigt, so daß der Vorbeiflug an der Sonne kaum mehr als einen Tag dauerte, als wolle er noch einmal kräftig Anlauf nehmen, bevor er wieder in die äußeren Regionen des Sonnensystems geschleudert wurde. Der Donati-Komet des Jahres 1858 hatte mehrere unregelmäßig geformte Schweife, die langsam ihre Gestalt veränderten und damit die Theorie unterstützten, daß die Gase sich innerhalb eines Kometen aufstauen und gelegentlich explodieren, wobei ein ganzer Partikelstrahl aus dem Kometenkern hervorbricht. Besonders viel Aufsehen erregte der Komet von 1861, unter anderem weil er sich der Erde bis auf 18 Millionen Kilometer näherte, die Hälfte des Abstandes zur Venus, wobei sein Schweif unseren Planeten tatsächlich streifte. Einige Augenzeugen behaupteten später, der Komet von 1861 sei eine Warnung Gottes vor dem bevorstehenden Schrecken des amerikanischen Bürgerkrieges gewesen. Der Komet von 1882 hatte fast die gleiche Umlaufbahn wie der von 1843 und streifte die Sonne ebenfalls; er spaltete sich in zwei Teile, von denen der kleinere nach und nach verschwand; das größere Stück folgt noch heute derselben Bahn.

Die alten Ängste vor Kometen sind möglicherweise nicht ganz unbegründet. Nach einer anerkannten Theorie war der Einschlag eines Kometen oder eines anderen großen Himmelskörpers die Ursache für das Aussterben der Dinosaurier (und vielleicht auch anderer Ereignisse des Massenaussterbens). Würde ein Komet von Halley-Größe unseren Planeten treffen, könnten wir ein Massenaussterben hautnah miterleben. Ein wesentlich kleineres Kometenbruchstück war nach Ansicht mancher Wissenschaftler die Ursache des sogenannten Tunguska-Ereignisses von 1908: Damals ebnete eine gewaltige Explosion in Sibirien etwa 2000 Quadratkilometer Wald ein. Augenzeugen berichteten über einen großen, länglichen Gegenstand, der wenige Augenblicke vor der Detonation brennend über den Himmel flog; die Explosion war so gewaltig, daß man die Druckwellen auf der ganzen Welt spürte, und einige Tage später verdunkelte eine Staubwolke im 10000 Kilometer entfernten London die Luft. Die Bäume, die bei dem Einschlag entwurzelt worden waren, lagen strahlenförmig um einen Mittelpunkt herum, es gab aber keinen Krater, und das führte zu der Theorie, es habe sich um die Explosion eines Kometen oder Asteroiden gehandelt, der in der Atmosphäre verdampft war.

Von den etwa zehn bis zwölf Kometen, die jedes Jahr auftauchen, ist ungefähr die Hälfte neu und noch unbekannt. Einige sind mit bloßem Auge zu erkennen, aber die meisten sichtbaren Kometen sind so weit entfernt und erscheinen so klein, daß man genau wissen muß, wo und wann man nach ihnen zu suchen hat. Zwei gute Quellen für aktuelle Berichte sind die Zeitschrift *Sky and Telescope* und die Rubrik «Celestial Events» in der Zeitschrift *Natural History*.

In der zweiten Hälfte des 20. Jahrhunderts waren nur wenige Kometen mit auffälligem Schweif zu sehen, aber das kann sich jederzeit ändern. Für passionierte Sterngucker ist Geduld mit Sicherheit eine Tugend. Wenn vorher keine anderen Kometen auftauchen, kann man jederzeit auf den Halley-Kometen warten: Er ist 2061 wieder fällig.

Kosmischer Abfall

Ich kann mich noch gut erinnern, wie ich als Kind eines Nachts im Freien stand und die Sterne beobachtete; plötzlich wurde mir ein wenig bang, weil ein einzelnes, schwach leuchtendes Objekt sich lautlos über den Himmel bewegte. Mein Vater sagte mir, es sei ein Satellit – ein künstlicher Mond, konstruiert und in eine Umlaufbahn geschossen von Menschen in der damaligen Sowjetunion oder in Florida –, und er sende auch in dem Augenblick, als wir ihn sahen, Bilder und Informationen zurück zur Erde. Die Vorstellung, etwas von Menschen Gemachtes könne sich dort oben bei den Sternen befinden, erschien mir erstaunlich und beängstigend.

Heute, 30 Jahre später, braucht man in einer dunklen Nacht nur eine Stunde draußen zu stehen, um mit Leichtigkeit ein halbes Dutzend Satelliten auszumachen. Sie kommen und gehen mit der gleichen Regelmäßigkeit wie die Flugzeuge über einem Flughafen. Hunderte von ihnen umkreisen unseren Planeten, und alle sind damit beschäftigt, Informationen zu empfangen und zu übertragen – an Meteorologen, Astronomen, Telefongesellschaften und das Militär. Seit am 4. Oktober 1957 der erste *Sputnik* startete, hat man über 3600 Satelliten, Sonden und bemannte Raumstationen in Erdumlaufbahnen gebracht. Im Weltraum, oder zumindest in unserem Winkel davon, wird es langsam ganz schön eng.

Diese vielen kreisenden Gebilde geben häufig Hinweise auf

ihre Identität. Die meisten zivilen Satelliten wandern von West nach Ost (nie von Ost nach West), militärische Überwachungssatelliten dagegen fliegen häufiger von Nord nach Süd oder von Süd nach Nord. Sie unterscheiden sich in ihrer Helligkeit je nach Größe und Höhe, und manchmal scheinen sie schwach zu blinken, als ob sie taumeln und dabei rhythmisch eine Seite zeigen, die stärker reflektiert als die anderen. Wenn sie in den sonnenlosen Schatten hinter der Erde eintreten, werden sie unsichtbar, um ein paar Augenblicke später wieder ins Licht zu fliegen. Die Geschwindigkeit, mit der ein Satellit kreist, ist abhängig von seiner Erdentfernung. In einer Höhe von 320 Kilometern umrundet er die Erde einmal in 90 Minuten; bei 800 Kilometern braucht er dazu 100 Minuten und bei 35680 Kilometern 24 Stunden – in dieser Höhe rotiert er mit der gleichen Geschwindigkeit wie die Erde um ihre Achse.

Alle Satelliten haben nur eine begrenzte Lebensdauer. Manche werden schließlich von Astronauten mit Raumfahrzeugen eingesammelt und zurückgebracht, andere verschleißen und bleiben unbegrenzt in ihrer Umlaufbahn. Und ein paar fallen zur Erde. Als ich vor einigen Jahren mit Freunden am Ufer des Michigansees entlangfuhr, sahen wir einen großen Feuerball, der über dem See über den Himmel schoß. Wir hielten auf der rechten Straßenseite und sprangen aus dem Auto, um ihn genauer zu beobachten. Er kam aus Süden; für einen Meteor war er zu langsam, und einen schrecklichen Augenblick lang dachten wir, es könne sich um ein brennendes Flugzeug handeln. Aber es war nichts zu hören, der Gegenstand verlor offensichtlich keine Höhe, und irgend etwas an seiner Geschwindigkeit ließ die Vermutung aufkommen, daß er für ein Flugzeug viel zu hoch in der Luft war. Wir kamen zu dem Schluß, es müsse sich um einen ungewöhnlichen Meteor handeln, der vielleicht waagerecht durch die Atmosphäre raste, um dann wieder im Weltraum zu verschwinden. Nach ungefähr einer Minute hatte er den Himmel überquert und war am nördlichen Horizont verschwunden. Am nächsten Tag erfuhren wir, es sei ein sowjetischer Satellit gewesen, der bei seinem Eintritt in die Atmosphäre verglühte. Er schlug in einer abgelegenen Gegend von Ontario viele hundert Kilometer nördlich von uns auf.

Es war nicht das erste Stück Weltraumschrott, das auf die Erde stürzte, und es wird auch nicht das letzte sein. In der Atmosphäre über Kanada verglühte 1978 ein unbemanntes sowjetisches Raumfahrzeug, und die radioaktive Strahlung aus seinem Reaktor verteilte sich in der Nähe der Stadt Fort Reliance in den Nordwest-Territorien. *Skylab*, die 76 Tonnen schwere erste Weltraumstation der USA, stürzte im Juli 1979 nach 34000 Erdumkreisungen aus seiner Umlaufbahn, und seine Trümmer gingen verstreut über Australien und im Indischen Ozean nieder. Ein fünf Tonnen schwerer sowjetischer Spionagesatellit namens *Cosmos 1900* verglühte im Oktober 1988 in der Atmosphäre. Im November 1990 verbrannte die dritte Stufe der sowjetischen Rakete *Proton* über Nordfrankreich, nachdem sie einen Monat zuvor einen Nachrichtensatelliten in eine Umlaufbahn befördert hatte.

Neben ausgedienten Satelliten und Raketenstufen sind auch Tausende von Abfallstücken als Reste der Weltraumprogramme in Umlaufbahnen geblieben. Im Jahr 1961, knapp vier Jahre nachdem der sowjetische Satellit *Sputnik* das Weltraumzeitalter eingeläutet hatte, verfolgte die US-Luftwaffe schon etwa 60 Abfallgegenstände in Erdumlaufbahnen. Im gleichen Jahr zerbarst eine Rakete, die einen US-Satelliten transportierte, in über 300 Bruchstücke. Bis 1966 berichtete die Air Force schon über 1300 Abfallstücke von nennenswerter Größe in Umlaufbahnen. Und Ende 1991 konnte man mit dem Radar mindestens 7000 Stücke von zehn Zentimeter Durchmesser und mehr sowie fast 150000 Gegenstände von mindestens einem Zentimeter ausmachen. Tausende oder vielleicht Millionen weiterer Teile sind so klein, daß sie vom Radar nicht erfaßt werden, aber sie können immerhin noch «optische Umweltverschmutzung» hervorrufen, denn sie werfen das Sonnenlicht zurück und stören so die Beobachtungen der Astronomen.

Weltraummüll kreist mit 15000 bis 36000 Stundenkilometern,

und bei dieser Geschwindigkeit hat ein Aluminiumobjekt von einem Zentimeter Durchmesser die Durchschlagskraft einer Gewehrkugel. Ein Farbteilchen von 0,2 Millimeter – das ist etwa die Größe eines Salzkorns – traf im Juni 1983 die Windschutzscheibe einer US-Raumfähre und hinterließ im Glas eine beträchtliche Beule; daraufhin wurde den Ingenieuren klar, wie gefährlich größere Geschosse sein können. Seither wurden 17 weitere Raumfährenfenster zum Stückpreis von 50000 Dollar ausgetauscht, nachdem sie durch solche Einschläge beschädigt worden waren. Die Raumfähre *Columbia* fing im Januar 1990 einen Satelliten von der Größe eines Omnibusses ein, der mehrere Jahre in der Umlaufbahn gewesen war, und brachte ihn zurück zur Erde; wie sich herausstellte, war er von Tausenden kleiner Krater übersät. Nach eingehender Untersuchung kamen die Wissenschaftler zu dem Schluß, daß noch nicht einmal die Hälfte dieser Einschläge von natürlichen Meteoriten herrührten. In ihrer Mehrzahl waren sie durch Zusammenstöße mit von Menschen hergestellten Trümmern entstanden.

Um unseren Planeten kreisen etwa 3000 Tonnen Abfall, darunter Tausende von Satellitenbruchstücken, die nach der Erprobung amerikanischer und sowjetischer Antisatellitenwaffen zurückblieben, sowie Raketenumhüllungen, Sonnenzellen, Schutzschilde, Klammern, Riemen, Schrauben, Muttern, Objektivdeckel von Kameras und andere Kleinteile. Die größeren Trümmer sowie zahllose Farbteilchen, Keramiksplitter und winzige Stücke aus verschiedenen Metallen umkreisen die Erde am äußersten Rand der Atmosphäre in Höhen von 500 bis 800 Kilometern. Weiterer Abfall befindet sich in einem Abstand von 22 bis 35 Kilometern in einem Bereich, den man auch geostationäre Bande nennt. Die neuesten Satelliten, besonders solche zur Nachrichtenübermittlung, bringt man in weit entfernte, sogenannte geostationäre Umlaufbahnen, auf denen sie mit der gleichen Geschwindigkeit wie die Erde rotieren, so daß sie – meist irgendwo über dem Äquator – immer in derselben Position über der Erde stehen.

Was man nach oben befördert, kommt meist auch wieder herunter, aber bei dem Weltraummüll, der viele tausend Kilometer über der Erde kreist, kann das Jahrhunderte dauern. Gegenstände in niedrigeren Umlaufbahnen treten viel schneller wieder in die Atmosphäre ein und verglühen dort. Zumindest einige der von der Erde aus sichtbaren Meteore sind solche brennenden Abfallstücke menschlichen Ursprungs. Weltraummüll fliegt normalerweise viel langsamer als natürliche Meteore (vier bis acht Kilometer im Vergleich zu 15 bis 70 Kilometern pro Sekunde) und zerbricht oft in Teile, die grün oder blau leuchten, weil das in ihnen enthaltene Aluminium oder Magnesium verbrennt.

Die Fachleute nehmen das Problem des Weltraummülls mittlerweile so ernst, daß man mit internationalen Bemühungen versucht, seine Menge zu vermindern. Dennoch gab die US-Weltraumbehörde NASA kürzlich bekannt, die Zahl der Abfallstücke in Erdumlaufbahnen werde sich vermutlich bis zum Jahr 2010 verdoppeln. Es ist fast die gleiche Situation wie zu der Zeit, als viele Menschen einsahen, daß wir Abwässer nicht einfach in Flüsse und Meere pumpen können. Aus den Augen, aus dem Sinn? Für kurze Zeit vielleicht, aber Abfall ist noch immer zurückgekommen und hat uns Sorgen bereitet.

Eisblumen: Reif

Väterchen Frost knabbert vielleicht an Nase und Ohren, und im äußersten Fall kann er schmerzhafte, gefährliche Erfrierungen hervorrufen, aber er ist ein freundlicher Geselle, verglichen mit den Frostriesen der skandinavischen Mythologie, die nicht nur die Vorboten der Minustemperaturen waren, sondern auch den dunklen, tiefen Winter des Verderbens ankündigten, der den Weltuntergang einleitet.

Interessanterweise war der Frost Anlaß zu mehr mythologischen Erfindungen als Schnee und Eis. Vielleicht lag das an seiner Komplexität und seiner raffinierten Schönheit. In einer japanischen Legende ist der Frostmensch der ein wenig boshaftere Bruder des Nebelmenschen. In Finnland und dem Norden Rußlands waren Väterchen und Mütterchen Frost wichtige Gottheiten: Sie besaßen die Macht, das Wetter zu steuern, und man besänftigte sie regelmäßig mit Opfern, weil man dafür sorgen wollte, daß sie die Schneestürme milderten und zu den Rentierherden nicht zu grausam waren. Die Mordwinen im Osten Rußlands stellten Schüsseln mit Haferbrei für den Frost auf, um die Saat des kommenden Frühjahrs zu schützen. In anderen Gegenden Rußlands war Väterchen Frost ein riesiger Schmied, der die Erde und ihre Gewässer in eisige Ketten legte. Im deutschen Märchen schüttelte Frau Holle die Betten aus, und die Federn fielen als Schneeflocken zur Erde. Nach einem Mythos der Ureinwohner Australiens hat der Frost seinen Ursprung in den

RAUH-
EIS
RAUH
REIF

sieben Sternen der Plejaden; sie waren nach der Sage sieben Schwestern, die auf der Erde lebten, aber sie waren so kalt, daß sie mit Eiszapfen übersät waren, und man konnte sie nicht verführen, mit Männern zusammenzuleben. Um Zuflucht zu suchen, flogen sie in den Himmel, und seither reißen sie sich jedes Jahr die Eiszapfen vom Körper, um sie auf die Erde hinabzuwerfen. Und der englische Jack Frost ist eine kobold- oder elfenhafte Gestalt, der nach den Kinderliedern und Volksmärchen im Herbst die Blätter färbt und eisige Muster auf die Fensterscheiben malt. Ursprünglich war er wahrscheinlich ein Verwandter der grausamen Frostriesen aus Skandinavien. In der norwegischen Mythologie war der Windgott Kari der Vater von Jokul («Eiszapfen») oder Frosti («Frost»). Und aus Jokul Frosti wird im Englischen Jack Frost.

Reif auf den Kürbissen bedeutet für den Bauern, daß die Wachstumszeit vorüber ist und daß die Ernte oder das, was davon noch übrig ist, bald dem Winter Platz machen wird. In England bezeichnet das Wort *frost* eine Temperatur unter null Grad, aber in den meisten anderen englischsprachigen Ländern bedeutet *frost* das gleiche wie das deutsche Wort Reif: eine Ansammlung von Eiskristallen, die sich bildet, wenn Wasserdampf oder Wassertröpfchen mit einer sehr kalten Oberfläche in Berührung kommen. Kalte Luft, die schwerer ist als warme, sinkt in kalten, windstillen Nächten nach unten, so daß dort eine Schicht entsteht, die einige Grad kühler sein kann als die Luft unmittelbar darüber. Wenn eine Landfläche sich unter null Grad abkühlt, kondensiert der Wasserdampf aus der Luft unmittelbar zu jenen leichten, federartigen Ablagerungen, die wir als Reif bezeichnen und die an jeder kalten Oberfläche haften können. Wenn sich genügend Kaltluft angesammelt hat, beginnt sie zu wandern: Sie fließt langsam bergab, füllt alle Senken, Schluchten und Täler und läßt auf Bäumen, Sträuchern, kleineren Pflanzen, Steinen, Fensterscheiben, Dächern und anderen Gegenständen mit Temperaturen unter dem Gefrierpunkt den Reif entstehen. Wie jede schwere, fließende Substanz, so kann auch Kaltluft überfließen, in andere Senken und Täler wandern und schließlich, wenn Zeit und Temperatur es erlauben, bis zum Meer gelangen. Selbst bei strengstem Frost steigt die eiskalte Luft selten höher als drei Meter, und deshalb sind Gärten und Obstplantagen auf Hügeln viel weniger anfällig für Frostschäden als solche in Tälern oder Ebenen. Wer einen Obstgarten in einer von Erhöhungen umgebenen Niederung – einem sogenannten «Kälteloch» – anlegt, programmiert damit den Ärger vor.

Schon vor langer Zeit kannten die Bauern ein paar Tricks, um den Frost vorherzusagen. So wußte man, daß ein deutlich sichtbarer Mond auf bevorstehenden Frost hindeutete, denn in klaren Nächten kühlt sich die Erde schneller ab. Sieht der Mond dagegen unscharf, verschleiert oder sonstwie vernebelt aus, ist das ein Hinweis auf eine heranziehende Warmfront, und dann ist natürlich kein Frost zu erwarten. Wie die Bauern außerdem bemerkten, folgt auf einen windstillen Abend mit klarem Himmel und Temperaturen um fünf Grad oft klirrender Frost. Niedrigere Temperaturen am Abend, die von Wind und Bewölkung begleitet sind, gehen dagegen selten einer Frostnacht voraus.

Wenn die Bauern mit Frost rechnen, können sie ihre Feldfrüchte mit verschiedenen Methoden schützen. Kleine Gärten kann man mit Folien abdecken, welche die abgestrahlte Wärme festhalten und den Kontakt mit der feuchtigkeitsbeladenen Außenluft verhindern. Obstbauern zünden in Abständen zwischen den Bäumen Feuer an oder stellen Eimer mit glühenden Kohlen auf, oder sie sorgen mit riesigen Ventilatoren für Luftbewegung zwischen den Bäumen, damit die Kaltluft sich dort nicht absetzt. In extremen Fällen kann man Blumen und Gemüse mit Wasser besprühen, so daß sich eine isolierende Eisschicht bildet, die das Pflanzengewebe tatsächlich vor dem Einfrieren schützt.

Es gibt zwei Grundtypen von Reif. Am bekanntesten ist der *Rauhreif*, der eigentlich gefrorener Tau ist. Er entsteht, wenn der Wasserdampf aus stehender, feuchter Luft sich an einer kalten

Oberfläche unmittelbar verfestigt. Bei diesem Vorgang, Sublimation genannt, kann Wasserdampf zu Eis oder Eis zu Wasserdampf werden, aber in beiden Fällen fehlt die normale Zwischenstufe des flüssigen Wassers. Wenn die Luft sehr kalt und mit Wasserdampf gesättigt ist, bildet der Rauhreif oft charakteristische, empfindliche Federformen. *Rauheis* entsteht, wenn unterkühlte Wassertröpfchen aus Nebel oder tiefhängenden Wolken mit einem Gegenstand in Kontakt kommen und gefrieren. Es wächst in Windrichtung, weil dort immer mehr Tröpfchen mit den gefrorenen Kristallen in Berührung kommen, und bildet feder- oder nadelförmige Strukturen, die aus der dem Wind zugewandten Seite von Baumstämmen, Telefonmasten, Zaunpfählen und anderen Gegenständen ragen. Je stärker der Wind und je größer die unterkühlten Tröpfchen sind, desto umfangreicher wird die Rauheisformation. Auf Berggipfeln hat man Rauheisgebilde von bis zu einem Meter Länge gefunden.

Der gefürchtete Pogonip

Der dichte Nebel, der sich im Winter am Ostabhang der Gebirgsketten der Sierra Nevada bildet, gefriert manchmal zu Eiskristallen, die man dort auch als *Pogonip* bezeichnet; das Wort stammt aus der Sprache der Schoschone-Indianer und bedeutet «weißer Tod». Die in der Luft treibenden Eiskristalle heften sich sofort an Bäume, Büsche, Gras, Zäune, Telefonmasten, Gebäude, Steine und andere Oberflächen, wo sie wunderschöne Eisblumen bilden. Nach den Aussagen mancher Augenzeugen können die Kristalle so dicht in der Luft treiben, daß sie ein leises «Klingeln» erzeugen, wenn sie zusammenstoßen. Andere sind überzeugt, die gleichen Kristalle könnten Lungenentzündung und andere Krankheiten hervorrufen. Im Jahre 1887 berichtete das *American Meteorological Journal*, die Bergbewohner

bezeichneten den Pogonip als «eine Art gefrorenen Nebel, der sich manchmal im Winter bildet, sogar an den klarsten und hellsten Tagen. Von einem Augenblick zum anderen ist die Luft mit schwebenden Eisnadeln angefüllt. Den Pogonip einzuatmen bedeutet den Tod für die Lunge. Wenn er kommt, suchen die Menschen Unterschlupf. Die Indianer fürchten ihn ebenso wie die Weißen. Er entsteht offenbar durch das plötzliche Gefrieren der Luftfeuchtigkeit, die sich um den Gipfel der höheren Berge ansammelt.»

Ein ähnlicher Bericht erschien 1892 im *Scientific American;* darin wurde erwähnt, der Pogonip sei «charakteristisch für die höheren Lagen in der Sierra Nevada. Er steigt aus den Tälern auf, und sein eisiger Griff ist bei den Indianern, die für Lungenerkrankungen anfällig sind, so gefürchtet, daß sie das Lager verlegen, wenn die atmosphärischen Bedingungen darauf hindeuten, daß der schreckliche Nebel kommt.»

In neuerer Zeit haben Zeugen freudig berichtet, daß der Pogonip harmlos ist. Die alten Befürchtungen wurden wahrscheinlich geschürt, weil Tuberkulose im 19. Jahrhundert so stark verbreitet war, und wenn man kalte Luft – mit oder ohne Eisnadeln – einatmete, verschlimmerten sich bereits vorhandene Lungenleiden.

Die Natur als Künstler: Schneeflocken und Eiskristalle

Welches Kind könnte dem Geschmack von Schneeflocken widerstehen? Den Kopf im Nacken, mit geöffnetem Mund und ausgestreckter Zunge dieses bißchen Kälte einzufangen – für unsere Jüngsten gehören Schneeflocken auf der Zunge ebenso zum Winter wie Schlitten und Schneemänner. Wir nehmen es als selbstverständlich hin, daß der Schnee fällt, daß jede Flocke mit ihren raffiniert symmetrisch angeordneten Kristallen ein wunderbares, einzigartiges Gebilde ist. Aber ist sie das wirklich? Und wie entstehen Schneeflocken? Welche Chemie ist in den dichten dunklen Winterwolken am Werk?

Zur Geburt einer Schneeflocke gehört mehr, als Aristoteles meinte, als er behauptete, «wenn eine Wolke gefriert, entsteht Schnee». Schnee ist nicht einfach gefrorener Regen. Zwar wird Regen gelegentlich zu Eis, und dann fällt er als Graupel oder Eisregen zu Boden, aber Schnee entsteht unabhängig von den Wassertropfen in der Atmosphäre. In hohen Luftschichten bilden sich einzelne Eiskristalle, wenn Wasserdampf um Staub oder andere Teilchen herum gefriert. Ohne solche «Kondensationskeime» kann Wasser sich bis auf −40 Grad abkühlen, bevor es fest wird. Wenn wenige Keime in eine derart unterkühlte Wolke gelangen, wird daraus häufig ein Schneesturm. An die Kristalle lagern sich nacheinander weitere Wassermoleküle an, und dabei bilden sie einen symmetrischen, rasch wachsenden Ring. Wachstum und endgültige Form des Kristalls werden von

PLATTEN
STERNE
PRISMEN
GRAUPEL
UNREGELMÄSSIGE KRISTALLE
NADELN
DENDRITISCHE STERNE
PRISMEN mit verdickten Enden

Temperatur, Wind, Luftfeuchtigkeit und sogar vom Luftdruck bestimmt. Bei höherer Temperatur und Feuchtigkeit entstehen große, kompliziert gebaute Kristalle; die kleinen, einfachen Formen, die man häufig in Polargebieten findet, bilden sich dagegen, wenn Temperatur und Luftfeuchtigkeit sehr niedrig sind. Beim Fallen stoßen die Kristalle zusammen, und dabei brechen Eisstücke ab, die ihrerseits wiederum als Kondensationskeime dienen. Wenn sie durch wärmere Luftschichten fallen, haften sie aneinander, und auf diese Weise entstehen Schneeflocken, die manchmal mehr als tausend Kristalle enthalten.

Jede Schneeflocke ist also eine Ansammlung von Schneekristallen. Liegt die Temperatur in der Nähe des Gefrierpunkts oder knapp darüber, werden die Schneeflocken naß: Sie kleben aneinander und können bis zu einem Durchmesser von fünf bis sieben Zentimetern anwachsen. In seltenen Fällen werden sie sogar noch größer. Nach einem Bericht in der *Monthly Weather Review* von 1915 fielen am 28. Januar 1887 in einem Gebiet von mehreren Quadratkilometern bei Fort Keogh in Montana Flokken «größer als Milchschüsseln», mit 35 Zentimeter Durchmesser und 20 Zentimeter Dicke.

Nur wenn die Temperatur ständig unter dem Gefrierpunkt bleibt, fallen einzelne Kristalle bis zur Erde. Liegt die Temperatur in der Wolke, in der sie entstehen, und in der Luft, durch die sie fallen, über −2,7 Grad, sind die Kristalle im allgemeinen flach und sechseckig. Zwischen −2,7 und −5 Grad werden sie nadelförmig, und zwischen −5 und −7,7 Grad hohl und röhrenähnlich mit prismenförmigen Seitenflächen. Bei Temperaturen unter −7,7 Grad können sie wie Säulen, Sechsecke oder Farne geformt sein. Praktisch alle Schneeflocken haben sechs Seiten. Diese Sechsersymmetrie ist ein wenig rätselhaft; nach den Vermutungen mancher Wissenschaftler entsteht sie durch elektrische Ladungen in den Kristallen, andere meinen, sie sei eine grundlegende Eigenschaft der Wassermoleküle. Die Atome in einem H_2O-Molekül sind, wie Hans C. von Baeyer es bildhaft beschrieb, angeordnet «mit zwei kleinen Wasserstoffatomen an einem großen Sauerstoffatom wie die Ohren am Kopf von Mickymaus». Nach Ansicht von Baeyers und anderer Wissenschaftler sorgt der Winkel, in dem die Wasserstoffatome vom Sauerstoff abstehen – er beträgt etwa 120 Grad –, für die Sechsersymmetrie der Schneeflocken, in der sich demnach die Molekülstruktur des Wassers widerspiegelt.

Die Ansicht, daß keine zwei Schneeflocken genau gleich sind, läßt sich wissenschaftlich nicht überprüfen, aber sie stimmt wahrscheinlich. Zu viele Unwägbarkeiten spielen eine Rolle: Bildet sich der Kristall um ein Teilchen von Vulkanasche, um ein Körnchen Meersalz oder um ein Stück Industrieschmutz? In welcher Höhe entsteht sie? Wie warm war die Luft, die sie überquert hat, und wieviel Feuchtigkeit enthielt sie? Damit zwei Kristalle identisch sind, müßten sie sich unter genau denselben Bedingungen bilden, die gleiche Zahl an Wassermolekülen müßte sich in der gleichen Reihenfolge zusammenfinden, und der Kristall müßte auf dem langen Weg zur Erde mit der gleichen Zahl anderer Kristalle zusammenstoßen.

Auch wenn zwei Schneeflocken nie völlig gleich sind, unterscheidet man doch seit vielen Jahren allgemeine Kategorien oder Typen. Wilson Bentley, ein Farmer und Fotoamateur aus Vermont, begann in den achtziger Jahren des vorigen Jahrhunderts, Eiskristalle zu untersuchen und vergrößert zu fotografieren. Ausgestattet mit scheinbar unendlicher Geduld, einem Mikroskop und einer einfachen Kamera, stellte Bentley über 6000 Aufnahmen her; 2000 davon erschienen 1931 in seinem Buch *Snow Crystals*, und er unterschied darin mehrere hundert Kristalltypen.

Auch ein russischer Meteorologe beschäftigte sich 1910 ernsthaft mit Schneekristallen. Er wies in 176 Untersuchungstagen 246 Typen nach. In den dreißiger Jahren legte der japanische Wetterforscher Ukichiro Nakaya 39 Kristallkategorien fest und sprach außerdem von Anomalien und Seltsamkeiten, die er «Einzelfälle» nannte.

Im Jahre 1951 sorgte die Internationale Kommission für

Schnee und Eis für eine starke Vereinfachung, indem sie ein Klassifikationssystem mit sieben Kristallgrundformen festlegte: Plättchen, Stern, Prisma, Nadel, dendritisches Plättchen, dendritischer Stern und unregelmäßige Formen.

Der Sternkristall ist die klassische, allgemein bekannte Form der Schneeflocke und gleichzeitig die Grundlage des Mythos von den «nicht zwei gleichen». Sternkristalle sind nicht so häufig wie Kristallansammlungen und unregelmäßige oder asymmetrische Kristalle, aber sie sind uns durch zahllose künstlerische Darstellungen besonders vertraut.

Neben den grundlegenden Kristallformen kann Schnee auch Eiskügelchen bilden, wenn er von starkem Wind getrieben wird, der die Spitzen der Kristalle abbricht und sie zu winzigen Klumpen zusammendrückt. *Graupel* entsteht, wenn die Kristalle durch Schichten mit Tröpfchen aus unterkühltem Wasser fallen; die Tröpfchen bleiben flüssig, solange sie in der Luft schweben, aber sobald sie mit etwas Festem in Berührung kommen, gefrieren sie zu einer Reifschicht.

In Gegenden, wo es häufig schneit, betrachtet man den Schnee manchmal als lebende Gestalt. In japanischen Volksmärchen ist er Yuki-onne, die Schneefrau, die vor den im Schnee wandernden Menschen auftaucht und sie in Schlaf und Tod lockt. In der nordischen Mythologie ist er ein alter finnischer König namens Snar, und seine Töchter sind der dicke Schnee, der dünne Schnee und der Schneesturm. Die Inuit (Eskimos) der Arktis kennen so viele Formen von Schnee, daß sie einen umfangreichen Wortschatz brauchen, um ihn zu beschreiben. *Api* ist bei ihnen Schnee, der noch nicht vom Wind berührt wurde; *upsik* wurde vom Wind zu einer festen Masse zusammengedrückt; *siqoq* ist Schneestaub, der über den Boden zieht; *annui* ist fallender Schnee; *qali* klebt an den Ästen der Bäume; eine Schneefläche mit glatten, feinen Teilchen heißt *saluma roaq*, bei *natatgonaq* ist die Fläche rauh und mit groben Klumpen bedeckt; und *det-thlok* ist so tief, daß man Schneeschuhe braucht. Mit vielen Dutzend Variationen – nach manchen Berichten sind es bis zu 200 – können die Inuit genauer über Schnee sprechen als jedes andere Volk der Erde.

Wie die Entdecker der Antarktis zu ihrer Bestürzung feststellen müssen, eignet sich Schnee bei sehr tiefen Temperaturen (–45 Grad sind dort nichts Ungewöhnliches) nicht mehr zum Skilaufen. Bei dieser Kälte bilden die Eiskristalle, die fast ständig sogar aus klarem Himmel fallen, eine trockene, rauhe Oberfläche, die mehr wie Sand und nicht wie Schnee aussieht. Skier und Schlittenkufen lassen die Spitzen der Kristalle nicht mehr schmelzen und rutschig werden, sondern sie schieben die Kristalle nur noch hin und her.

Während der Schnee fällt und liegt, verändert er sich ständig. Schneeflocken, die auf der Erde liegen, umschließen winzige luftgefüllte Hohlräume und bilden eine hervorragende Isolierung. An der Oberfläche kann es um bis zu 30 Grad kälter sein als unter 15 Zentimetern lockeren Neuschnees. Wenn der Schnee sich absetzt, verwandelt er sich. «Altschnee» ist dicht zusammengedrückt, weil die lockeren, mit Spitzen versehenen Kristalle zu kleinen runden Körnern geworden sind. Noch später wird er zu *Firn:* Die Lücken zwischen den Körnern werden kleiner, so daß die Masse sich festigt und verhärtet. Dauert diese Verwandlung lange genug, entsteht schließlich festes Gletschereis.

Bei einem gewöhnlichen Schneeschauer in Neuengland, North Dakota, British Columbia, Sibirien oder Finnland fallen auf jeden Quadratmeter etwa drei Millionen Schneekristalle, die dann eine 25 Zentimeter dicke Schicht bilden. Etwa die Hälfte der Landflächen auf der Erde und auch ungefähr zehn Prozent der Ozeane sind zumindest zu manchen Zeiten des Jahres von Schnee bedeckt. Annähernd 125 Millionen Quadratkilometer der Erdoberfläche sind das ganze Jahr über von Schnee und Eis überzogen.

Den stärksten gemessenen Schneefall innerhalb von 24 Stunden in Nordamerika gab es am 14. April 1921: Damals fielen in Silver Lake in Colorado 190 Zentimeter von der weißen Pracht.

In jüngerer Zeit, nämlich am 5. und 6. April 1969, wurde die französische Stadt Bessans innerhalb von 19 Stunden unter 215 Zentimeter Neuschnee begraben. Vom 13. bis 19. Januar 1959 gingen bei einem Schneesturm auf der Mount Shasta Ski Bowl in Nordkalifornien 472 Zentimeter Schnee nieder. Der schneereichste Ort in Nordamerika ist, soweit man weiß, die Rainier Paradise Ranger Station im Bundesstaat Washington – dort fielen im Winter 1971/72 insgesamt 2805 Zentimeter. Die größte Schneetiefe, die in Nordamerika jemals gemessen wurde, lag am 11. März 1911 in Tamarack in Kalifornien bei über 112 Metern. Seltsamerweise schneit es im Inneren der Antarktis nur wenig. In dieser kältesten Gegend der Welt fällt Niederschlag zum größten Teil in Form von Eiskristallen, und die jährliche Menge entspricht dabei noch nicht einmal fünf Zentimeter Regen – das ist kaum mehr als in der Sahara. Die riesige Eiskappe in der Mitte des Kontinents wächst zwar, aber nur langsam und im Laufe von Jahrmillionen.

«Rein wie Schnee» ist vielleicht gar nicht so rein. Wie es aussieht, ist Schnee mehr als nur gefrorenes Wasser und Luft. Er nimmt aus der Luft so viel Nitrat, Calcium, Sulfat und Kalium auf, daß er in vielen Gegenden der Erde ein wichtiger Dünger für die Landwirtschaft ist. Er enthält aber auch die weniger angenehmen Spuren industrieller Umweltverschmutzung. Wenn sich Schneekristalle in schwefeldioxidvergifteter Luft bilden, entsteht saurer Schnee, der sich im Winter auf dem Erdboden ansammelt und im Frühjahr als sehr säurehaltiges Schmelzwasser in Flüsse und Seen gelangt.

Am besten kann man Schneeflocken einfangen und beobachten, wenn es mäßig kalt ist (ideal sind etwa −4 Grad) und wenn kein Wind die Flocken zusammenstoßen und ihre Spitzen abbrechen läßt. Manchmal fallen die Kristalle einzeln, aber häufiger kleben sie in lockeren Klumpen zusammen, die bei der Landung zerfallen. Wenn man eine dunkle Jacke trägt oder ein Stück dunkles Gewebe über Karton spannt und wartet, bis sich der Stoff an die Außentemperatur angepaßt hat, bleiben selbst

die feinsten, empfindlichsten Kristalle so lange erhalten, daß man sie genau betrachten kann.

Die meisten Schneeflocken haben einen Durchmesser von drei Millimetern oder weniger, und damit sind sie viel kleiner, als man sich nach den Darstellungen auf Weihnachtskarten manchmal vorstellt. Unter diese Drei-Millimeter-Flocken mischen sich aber auch Winzlinge, die kaum größer sind als der Punkt auf dem Buchstaben i. Und manchmal ist auch ein Riese darunter, vollkommen symmetrisch und verziert wie ein barockes Schmuckstück, rund und groß wie der Radiergummi am Ende eines Bleistifts. Solche großen Flocken taumeln langsam zu Boden, die flachen Seiten liegen waagerecht, und es macht besonders viel Spaß, sie mit Gesicht oder Zunge aufzufangen.

Wutanfälle der Natur: Schneestürme

Winterstürme beginnen selten mit Krachen und Toben. Sie fangen ganz ruhig an, steigern sich allmählich und umschließen uns, fast ohne daß wir es merken. Das erste Anzeichen eines Schneesturms ist meist ein langsames Absinken des Luftdrucks, begleitet von einer immer dicker werdenden Wolkendecke. Manchmal fällt Schnee, und dann sind die Flocken oft kleine, harte Eiskügelchen, die von der unruhigen Luft in den höheren Schichten rundgeschliffen und zusammengedrückt wurden; sie werden von einem Wind getrieben, der – zumindest anfangs – nicht beunruhigend stark zu sein scheint. Oft ist der Tag vor einem Wintersturm ungewöhnlich warm, und manchmal regnet es. Bis zum Abend hat ein leichter Südwind die Temperaturen oft so weit ansteigen lassen, daß sich eine falsche Frühlingshoffnung breitmacht.

Dann, in der Nacht, dreht der Wind auf Nord, und die Temperatur fällt um 27 bis 33 Grad. Schnee, der anfangs nur sporadisch herabrieselte, fällt jetzt dichter; die Flocken sind größer, aber immer noch hart und rund, weil sie beim Herabsinken gegeneinandergeschlagen sind. Der Wind frischt böig auf, reißt den Schnee unvermittelt in Spiralen empor und wird allmählich immer stärker, bis es zwischen den Böen keine Pausen mehr gibt. Wer mit dem Gedanken an Vogelgezwitscher und Fliederblüten zu Bett gegangen ist, wacht in einer völlig anderen, von Weiß und Wind geprägten Welt wieder auf.

82
ston
edah
IT 8 MILES

Damit ein Unwetter zum Schneesturm oder Blizzard wird, muß es nach den Maßstäben der Meteorologen folgende Eigenschaften aufweisen: niedrige oder rasch sinkende Temperatur, Wind von mindestens Sturmstärke (63 bis 74 Stundenkilometer) und Schneefall. Am häufigsten sind Blizzards in den großen Ebenen im Norden des amerikanischen Mittelwestens, in den Prärieprovinzen Kanadas, im oberen Mississippital und im Osten der Arktis.

Ein Blizzard muß nicht unbedingt mit Niederschlag verbunden sein. Manchmal wirbelt der Wind auch trockenen, lockeren Schnee hoch und weht ihn über die Erde, so daß alle Bedingungen für einen Blizzard gegeben sind. Bei relativ schwachem Wind schichten sich Schneeverwehungen vielleicht einen Meter hoch auf. Bei starkem Wind können solche Schneehaufen auch mehr als mannshoch werden. Eine häufige Folge dieses Schneetreibens ist die *Schneeblindheit*. Eigentlich kennt man den Begriff von den Eiskappen der Polargebiete, wo die Reflexionen von Himmel und Schnee ein blendendes Glitzern entstehen lassen, das dem Betrachter die Orientierung raubt. Das räumliche Sehen wird unter diesen Bedingungen so unsicher, daß ein Fausthandschuh im Schnee manchmal aussieht wie ein weit entferntes Auto.

Damit ein Schneesturm den Namen Blizzard verdient, muß er mindestens so stark sein wie die Winterstürme im mittleren Westen der USA. Ein typisches Beispiel ist ein winterliches Unwetter, das am 22. Januar 1952 über South Dakota hereinbrach: Im Südosten dieses US-Bundesstaates erreichte der Wind Geschwindigkeiten von 70 bis 80 Stundenkilometern, der Schnee türmte sich zu drei bis vier Meter hohen Verwehungen auf, die Postzustellung war fünf Tage lang unterbrochen, acht Menschen und 2500 Rinder kamen ums Leben, alle Hauptstraßen waren drei Tage und die Nebenstraßen noch wesentlich länger gesperrt, und einige Gegenden mußten aus der Luft versorgt werden. Die Temperatur fiel am 22. Januar von −6 auf −32 Grad um sieben Uhr morgens und auf −20 Grad um 10 Uhr 30; um

Mitternacht betrug sie −24 Grad, und der Wind-chill-Faktor erreichte einen Tiefstwert von −41 Grad.

Aber schwere Blizzards kommen nicht nur im mittleren Westen vor. Einer der schlimmsten Schneestürme in der Geschichte der USA wurde als Blizzard von '88 bekannt. Er brach am Montag, dem 12. März 1888, über den Osten der USA herein und dauerte bis zum Mittwoch, dem 14. März; er betraf ein Viertel der gesamten damaligen US-Bevölkerung und schnitt Hunderte von Städten zwischen Maryland und Maine von der Außenwelt ab. Der Sturm brachte das Leben in New York und in über einem Dutzend anderer größerer Städte zum Erliegen, Verkehr und Nachrichtenübermittlung waren praktisch völlig unterbrochen. In New York stieg die Windgeschwindigkeit an dem betreffenden Montag auf 77 Stundenkilometer. Im Süden Neuenglands und im Südwesten des Staates New York fielen durchschnittlich 100 bis 115 Zentimeter Schnee, und die Schneeverwehungen waren neun bis zwölf Meter hoch, so daß sie in Middletown im Staat New York dreistöckige Häuser unter sich begruben. Die Bewohner gruben Tunnels, die sie mit Holzbalken abstützten. Auf dem Meer, wo die Seeleute vom «großen weißen Hurrikan» sprachen, gab es den Berichten zufolge Windgeschwindigkeiten von 145 Stundenkilometern und Wellen von der Höhe dreistöckiger Häuser. Mindestens 198 Schiffe strandeten oder sanken, und dabei kamen etwa 100 Seeleute ums Lebens. An Land gab es durch Erfrieren oder wetterbedingte Unfälle bis zu 300 Todesopfer, davon 200 allein in New York. Noch Jahre später versammelten sich die Menschen am Jahrestag des Blizzards, um des Unwetters zu gedenken. Andere konnten ihn nie vergessen, auch wenn sie es gewollt hätten: Dutzende von Babys, die am 12. März oder kurz danach zur Welt kamen, wurden auf Namen wie «Blizzard», «Storm», «Tempest», «Snowdrift», «Snowflake» und «Snowdrop» getauft.

Woher das Wort *Blizzard* stammt, ist umstritten. Nachdem der Blizzard von '88 zunächst über die Ostküste der USA und dann nach Überqueren des Atlantiks über England hereingebrochen war, berichtete die Londoner *Times*, der Begriff habe seinen Ursprung in einem gebräuchlichen Ausdruck aus den britischen Midlands: Wenn dort jemand sagte, «may I be blizzered», dann meinte er damit, er sei «umgeworfen oder von den Füßen gestoßen» – so wie ein Mensch, der in einen Schneesturm gerät. Die *New York Times* erwiderte empört, der Begriff sei amerikanischen Ursprungs: «Das Wort ist einfach ein wenig Lautmalerei. Wie das Hufgetrappel in den Gedichten Vergils... das Wort soll mehr oder weniger so klingen wie das, was es bezeichnet.»

Als der Sturm am 19. März 1888 über Deutschland hinwegfegte, nannte man ihn «amerikanischen Blizzard», und deutsche Zeitungen behaupteten, das Wort stamme von dem deutschen *Blitz*. Der amerikanische Autor Gary Lockhart stellte in dem Buch *The Weather Companion* fest, das Wort sei in gedruckter Form zum erstenmal 1870 im *Northern Vindicator* aus Esterville in Iowa aufgetaucht: «Von den ersten Siedlern in dem Gebiet stammten viele aus Deutschland, und als sie die schweren Winterstürme erlebten, sagten sie auf deutsch ‹Der Sturm kommt blitzartig›. Der Übergang von ‹blitzartig› zu ‹blizzard› war dann natürliche Sprachentwicklung.»

Zu den erwähnenswerten Blizzards in den USA gehört auch derjenige, der 1717 am Cape Cod wütete. Der geistliche Cotton Mather beschreibt den Sturm in seinem Tagebuch als so heftig, daß die Hütten völlig unter Schnee begraben waren, «so daß man nicht einmal mehr die Schornsteine sehen konnte», und 100 Jahre alte Indianer sagten, «ihre Väter hätten ihnen nie von etwas berichtet, das diesem Sturm gleichkam». Im November 1846 blieben auf einem Paß in der Sierra Nevada 79 Männer, Frauen und Kinder in einem überraschenden Schneesturm stecken; als man sie im Frühjahr befreite, waren 34 von ihnen gestorben. Im «Winter der Massaker» von 1856/57 fegten so viele Schneestürme über den mittleren Westen hinweg, daß in Iowa die letzten Prärieelche zugrunde gingen. In New York mußten die Fähren über den East River 1867 wegen eines Sturms den Betrieb einstellen, und das diente als Argument für den Bau der Brooklyn Bridge. Im Jahr 1888 wurde ein Blizzard im Dakota Territory als «Schulkindersturm» bekannt, weil er zahlreiche Todesopfer forderte, während die Kinder in der Schule waren – der Tag hatte mild und sonnig begonnen. Der «49er Blizzard» brach 1949 über zwölf Staaten des mittleren Westens herein und brachte das tägliche Leben völlig zum Erliegen; die Bundesstaaten von Montana bis nach Arizona im Süden sowie im Osten bis nach Kansas und nach North und South Dakota waren gelähmt; Schnee bedeckte die Mojavewüste, hielt zwischen Omaha in Nebraska und American Falls in Idaho 50 Eisenbahnzüge fest und schloß 343 Reisende in Rockport (Colorado) drei Tage lang in einer Kneipe ein.

Das sind zwar heftige Stürme, aber nirgendwo sonst auf der Erde werden sie so stark wie in der Antarktis. Dort treten sie meist auf, wenn die Winde eines Tiefdrucksystems sich mit dem üblichen auflandigen Wind dieser Gegend vereinigen. Dabei sind Windgeschwindigkeiten von 145 und Böen von 200 Stundenkilometern keine Seltenheit. Blizzards kommen acht- bis zehnmal im Jahr vor und dauern oft mehrere Tage. Vielleicht der windigste Ort der Erde – und damit auch der Ort mit den heftigsten Schneestürmen – ist das Kap Denison in der Antarktis. Dort machte eine Expedition unter Leitung des australischen Entdekkers Douglas Mawson im Winter 1912 Wetteraufzeichnungen. Im März und April wehte der Wind fast ständig mit 100 bis 130 Stundenkilometern; die Böen erreichten häufig 160 und manchmal 320 Stundenkilometer. Im Mai lag die durchschnittliche Windgeschwindigkeit bei 97,7 Stundenkilometern, und am 15. Mai betrug der Durchschnittswert für 24 Stunden sogar 144 Stundenkilometer. Für das gesamte Jahr betrug die durchschnittliche Windgeschwindigkeit am Kap Denison 80 Stundenkilometer, das ist das Fünffache des Durchschnittswertes für die USA oder Europa. Selbst wenn der Wind eine Pause einlegte, wurden Mawson und seine Begleiter häufig in kleinen Luftwirbeln eingefangen, die sie «whirlies» nannten; diese Wirbel waren immerhin noch in der Lage, Gegenstände von über 100 Kilogramm hochzuheben und herumzuschleudern. Der ganze Winter war eigentlich ein einziger ständiger Schneesturm.

Im Jahr 1934 verbrachte der berühmte Seemann Richard Byrd, der als erster beide Pole im Flugzeug überquerte, einen Winter allein im Inneren der Antarktis. Er schrieb:

> Das Aufkommen eines Schneesturms zu beobachten ist ein seltsames Erlebnis. Zuerst ist es der Wind, der sich aus dem Nichts erhebt. Dann reißt das Barrier [die Gegend, in der er sich aufhielt] sich aus der Stille, und die Oberfläche, die kurz zuvor noch hart und glatt wie poliertes Metall aussah, beginnt sich zu bewegen wie ein ansteigendes Meer. Manchmal, wenn der Wind heftig zuschlägt, kommt die Schneeverwehung über das Barrier wie eine wirbelnde weiße Wolke, die viele hundert Fuß hoch in die Luft geschleudert wird. Ein andermal wird er nach und nach stärker. Man bemerkt auf allen Seiten eine allgemeine Gleitbewegung. Wenn die ersten lockeren Kristalle aufgerührt werden, füllt sich die Luft mit winzigen kratzenden, rutschenden und raschelnden Geräuschen. Kurze Zeit später bewegen sie sich so kompakt wie eine ansteigende Flut, die über den Knöcheln schäumt, bis zur Taille aufsteigt und einem schließlich bis zur Kehle steht. Ich ging durch so dichte Schneewolken, daß ich nicht einen Fuß weit sehen konnte; aber wenn ich aufblickte, konnte ich dennoch die Sterne erkennen, die durch die dünne Schicht unmittelbar über mir schienen...
>
> Ich hatte keine Vorstellung, wie schlimm es wirklich war, bis ich zu Beobachtungen nach draußen ging. Als ich die Falltür öffnete, traf mich die Schneewehe wie eine wandernde Mauer. Es waren nur ein paar Schritte bis zu dem Unterstand mit den Instrumenten, aber mir schien es mehr als eine Meile zu sein. Die Luft kam mir in schneeigen Stößen entgegen; ich kämpfte dagegen an wie gegen starke Brandung. Noch nie war mir eine Nacht so dunkel vorgekommen. Sie verschluckte den Strahl der Taschenlampe in ihrem Rachen; ich konnte die Hand nicht vor Augen sehen...
>
> Es hörte sich an, als risse die ganze greifbare Welt in Stücke.

> Ich konnte die Falltür kaum öffnen. In dem Augenblick, als sie sich löste, war ich in blendenden Staub gehüllt. Ich kam kriechend heraus und hielt mich am Türgriff fest, bis ich mich orientiert hatte. Dann ließ ich die Tür ins Schloß fallen, denn ich wollte nicht, daß sich der Tunnel mit Schnee füllte. Man konnte unmöglich etwas sehen. Millionen winzige Kügelchen explodierten in meinen Augen und stachen wie Luftgewehrschrot. Sogar das Atmen war schwierig, denn der Schnee verstopfte sofort Mund und Nasenlöcher. Ich gelangte auf allen vieren zum Windmesser, denn ich fürchtete, es würde mir die Füße wegreißen, wenn ich aufrecht stünde; ein falscher Schritt, und ich wäre verloren.

Für uns, die wir in gemäßigten Klimazonen wohnen, in Häusern mit zuverlässiger Heizungsanlage und ausreichenden Lebensmittelvorräten, ist ein Schneesturm eher ein Anlaß zum Genuß als zur Sorge. Vom Fenster eines warmen Hauses aus gesehen, ist er ein schönes, ehrfurchteinflößendes Schauspiel. Er weckt das Kind in uns. Wir werden aufgeregt, wenn wir die von Schnee und Wind verwandelte Welt sehen, den Sturm heulen hören und aus dem Radio erfahren, daß Schulen geschlossen und Straßen gesperrt sind. Eine Gnadenfrist! Die Welt macht Pause, und die Verantwortlichkeiten des Erwachsenenlebens sind einen Tag lang beiseite gelegt.

Eisregen

Eisregen kann bei Tieren, Pflanzen und Gebäuden mehr Schäden anrichten als der wirbelnde Schnee und die Windböen eines Blizzards. Er entsteht nur unter ganz bestimmten Bedingungen: Der Niederschlag muß anfangs als Regen niedergehen und dabei relativ kurze Strecken zurücklegen (je weiter er fällt, desto größer ist die Wahrscheinlichkeit, daß er zu Schnee oder Hagel wird). Es muß entweder unterkühlter Regen sein, der bei Temperaturen über dem Gefrierpunkt fällt, oder aber kalter Regen, der auf Flächen mit Minustemperaturen trifft. Da die Voraussetzungen für Eisregen sich kaum von denen anderer winterlicher Unwetter unterscheiden, sind sie schwer vorherzusagen. Sie herrschen im allgemeinen, wenn eine Warmfront über eine sehr kalte Gegend wandert. Der Regen, der aus größerer Höhe und wärmerer Luft fällt, wird in Bodennähe immer kälter und gefriert beim Auftreffen, so daß schließlich alle Flächen am Boden mit einer bis zu acht Zentimeter dicken Eisschicht überzogen sind. Das Ganze kann verblüffend schön aussehen.

Es kann aber auch höchst zerstörerisch wirken. In England gab es im Januar 1940 einen so starken Eisregen, daß die Telefonmasten unter dem Gewicht der Drähte, an denen auf jedem Abschnitt bis zu 500 Kilogramm Eis hingen, zusammenbrachen. Tausende von Vögeln starben an Hunger und Kälte, weil ihre Füße an Ästen und Drähten festfroren. Ein schwerer Eisregen, ausgelöst von einer riesigen Kaltfront, die von Kanada durch das Mississippital wanderte, fiel im Januar 1951 in der Mitte der USA. Vom 28. Januar bis 1. Februar ging ein Eisregen mit einer Gesamtniederschlagsmenge von über 12 Zentimetern auf Teile von Tennessee, Kentucky und West Virginia nieder; er bedeckte alles mit einer dicken gefrorenen Schicht, mit der Folge, daß Bäume, Hochspannungs- und Telefonleitungen zusammenbrachen, Dächer einstürzten und Tausende von Menschen über eine Woche lang ohne Strom und Telefon waren.

In Nordamerika ist Eisregen überall eine Gefahr, außer im Yukon, den Nordwestterritorien und den arktischen Regionen Kanadas, wo es meist zu kalt für gefrierenden Regen ist; in Südkalifornien, Nevada, Utah, Arizona und New Mexico ist es gewöhnlich zu trokken, und in Florida ist es meist zu warm.

Die Schäden beschränken sich im allgemeinen auf Bäume, besonders wenn sie groß und alt sind und ausgeprägte Astgabeln besitzen, und man kann zu ihrem Schutz auch kaum etwas tun, außer indem man schwache Astgabeln zusammenbindet. Nach Ansicht vieler Botaniker sollte man sich nicht beunruhigen: Gefrierender Regen, so sagen sie, ist die Baumschere der Natur, die alte Äste beseitigt, damit neue nachwachsen können.

Robuste Vögel

Man braucht nur lange genug den Winter im Norden zu ertragen, dann wird man sicher von Reiselust gepackt. Meine Nachbarn, die den Winter regelmäßig in Florida oder Arizona verbringen, heißen bei den dortigen Einheimischen «Schneevögel» und halten sich auch selbst für eine weitere geflügelte Spezies, die dem unwirtlichen Norden entflieht. Aber wir, die wir hierbleiben – die Ornithologen würden uns nicht als Zugvögel, sondern als Standvögel bezeichnen –, sind froh, daß wir nicht reisen müssen. In der Mitte des Winters überkommt uns dennoch eine gewisse Wehmut. Warum haben wir und die Meisen uns entschlossen, hierzubleiben? Wenn die Wanderung manchen Vögeln – und zwar den meisten – Befriedigung verschafft, warum dann nicht allen?

Solche Fragen sind nicht leicht zu beantworten. Viele Vogelarten lassen sich nicht ohne weiteres als Zug- oder Standvögel einordnen. Manche von ihnen, zum Beispiel der Blauhäher, wandern in einem Jahr, im nächsten aber nicht, oder sie ziehen nur über eine so kurze Entfernung, daß man sich fragt, warum sie sich überhaupt die Mühe machen. Andere wandern nur in den Jahren, in denen das Futter knapp ist. Und noch andere, zum Beispiel der nordamerikanische Schneefink und der Buchfink in Europa, wandern nur teilweise: Ein beherrschendes Exemplar bleibt im Norden, die kleineren Tiere dagegen wandern südwärts, wo die Konkurrenz um Nahrung geringer ist.

Die verfügbare Futtermenge ist das wichtigste Kriterium dafür, wo die Vögel den Winter verbringen. Fliegenschnäpper, Schwalben, Mauersegler und andere Arten, die für ihre Ernährung fast ausschließlich auf Fluginsekten angewiesen sind, müssen nach Süden wandern, wenn das Herbstwetter die kleinen Bewohner der Luft sterben läßt. Für Wat- und Wasservögel sind zufrierende Gewässer eine Gefahr. Raubvögel, die warme aufsteigende Luftströmungen brauchen, um bei der Jagd in der richtigen Höhe zu bleiben, wandern in den Süden, wenn die Kälte die Luft ruhiger werden läßt. In manchen Jahren fallen in den Norden der USA riesige Schwärme von Schnee-Eulen ein, die man dann häufig auf Zaunpfählen und Telefonmasten sitzen sieht. Nach einer Volksweisheit sind die Schnee-Eulen ein Vorzeichen für einen besonders harten Winter, weil die Vögel von besonders kaltem Wetter aus ihrer angestammten Heimat in Kanada vertrieben wurden. In Wirklichkeit dehnen sie ihr Verbreitungsgebiet in regelmäßigen Abständen zur Futtersuche nach Süden aus. Ihr wichtigstes Beutetier ist der arktische Lemming, dessen Population sich zyklisch verändert. Wenn die Schnee-Eulen nicht genügend Lemminge zur Ernährung finden, wandern sie auf der Suche nach anderer Beute in den Süden.

Die Vögel, die im Winter in schneebedeckten Gebieten bleiben – in Nordamerika sind das nur etwa 20 bis 30 Arten –, müssen in der Lage sein, sich von dem zu ernähren, was sie finden können. Heruntergefallene Beeren und Samen dienen Spatzen, Finken, Kardinalvögeln und Kernbeißern als Nahrung. Aasvögel wie Möwen, Tauben, Krähen und Raben fressen alles, von nicht abgeerntetem Getreide über tote Tiere auf der Straße bis zu Abfällen. Etwa die Hälfte der Standvögel, darunter Kleiber, Finken, Meisen, Goldhähnchen, Waldbaumläufer und Spechte, sind in der Lage, überwinternde Insekten sowie deren Larven und Eier aus Spalten und Vertiefungen von Bäumen herauszuziehen; außerdem ergänzen viele von ihnen die Ernährung mit Samen, Nüssen und Beeren. Einige Arten versuchen auch, Nahrungsvorräte anzulegen. Der Blauhäher sammelt im Herbst

klug Samen und Nüsse, er versteckt sie in den Vertiefungen von Bäumen und unter Abfällen am Erdboden, aber meist verlieren die Blauhäher ihre Vorräte, oder sie werden so vergeßlich, daß sie die Ausbeute eines ganzen Tages in wenigen Minuten verzehren. Der Kanadische Unglückshäher ist geschickter: Er stiehlt Lebensmittel – sogar unmittelbar aus den Kühlboxen der Menschen – und macht daraus mit seinem Speichel klebrige Kugeln, die er auf Zweigen und Kiefernnadeln ablegt. Kleiber und Meisen sammeln Samen in der Baumrinde, und zur Tarnung bedecken sie ihre Vorratskammer oft mit Moos oder Rindenstücken.

Neben den Methoden zur Nahrungssuche verfügen die Vögel noch über ein paar andere Tricks, mit denen sie dem kalten Winterwetter die Stirn bieten. Unter anderem steigern sie die Menge an Körperfett. Wie sich herausstellte, besaßen Schneefinken im Norden Michigans, die nicht wanderten, im Winter etwa 14 Prozent mehr Körperfett als Tiere derselben Art in Alabama; allerdings reicht das zusätzliche Fett nur 16 bis 24 Stunden – etwas länger als eine kalte Nacht. Die Vögel, die am meisten Fett speichern können, haben die besten Überlebenschancen.

Ein weiterer wichtiger Faktor für das Überleben im Winter ist die Körpergröße. Da die Masse bei großen Vögeln im Verhältnis zur Körperoberfläche höher ist, können sie die Energie länger und wirksamer speichern. Die natürliche Selektion scheint dieses Prinzip, auch Bergmann-Regel genannt, zu begünstigen, so daß man auch innerhalb derselben Art in weit voneinander entfernten Lebensräumen beträchtliche Größenunterschiede beobachtet. Der kanadische Specht ist beispielsweise erheblich größer als die gleiche Art in Costa Rica, und im Vergleich zu den Kaiserpinguinen der Antarktis sind ihre Vettern in Australien und auf den Galapagos-Inseln die reinsten Zwerge.

Nachts suchen die meisten Vögel nur den geringen Schutz, den ihnen dichte Bäume und Büsche bieten, aber einige Arten, darunter Zwergkleiber, Zaunkönige und Waldbaumläufer, drängen sich an geschützten Sitzplätzen zusammen und erhöhen so ihre Aussichten, kalte Nächte zu überstehen. Die ornithologische Zeitschrift *Condor* berichtete 1957 über 100 Kleiber, die man so eng zusammengekauert in der Höhlung einer Kiefer gefunden hatte, daß einige von ihnen erstickt waren. In einer neueren Untersuchung an Goldhähnchen stellte sich heraus, daß zwei zusammengedrängte Vögel schon ein Viertel weniger Energie verlieren, und zu dritt sparen sie sogar ein Drittel.

Haselhühner, Moor-Schneehühner, Meisen und Birkenzeisige sparen Körperwärme, indem sie sich in lockeren Schnee eingraben und sich so seine natürliche Isolationswirkung zunutze machen. An einem geschützten Ort unter 20 bis 25 Zentimeter Schnee, wo es um bis zu 22 Grad wärmer sein kann als in der Außenluft, läßt sich der Energieverlust fast um die Hälfte vermindern.

Auch Finken sind im Winter gute Überlebenskünstler, was bei ihrer winzigen Größe durchaus bemerkenswert ist. Ein so kleiner Vogel mit geringem Körpergewicht kühlt viel schneller aus als große Tiere und muß mehr dafür tun, sich warm zu halten. Und doch sind die Finken tagsüber ganz offensichtlich so gut gelaunt, daß man sich einfach darüber freuen muß. Sie können ein wenig belustigt und neugierig aussehen, wenn sie den

Kopf aufrichten und ein Stück Baumrinde begutachten oder die seltsame Tätigkeit eines Menschen beobachten, der neben dem Vogelhäuschen einen Weg freischaufelt. Wenn sie sich mit der Nahrungssuche beschäftigen, sind sie offenbar völlig unempfindlich gegen den eigentlich tödlichen Wind.

Die Kälte überleben sie mit einer Reihe von Energiesparmaßnahmen. Finken und andere kleine Sperlingsvögel besitzen den höchsten Stoffwechselumsatz aller Wirbeltiere und haben im Verhältnis zur Oberfläche eine kleinere Körpermasse; deshalb müssen sie alle nur möglichen Vorkehrungen treffen, um ihre Körpertemperatur von 40 Grad aufrechtzuerhalten. Ihre erste Verteidigungsmaßnahme ist die Verringerung des Wärmeverlusts. Wie die meisten Vögel sträuben sie die Federn, und die dabei entstehende Luftschicht wirkt als zusätzliche Isolierung. Die Hautblutgefäße ziehen sich zusammen, so daß die Blutzirkulation in Füßen und Beinen zurückgeht, und wo es möglich ist, suchen sie Unterschlupf. An den kältesten Tagen verkriechen sie sich zwischen dichten Pflanzen oder in den Hohlräumen unter schneebedeckten Sträuchern. Nachts können sie in einen Zustand der leichten Unterkühlung und Starre übergehen: Die Körpertemperatur sinkt um bis zu 13 Grad, und damit geht auch die Wärmeabstrahlung nach außen zurück; auf diese Weise sparen die Vögel bis zu 20 Prozent der Energie, die sie sonst verbrauchen würden.

Solche Methoden zur Wärmespeicherung sind für das Überleben im Winter entscheidend, aber ohne eine Möglichkeit, zusätzlich Wärme zu erzeugen und zu regulieren, wären sie wahrscheinlich umsonst. Die meisten Vögel, auch die Finken, tun das durch Zittern. Wenn kleine Vögel (und vielleicht auch größere Arten) nicht durch die Muskeltätigkeit beim Fliegen Wärme erzeugen, zittern sie vermutlich bei kaltem Wetter fast ununterbrochen. Die dazu erforderliche Muskelbewegung läßt den Stoffwechselumsatz bis zum Fünffachen ansteigen, so daß über längere Zeit hinweg große Wärmemengen entstehen.

Zittern ist etwas, das auch wir als winterfeste Art gut kennen.

An einem Spätnachmittag im Januar stand ich einmal in meinem Garten und sah zu, wie Blauhäher das Vogelhäuschen plünderten. Wissenschaftlichen Untersuchungen zufolge sind die Häuschen, die ich den ganzen Winter über tapfer immer wieder auffülle, für das Überleben der Standvögel nicht besonders wichtig, aber ich mag den Gedanken, daß ich ihnen damit ein wenig helfe. Die Blauhäher suchten ungeduldig nach den dicksten Sonnenblumenkernen und verstreuten kleinere Samen im Schnee. Ein halbes Dutzend Distelfinken saß in der Nähe auf den Zweigen einer Forsythie und wartete, daß die Blauhäher wegflogen. Die Finken zittern. Die Häher zittern. Ich zittere. Im Augenblick geht es uns allen recht gut.

Danksagung

Von den vielen, die bei den Recherchen, beim Schreiben und bei der Illustration dieses Buches geholfen haben, möchten wir besonders Carole Jean Simon und Gail Dennis für ihre unendliche Geduld und ihre wertvollen Ratschläge danken. Auch Aaron und Nicholas Dennis sowie Elizabeth und Sarah Wolff sind wir dankbar, weil sie gute Fragen stellten und für zahllose Skizzen Modell standen. Darüber hinaus gilt unser Dank Patrick Flynn, Sandra Carden, Laurie Davis, Janine Benyus, Hank Dempsey und Jeanne Hanson, die uns ermutigten und viele ausgezeichnete Vorschläge machten, sowie Debbie Behler, der Chefredakteurin der Zeitschrift *Wildlife Conservation*, für ihren Humor und ihre sanften Denkanstöße.

Besonderer Dank gilt auch Dr. William Scharf von der School of Biological Sciences an der University of Nebraska in Lincoln, Dr. E. C. Krupp, Direktor des Griffith Observatory in Los Angeles, und Terry Root von der School of Natural Resources der University of Michigan, die Teile des Manuskripts durchsahen.

Joana McIntyre Varawa

Das leise Lied der Wale
Ansichten über eine bedrohte Tierart

Deutsch von Andrea von Struve und Petra Post.
160 Seiten. Gebunden

Joana McIntyre Varawa hat einen großen Teil ihres Lebens damit verbracht, die faszinierende Welt der Meeressäuger, der Wale und Delphine, zu beobachten. Fünf Jahre lang leitete sie das «Projekt Jona» – eine engagierte Gruppe zum Schutz der Wale –, dann wollte sie selbst in unmittelbarer Nähe der Wale leben und ließ sich auf Lanai nieder, einer entlegenen Insel im Pazifik. Hier beobachtet sie die Wale und Delphine, nicht mit Kamera, Fernglas und Kassettenrecorder, sondern indem sie eintaucht in deren Lebenselement und mit ihnen schwimmt, eine Walschule begleitet, dem Gesang der Buckelwale lauscht, mit Tümmlern spielt, mit Haien zusammentrifft, miterlebt, wie Wale ihre Jungen umsorgen.

«Das leise Lied der Wale» verbindet kunstvoll wissenschaftliche Erkenntnis und poetische Darstellung; es ist ein Stück Naturgeschichte und eine Reise zum eigenen Selbst.

«Engagierte Wal-Poesie.»
Bild der Wissenschaft

«‹Das leise Lied der Wale› ist fast ein Buch zum Meditieren. Man sollte sich dafür Zeit nehmen, am besten lang ausgestreckt auf einem warmen Felsen oder mit den Füßen im Wasser paddelnd.»
Ökotest Magazin

Wunderlich

James Trefil

Physik in der Berghütte
Von Gipfeln, Gletschern und Gestein

Deutsch von Helmut Mennicken.
304 Seiten. Gebunden

Wie alt ist die Erde? Und wo kommen bloß die vielen Steine her? James Trefil versteht es, seinen Lesern einen völlig neuen Zugang zur Physik zu eröffnen. Ob es um das Drehmoment der rechtswindenden Bäume geht oder um den Urknall, um Schneebälle im August oder um die Chaostheorie, um Fallschirmspringen oder um «umgekehrte» Meteoriten: Trefil erzählt spannend, witzig und mit einem schier unerschöpflichen Wissen Geschichten von den Geheimnissen der Berge, Gletscher und Steine.